高等职业教育机电类专业系列教材

电子测量与仪器

主　编　李宗宝
副主编　王　媛　韩　亮
参　编　王维才　谢　斌　张　也
主　审　王　沫

机械工业出版社

本书主要围绕现代电子测量仪器，按照任务引领的课程方式进行编写，较为全面地介绍了电子测量的基本知识，通用电子测量仪器的组成、工作原理、技术指标和使用方法以及它们在实际中的应用。全书共分9章，内容包括电子测量与仪器的基本认识、测量用的信号发生器、电压测量与仪器、频率和时间的测量与仪器、示波器测量技术与仪器应用、电子元器件参数测量与仪器、频域测量与仪器、数据域测量与仪器及自动测量技术。本书结合每章特点，安排了相应的典型仪器介绍和实操项目及测量仪器的应用实例等，注重系统性、实用性和先进性，内容深入浅出，通俗易懂，可操作性强，便于教学。

本书既可作为高等职业院校电子信息类专业的教材使用，也可作为相关专业工程技术人员的参考用书。

为方便教学，本书有电子课件、练习巩固答案、模拟试卷及答案等，凡选用本书作为授课教材的老师，均可通过电话（010-88379564）或QQ（3045474130）咨询。

图书在版编目（CIP）数据

电子测量与仪器/李宗宝主编. —北京：机械工业出版社，2015.8（2025.1 重印）
高等职业教育机电类专业系列教材
ISBN 978-7-111-50266-1

Ⅰ.①电… Ⅱ.①李… Ⅲ.①电子测量技术-高等职业教育-教材②电子测量设备-高等职业教育-教材
Ⅳ.①TM93

中国版本图书馆CIP数据核字（2015）第184635号

机械工业出版社（北京市百万庄大街22号 邮政编码100037）
策划编辑：曲世海 责任编辑：曲世海
封面设计：陈 沛 责任校对：胡艳萍 陈秀丽
责任印制：常天培
北京机工印刷厂有限公司印刷
2025年1月第1版·第4次印刷
184mm×260mm·13印张·321千字
标准书号：ISBN 978-7-111-50266-1
定价：46.00元

电话服务	网络服务
客服电话：010-88361066	机 工 官 网：www.cmpbook.com
010-88379833	机 工 官 博：weibo.com/cmp1952
010-68326294	金 书 网：www.golden-book.com
封底无防伪标均为盗版	机工教育服务网：www.cmpedu.com

前　言

“电子测量与仪器”是高等职业教育电子信息类专业必不可少的重要专业课。近年来，科学技术的飞速发展，促进了电子测量仪器的发展，使得功能单一的传统测量仪器逐步向智能仪器和模块式自动测量系统发展，企业对电子测量人才的需求也在日益提高。所以，编写能够较好地适用于高等职业院校“电子测量与仪器”课程的教材一直是我们努力的方向。

本书在编写上注重内容的实用性、先进性和可操作性，注重培养学生的实际动手能力、综合应用能力。全书编写的特点如下：

（1）本书按照任务引领的课程方式进行编写。各章按任务引领、理论知识、归纳总结、练习巩固几个部分进行安排，第2~8章还加入了实操训练，具有较强的系统性。

（2）以掌握电子测量技术的基本知识和操作技能为目标，紧紧围绕工作任务完成的需要来选择和组织教材内容，突出任务与知识的联系，具有可操作性。

（3）突出“学以致用”的教学理念，理论教学以够用、适度为原则。全书对仪器的工作原理通过组成框图进行讲解，突出对电子测量仪器的正确操作和使用，注重学生的实践能力培养，实用性强。

（4）通过新型典型仪器的介绍和使用，突出先进性。电子测量仪器的种类、型号很多，应用很广泛，本书精选了通用仪器进行重点讲解，同时也注意覆盖较新仪器的种类与型号，保证内容既全面，又有新颖性。

（5）强化实操训练。本书着重强化了各类仪器的操作，通过实际操作进一步强化学生的技能。

本书由李宗宝担任主编，王媛、韩亮担任副主编，谢斌、张也、王维才担任参编，王沫担任主审。其中，李宗宝编写第1章、第3章、第5章、第8章和第9章，王媛编写第2章、第6章，韩亮编写第4章、第7章，谢斌编写第5章的典型仪器——VP-5220A-1型双踪示波器、第6章的典型仪器——CA4810A型晶体管特性图示仪、第7章的典型仪器——BT3C-B型频率特性测试仪及典型仪器——AT5010型频谱分析仪，张也编写第2章的典型仪器——SG1051S型高频信号发生器、典型仪器——CA1641型函数信号发生器、第4章的典型仪器——SG3310型多功能计数器。另外，李宗宝还编写了每一章的主要内容和学习目标，并负责全书统稿。王维才负责全书的审核和校对。

由于编者学识、水平有限，加上时间仓促，因此书中难免有不当和错误之处，敬请各位读者批评指正。

编　者

目　　录

第1章　电子测量与仪器的基本认识

任务引领：常用电子测量仪器的认识

电参量的测量需要用电子测量仪器，实训室中有许多种电子测量仪器，你认识这些测量仪器吗？你能说出这些测量仪器的名称吗？你了解这些电子测量仪器都属于哪类测量仪器、都能测量哪些电参量吗？这一章我们就来介绍有关电子测量和电子测量仪器的基本知识。

主要内容：

1）电子测量的意义及内容、特点、方法。

2）电子测量仪器的分类、主要技术指标、使用常识。

3）测量误差的表示方法、来源、分类。

4）测量结果的表示、有效数字的处理、测量数据的处理。

学习目标：

掌握电子测量与仪器的基本概念，电子测量仪器的基础知识，测量误差的基本概念，测量结果的表示及测量数据的处理。掌握电子测量的内容、特点和基本方法，掌握测量误差的表示方法。了解电子测量仪器的分类及仪器误差的表示方法。掌握有效数字的概念，会对测量结果进行简单的数据处理。

1.1　电子测量的基本知识

测量是人类对客观事物取得数量概念的认识过程。在这种认识过程中，人们依据一定的理论，借助于专门的设备，通过实验的方法求出被测量的量值或确定一些量值的依从关系。测量是人们认识事物不可或缺的手段，没有测量，人们就不能真正准确地认识世界。

电子测量广义上来说是指利用电子技术进行的测量。狭义的电子测量是指对电子技术中各种电参量所进行的测量。

1.1.1　电子测量的意义及内容

1. 电子测量的意义

电子测量涉及极宽频率范围内所有电量、磁量以及各种非电量的测量。目前，电子测量不仅因为其应用广泛而成为现代科学技术中不可缺少的手段，同时也是一门发展迅速、对现代科学技术的发展起着重大推动作用的独立学科。从某种意义上说，近代科学技术的水平是由电子测量的水平来保证和体现的。电子测量的水平是衡量一个国家科学技术水平的重要标志之一。

测量的目的就是获得用数值和单位共同表示的被测量的结果，是人们借助于专门的设备，依据一定的理论，通过实验的方法将被测量与已知同类标准量进行比较而取得测量结果。被测量的结果必须是带有单位的有理数，没有单位的量值是没有物理意义的。例如某测量结果为5.5V是正确的，而测得的结果为5.5或$5\frac{1}{2}$V是错误的。

2. 电子测量的内容

本课程中，狭义电子测量的内容是指对电子学领域内电参量的测量，主要包括如下几个方面。

（1）电能量的测量　电能量的测量指的是对电流、电压、功率、电场强度等参量的测量。

（2）电路元器件参数的测量　电路元器件参数的测量指的是对电阻、电容、电感、阻抗、品质因数、损耗因数、电子器件参数等参量的测量。

（3）电信号特性的测量　电信号特性的测量指的是对频率、周期、时间、相位、调制系数、频谱、失真度、信噪比、数字信号的逻辑状态等参量的测量。

（4）电路性能的测量　电路性能的测量指的是对放大倍数、衰减量、灵敏度、通频带、反射系数、噪声系数等参量的测量。

（5）特性曲线的测量　特性曲线的测量指的是对幅频特性、相频特性、器件特性等特性的测量。

上述各种电参量中，频率、时间、电压、相位、阻抗等是基本电参量，其他的为派生电参量，基本电参量的测量是派生电参量测量的基础。电压测量则是最基本、最重要的测量内容。

另外，通过传感器将非电量变换为电量后进行的测量属于广义电子测量的内容，如温度、压力、流量、位移等非电量通过传感器转换成电信号后进行的测量，不属于本课程主要讨论的电子测量的内容。

1.1.2　电子测量的特点

电子测量与其他测量相比，主要具有以下几个突出特点。

1. 测量频率范围宽

电子测量除了可以测量直流电量外，还可以测量交流电量，可测量的频率范围宽，低至10^{-4}Hz，高至10^{12}Hz量级。当然，不能要求同一台仪器能在所有的频率范围内工作。在实际测量中应注意，不同的测量频段要采用不同的测量原理，使用不同的测量仪器，即便是同一种电量，所采用的测量方法和使用的测量仪器也可以不同。

2. 仪器的量程广

量程是仪器所能测量的各种参数的范围的上限值与下限值之差。由于被测量的数值大小相差较大，要求测量仪器应具有相当宽的量程。例如，一台数字电压表可以测出从纳伏（nV）级至千伏（kV）级的电压，其量程可达9个数量级；一台较完善的数字频率计的量程可达17个数量级。

3. 测量准确度高

电子测量的准确度比其他测量方法高得多，长度测量的最高准确度为10^{-8}量级，直流电压测量的最高准确度为10^{-6}量级，而频率和时间的测量准确度可达10^{-13}～10^{-14}量级，这是目前在测量准确度方面能达到的最高指标。

4. 测量速度快

由于电子测量是基于电磁波的传播和电子运动来进行的，因此可以实现测量过程的高速化，只有测量的高速度，才能测出快速变化的物理量，这对于电子测量技术广泛应用于现代科学技术的各个领域具有特别重要的意义。例如，卫星的发射与运行、原子核的裂变过程、导弹的发射速度等的测量，都需要高速度的电子测量。

5. 易于实现遥测遥控

电子测量的一个最突出的优点是可以通过各种传感器实现遥测遥控。这使得对那些远距离的、高速运动的或环境恶劣的、人体难以接近的地方的信号测量成为可能。例如深海、地下、高温炉内、核反应堆内、人造卫星等，可以通过传感器或电磁波、光波、辐射等方式进行测量。

6. 易于实现测量自动化

由于大规模集成电路和微型计算机的应用，使得电子测量出现了崭新的局面。电子测量与计算机技术相结合，能实现程控、自动量程转换、自动校准、自动故障诊断和自动修复，对于测量结果可以自动记录，自动进行数据运算、分析和处理，自动显示测量结果。这类仪器有数字存储示波器、数字万用表、数字频率计、逻辑分析仪、网络分析仪及一些自动测试系统。

正是由于电子测量技术的上述优点，所以电子测量已被广泛应用到科学技术、社会生活的各个领域，大到天文观测、航空航天，小到物质结构、基本粒子，无不运用电子测量技术，这使得电子测量技术得到了迅速发展。

1.1.3　电子测量方法

一个电参量的测量可以通过不同的方法来实现，为了达到测量目的，正确选择测量方法是极其重要的，它直接关系到测量工作的正常进行和测量结果的有效性。测量方法的分类方式有多种，这里仅介绍几种常用的分类方法。

1. 按测量手段分类

按照测量手段分类，测量方法有直接测量、间接测量、组合测量三种方法，间接测量与组合测量同属于非直接测量方法。

（1）直接测量　直接测量是指借助于测量仪器等设备对被测量直接进行测量并可以直接获得测量结果的测量方法，例如用电子计数器测频率、用电压表测电压等，都属于直接测量。

（2）间接测量　间接测量是指对几个与被测量有确定函数关系的物理量进行直接测量，然后按照函数关系通过公式计算、曲线或查表等求出被测量值的测量方法。例如，对于共射放大电路的集电极电流的测量，先直接测出集电极电阻 R 的阻值及其两端的电压 U 的值，再利用公式 $I=U/R$ 即可求出流过电阻的电流 I 的值。

（3）组合测量　组合测量是兼用直接测量和间接测量的测量方法。在某些测量中，被测量与几个未知量有关，当无法通过直接测量或间接测量得出被测量的结果时，可以改变测量条件进行多次测量，然后按照被测量与有关未知量间的函数关系组成联立方程组，求解方程组得出有关未知量的数值。例如，测量在任意环境温度 t（单位为℃）时某电阻的阻值，已知任意温度下电阻阻值的计算式为 $R_t=R_{20}+\alpha(t-20)+\beta(t-20)^2$，式中，$R_t$、$R_{20}$分别为

环境温度是 t、20℃时的电阻值；α、β 为电阻温度系数，α、β 与 R_{20} 均为不受温度影响的未知量。

显然，可以利用直接测量或间接测量的方法测出某温度下电阻的阻值，但是以直接测量或间接测量法测量任意温度下的电阻阻值是不现实的。如果改变测试温度，分别测出三种不同温度下的电阻值，代入上述公式，求解由此得到的联立方程组，得出未知量 α、β、R_{20} 后，代入上式即可得出任意温度下电阻的阻值。

上述三种方法中，直接测量的测量过程简单迅速，在工程技术中运用比较广泛；间接测量多用于科学实验，在工程技术和生产中应用较少；组合测量过程较复杂，但准确度较高，适用于科学实验及一些特殊场合。

2. 按被测信号性质分类

按照被测信号的性质来分，测量方法可分为时域测量、频域测量、数据域测量和随机测量四种。

（1）时域测量　时域测量也叫瞬态测量，是指对被测对象随时间变化的特性进行的测量，把被测信号看成时间的函数。例如，用示波器观测交流信号的瞬时波形，测量它的幅度、上升时间、下降时间以及两路同频信号的相位差等参数。时域测量还包括一些周期性信号的稳态参量的测量，如正弦交流的电压、电流等，它们的振幅值和有效值是稳态值，可以用仪表直接测量。

（2）频域测量　频域测量也叫稳态测量，是指对被测对象在不同频率时的特性进行的测量，把被测信号看成频率的函数。例如，用频谱分析仪观测调幅收音机的高频信号的频谱；用扫频仪观测放大器的增益、幅频特性、相移等。

（3）数据域测量　数据域测量也称逻辑量测量，是指对数字系统的逻辑量特性进行的测量。例如，用逻辑分析仪可以分析离散信号组成的数据流，还可以观测多个通道输入的并行数据，也可以观测单个通道的串行数据，既可显示其时序波形，也可显示其逻辑状态。

（4）随机测量　随机测量又称统计测量，主要是指对各种噪声、干扰信号等随机量进行的测量。随机测量主要是进行动态测量和统计分析，这是一种较新的测量技术，尤其在通信领域有着广泛的应用，例如测量移动通信信道的噪声干扰。

另外，电子测量方法还有一些其他分类方式，如动态与静态测量、模拟与数字测量、实时与非实时测量、有源与无源测量等。

1.2　电子测量仪器的基本知识

1.2.1　电子测量仪器的分类

电子测量仪器种类繁多，一般可分为通用仪器和专用仪器两大类。专用仪器是为特定目的专门设计制作的，适于特定参量的测量。通用仪器是指为测量某一个或某一些基本点参量、而设计的测量仪器，应用面广、灵活性好。

通用电子测量仪器按照功能不同，大致可分为以下几类：

1. 信号发生器（信号源）

信号发生器是在电子测量中用来提供所需的符合一定技术要求的电信号的仪器，是信号产生的仪器，如低频信号发生器、高频信号发生器、脉冲信号发生器、函数信号发生器、随机信号发生器等。

2. 电平测量仪器

电平测量仪器是用来测量电压、电流、电平等参数的仪器，如低频毫伏表、高频毫伏表、数字电压表及万用表等。

3. 波形测试仪器

波形测试仪器是用于显示信号波形的仪器，如通用示波器、取样示波器、记忆和数字存储示波器等。

4. 频率、时间和相位测量仪器

频率、时间和相位测量仪器是测量信号频率、周期、时间间隔和相位差等的仪器，如各种频率计、相位计、波长表等。

5. 电子元器件测量仪器

电子元器件测量仪器是测量电阻、电感、晶体管放大倍数等电路元器件参数的仪器，如万用电桥、Q 表、晶体管特性图示仪等。

6. 信号分析仪器

信号分析仪器是用来观测、分析和记录各种电量变化（如测量信号非线性失真度、信号频谱特性等）的仪器，如各种示波器、失真度测试仪、频谱分析仪等。

7. 网络特性测量仪器

网络特性测量仪器是用来测量电器网络的各种特性（如频率特性、阻抗特性、噪声特性和功率特性等）的仪器，如扫频仪、噪声系数测试仪、阻抗测试仪及网络分析仪等。

8. 电波特性测量仪器

电波特性测量仪器是用于对电波传播、干扰强度等参量进行测量的仪器，如接收测试机、场强仪及干扰测试仪等。

9. 数字电路特性测试仪器

数字电路特性测试仪器是用于对数字系统的数据域进行逻辑特性分析的测量仪器，如逻辑分析仪、特征分析仪等。

10. 辅助仪器

辅助仪器主要用于配合各种仪器对信号进行放大、检波、隔离、衰减，以便得到适于这些仪器发挥作用的被测对象，如各种交/直流放大器、选频放大器、检波器、衰减器、记录器、稳压电源等。

另外，现代自动测试技术应运而生的微机化测量仪器，是上述各种仪器和计算机相结合的产物，可分为智能仪器和虚拟仪器两类。智能仪器是在仪器内加入微计算机芯片，对仪器的工作过程进行控制，使其具有一定智能，自动完成某些测量工作。虚拟仪器是在计算机上配备一定的软件、硬件，使其具有测量仪器的功能。

1.2.2　电子测量仪器的主要技术指标

电子测量仪器的性能指标主要包括频率范围、准确度、量程与分辨率、稳定性和可靠性、环境条件、响应特性以及输入/输出特性等。

1. 频率范围

频率范围即有效频率范围，是指能保证仪器其他指标正常工作的输入信号或输出信号的频率范围。

2. 准确度

准确度既可用于说明测量结果与被测量真值之间的一致程度，即测量准确度，也可用于描述测量仪器给出值接近于真值的能力，即测量仪器准确度。准确度通常以允许误差或不确定度的形式给出。不确定度的数值越大，丢失真实数据的可能性越小，即可信度越高。

3. 量程与分辨率

量程是指测量仪器的测量范围。分辨率是指通过仪器所能直接反映出来的被测量变化的最小值，即指针式仪表刻度盘标尺上最小刻度代表的被测量大小或数字仪表最低位的“1”所表示的被测量大小。同一仪器不同量程的分辨率不同，通常以仪器最小量程的分辨率（最高分辨率）作为仪器的分辨率。

4. 稳定性与可靠性

稳定性是指在一定的工作条件下，在规定时间内，仪器保持指示值或供给值不变的能力。可靠性是指仪器在规定的条件下，完成规定功能的可能性。

5. 环境条件

环境条件即保证测量仪器正常工作的工作环境，如基准条件、正常条件、额定工作条件等。

6. 响应特性

一般说来，仪器的响应特性是指输出的某个特征量与其输入的某个特征量之间的响应关系或驱动量与被驱动量之间的关系。例如，峰值检波器的响应特性为检波器输出的平均值等于交流输入信号的峰值。

7. 输入特性与输出特性

输入特性主要包括测量仪器的输入阻抗、输入形式等。输出特性主要包括测量结果的指示方式、输出电平、输出阻抗、输出形式等。

1.2.3 电子测量仪器的使用常识

1. 电子测量环境条件

电子测量仪器是由各种电子元器件构成的，往往不同程度地受到温度、湿度、大气压、振动、电网电压、电磁干扰等外界环境的影响。因此，在用相同的仪器、相同的测量方法测量相同的物理量时，有可能出现不同的结果，这是电子测量环境条件的影响。

2. 电子测量仪器的布置和连接

在进行电子测量时，常常需要多台测量仪器和辅助设备。电子测量仪器的布置方式、连接方法等常会对测量结果、仪器和操作者的安全产生或多或少的影响。仪器摆放时应按照信号源、被测对象、测量显示仪器的顺序布置，仪器之间的连线原则上尽量短、少交叉，以免引起信号串扰或寄生振荡现象的发生。

3. 电子测量仪器的接地

电子测量仪器的接地分为安全接地和技术接地两种。安全接地是为了保证操作者的安全。安全接地是将仪器的机壳与大地相连，防止机壳上积累的静电荷或仪器漏电对仪器和操作者造成伤害。为此，实训室管理者应经常检查总地线是否正常、各种仪器的机壳是否带电。

技术接地是为了保障仪器设备能够正常工作。技术接地一般有一点接地和多点接地两种，一点接地适用于直流或低频电路的测量，多点接地适用于高频电路的测量。只有技术接地正确，才能保证测量仪器的正常工作。

1.3　测量误差的基本知识

1.3.1　测量误差的表示方法

测量的目的是得到被测量的真实结果，即真值。但由于人们对客观规律认识的局限性，不可能得到被测量的真值。测量值与被测量的真值之间的差异称为测量误差。

测量误差的表示方法有三种：绝对误差、相对误差和允许误差。

1. 绝对误差

（1）定义　被测量的测量值 x 与真值 A_0 之差称为绝对误差，用 Δx 表示，即

$$\Delta x = x - A_0 \tag{1-1}$$

式中，x 为被测量的给出值、示值或测量值，习惯上统称为示值；A_0 为被测量的真值。

注意，示值和仪器的读数是有区别的，读数是从仪器刻度盘、显示器等读数装置上直接读到的数据，而示值则是由仪器刻度盘、显示器上的读数经换算而得到的。

真值 A_0 是一个理想的概念，实际上是不可能得到的，通常用高一级标准仪器所测得的测量值 A 来代替，称之为被测量的实际值。绝对误差的计算式为

$$\Delta x = x - A \tag{1-2}$$

绝对误差的正、负号表示测量值偏离实际值的方向，即偏大或偏小。绝对误差的大小则反映出测量值偏离实际值的程度。

（2）修正值　与绝对误差大小相等、符号相反的量值称为修正值，用 C 表示，即

$$C = -\Delta x = A - x \tag{1-3}$$

修正值通常是在用高一级标准仪器对测量仪器校准时给出的。当得到测量值 x 后，要对测量值 x 进行修正以得到被测量的实际值，即

$$A = C + x \tag{1-4}$$

例如：测量电压示值为9.2V，此量程的修正值为-0.2V，则实际值为9V。

修正值有时给出的方式不一定是具体数值，也可能是一条曲线或一张表格，和绝对误差一样都有大小、符号及量纲。

2. 相对误差

虽然绝对误差可以说明测量结果偏离实际值的情况，但不能确切反映测量结果偏离实际值的程度，为了克服绝对误差的这一不足，通常采用相对误差的形式来表示。

相对误差包括实际相对误差、示值相对误差和满度相对误差。

（1）实际相对误差　绝对误差 Δx 与实际值 A 之比，称为实际相对误差，用 γ_A 表示为

$$\gamma_A = \frac{\Delta x}{A} \times 100\% \tag{1-5}$$

【例1-1】　测量两个电压，测量值分别为 $U_{1x} = 103\text{V}$ 和 $U_{2x} = 12\text{V}$，实际值 $U_{1A} = 100\text{V}$，

$U_{2A}=10V$，求两次测量的绝对误差和实际相对误差各是多少？

解：根据题意知，$U_{1x}=103V$，$U_{1A}=100V$，$U_{2x}=12V$，$U_{2A}=10V$

$$\Delta U_1=103V-100V=3V，\Delta U_2=12V-10V=2V$$

$$\gamma_{A1}=\Delta U_1/U_{1A}\times 100\%=3V/100V\times 100\%=3\%$$

$$\gamma_{A2}=\Delta U_2/U_{2A}\times 100\%=2V/10V\times 100\%=20\%$$

可见，第一个电压测量的绝对误差大而相对误差小，第二个绝对误差小但相对误差大，偏离实际值的程度大。

（2）示值相对误差　绝对误差 Δx 与测量值 x 之比，称为示值相对误差，用 γ_x 表示为

$$\gamma_x=\frac{\Delta x}{x}\times 100\% \tag{1-6}$$

（3）满度相对误差　绝对误差 Δx 与仪器满度值 x_m 之比，称为满度相对误差或引用相对误差，简称为满度误差或引用误差，用 γ_m 表示。它是为了描述电工仪表的准确度等级而引入的相对误差，计算式为

$$\gamma_m=\frac{\Delta x}{x_m}\times 100\% \tag{1-7}$$

指针式电工仪表的准确度等级通常分为 0.1、0.2、0.5、1.0、1.5、2.5、5.0 共七级，分别表示仪表满度相对误差所不超过的百分比。如某型万用表面板上的“~5.0”，表示该型万用表测量交流量时的满度相对误差为 ±5.0%，在无标准仪表比对的情况下，是不可能确定测量值偏离方向的，所以应带有“±”号。相对误差只有大小和符号，没有单位。

由式（1-7）计算出的绝对误差是用该仪表测量时可能产生的最大误差 Δx_m，即

$$\Delta x_m=x_m\gamma_m \tag{1-8}$$

实际测量的绝对误差 Δx 应满足以下关系：

$$\Delta x\leqslant\Delta x_m \tag{1-9}$$

$$\gamma_x\leqslant\frac{\Delta x_m}{x} \tag{1-10}$$

可见，对于同一仪表，所选量程不同，可能产生的最大绝对误差也不同。而对于同一量程，在无修正值可以利用的情况下，在不同示值处的绝对误差一般按最坏的情况处理，即认为仪器在同一量程各处的绝对误差是常数且等于 Δx_m。所以当仪表准确度等级选定后，一般情况下，测量值越接近满度值时，测量相对误差越小，测量越准确。

因此，在一般情况下，应尽量使指针处在仪表满度值的 2/3 以上区域。但该结论只适用于正向线性刻度的一般电工仪表。对于万用表电阻档等非线性刻度电工仪表，应尽量使指针处于满度值的 1/2 或 1/2 以下区域。

【例 1-2】 如果要测量一个 40V 左右的电压，现有两块电压表，其中一块量程为 50V、1.5 级，另一块量程为 100V、1.0 级，问应选用哪一块表测量比较合适？

解：根据题意，因为要测量的是同一个被测量，故只要比较两块表测量时产生的绝对误差即可。

第一块电压表测量的绝对误差为

$$\Delta U_1\leqslant 50V\times(\pm 1.5\%)=\pm 0.75V$$

第二块电压表测量的绝对误差为

$$\Delta U_2 \leqslant 100\text{V} \times (\pm 1.0\%) = \pm 1.0\text{V}$$

$$|\Delta U_1| < |\Delta U_2|$$

答：应选用第一块电压表测量。

3. 允许误差

一般情况下，线性刻度电工仪表的指示装置对它的测量结果影响比较大，但因其指示装置构造的特殊性，使得无论测量值是多大，产生的误差总是比较均匀的，所以线性刻度电工仪表的准确度通常用满度相对误差表示。而对于结构较复杂的电子测量仪器来说，由某一部分产生极小的误差，就有可能由于累积或放大等原因而产生很大的误差，因此不能用满度相对误差而要用允许误差来表示它的准确度等级。

允许误差又称为极限误差或仪器误差，是人为规定的某类仪器测量时不能超过的测量误差的极限值，可以用绝对误差、相对误差或二者的结合来表示。例如，某一数字电压表基本量程的误差为 $\pm 0.006\% U_x \pm 0.0003\text{V}$，$U_x$ 为读数值，它是用绝对误差和相对误差的组合来表示的。

1.3.2　测量误差的来源

产生测量误差的原因是多方面的，主要来源包括以下几类。

1. 仪器误差

仪器误差是由于仪器本身及其附件的电气和机械性能不完善而引起的误差，如由于仪器零点漂移、刻度非线性等引起的误差。

2. 使用误差

使用误差又称为操作误差，是由于安装、调节、使用不当等原因引起的误差，如测量时由于阻抗不匹配等原因引起的误差。

3. 人身误差

人身误差是由于人为原因而引起的误差，如读错数据等。

4. 环境误差

环境误差又称为影响误差，是由于仪器受到外界的温度、湿度、气压、振动等影响而产生的误差，如数字电压表性能指标中常单独给出的温度影响误差。

5. 方法误差

方法误差又称为理论误差，是由于测量时使用的方法不完善、所依据的理论不严格等原因引起的误差。例如，如图 1-1 所示，由于电流表测得的电流还包括流过电压表内阻的电流，所以电阻的测量值要比电阻实际值小，由此产生的误差属于方法误差。

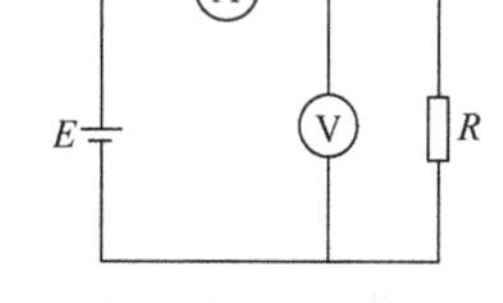

图 1-1　伏安法测量电阻

测量工作中，应对误差来源进行认真分析，采取相应的措施减小误差源对测量结果的影响，提高测量准确度。

1.3.3　测量误差的分类

根据测量误差的性质和特点，测量误差分为系统误差、随机误差和粗大误差三类。

1. 系统误差

（1）定义　在规定的测量条件下，对同一量进行多次测量时，如果测量误差能够保持恒定或按照某种规律变化，则这种误差称为系统误差或确定性误差，简称为系差。如电表零点不准，温度、湿度、电源电压变化等引起的误差。

（2）分类与判断　系统误差根据其性质特征的不同可分为恒定系统误差和变值系统误差。

1）恒定系统误差简称为恒定系差，误差的大小及符号在整个测量过程中始终保持恒定不变。

2）变值系统误差简称为变值系差，误差的大小及符号在测量过程中会随测试的某个或某几个因素按照累进性规律、周期性规律或某一复杂规律等确定的函数规律变化。

具有累进性规律的变值系差称为累进性系差，如图 1-2a、b 所示的累进性系差分别具有线性递增和线性递减的规律，Δu_i 为每次测量的误差，i 为测量次数。

具有周期性规律的变值系差称为周期性系差。

按照某一复杂规律变化的变值系差称为按复杂规律变化的系差。

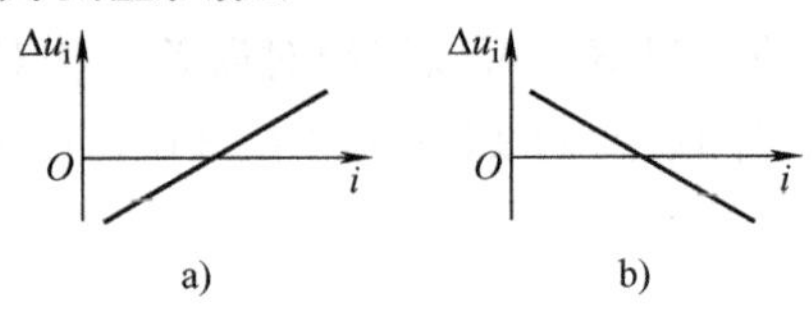

图 1-2　累进性系差

系统误差的发现和判断除了可以用理论分析法、校准和比对法、改变测量条件法、公式判断法外，比较简单的是剩余误差观察法。

剩余误差 v_i 是单次测量值与多个测量值的算术平均值的差，即 Δx_i。剩余误差观察法根据剩余误差大小、符号的变化规律，来判断有无系差和系差类型，如图 1-3 所示。图 1-3a 表明剩余误差大致上正负相同，无明显变化规律，可以认为不存在系差；图 1-3b 说明剩余误差呈现线性递增的规律，可以认为存在累进性系差；图 1-3c 表明剩余误差大小、符号呈现周期性变化，可以认为存在周期性系差。

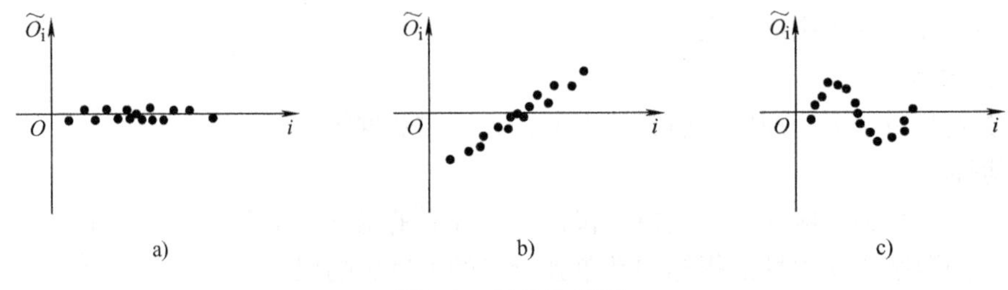

图 1-3　系差的判断

（3）系统误差与测量的关系　系统误差表明的是测量结果偏离真值或实际值的程度，即系统误差越小，测量准确度越高。系统误差通常能够出现在最终的测量结果中。

（4）减小系统误差的方法　系统误差通常是由那些对测量影响显著的因素产生的。为了减小系统误差，在测量之前应尽量发现并消除可能产生系统误差的来源及其影响，测量中则应采用适当的方法，如零示法、替代法、交换法、微差法等，或引入修正值加以抵消或削弱。

1）零示法是在测量中使被测量对指示仪表的作用与某已知的标准量对它的作用相互平衡，以使指示仪表示零，这时被测量等于已知的标准量。零示法可以消除指示仪表不准而造成的误差，如天平称量物体质量等。

2）替代法（即置换法）是在测量条件不变的情况下，用一个已知标准量去代替被测量，并调整标准量使仪器的示值不变，此种情况下，被测量等于调整后的标准量。例如，在图1-4所示的用直流平衡电桥测量直流电阻的过程中，先接入电阻 R_x 使电桥处于平衡（电流表指示为0），再用 R_s 替代 R_x，调节 R_s 使电桥再次平衡，此时 R_s 与 R_x 相等。

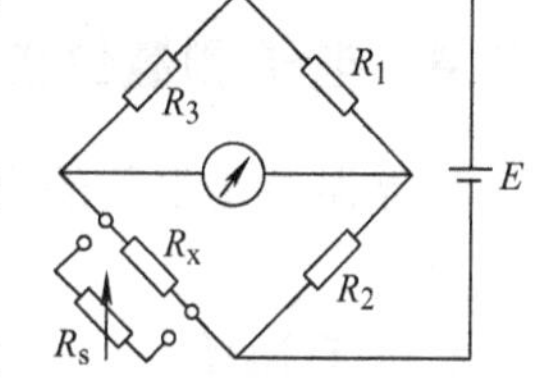

图1-4　直流平衡电桥测量直流电阻

由于在替代的过程中，仪器状态和示值都不变，所以仪器误差和其他造成系统误差的因素对测量结果基本不产生影响。

3）交换法（即对照法）是利用交换被测量在测量系统中的位置或测量方向等，设法使两次测量中误差源对被测量的作用相反，取两次测量值的平均值作为测量结果。

交换法将大大削弱系统误差的影响，例如，用旋转度盘读数时，分别将度盘向右旋转和向左旋转进行两次读数，并取读数的平均值作为最后结果，这样可以减小传动结构的机械间隙所产生的误差。

4）微差法又称为虚零法或差值比较法，它实质上是一种不彻底的零示法。在零示法中需要仔细调节标准量 s 使之与被测量 x 相等，其操作费时费力，甚至不可能做到。微差法允许标准量 s 与被测量 x 的效应不完全抵消，而是相差一微小量 δ，测得 $\delta=x-s$，即可得到被测量 x。

$$x=s+\delta \tag{1-11}$$

x 的示值相对误差为

$$\frac{\Delta x}{x}=\frac{\Delta s}{x}+\frac{\Delta\delta}{x}=\frac{\Delta s}{s+\delta}+\frac{\delta}{x}\frac{\Delta\delta}{\delta} \tag{1-12}$$

由于 $\delta<<s$，所以 $s+\delta\approx s$，又因 $\delta<<x$，所以

$$\frac{\Delta x}{x}\approx\frac{\Delta s}{s} \tag{1-13}$$

即被测量相对误差近似等于标准量相对误差，而仪表产生的偏差 $\Delta\delta/\delta$ 几乎可以忽略。

2. 随机误差

随机误差又称为偶然误差或残差，简称为随差，是指在一系列重复测量中，每次测量结果出现无规律随机变化的误差。随机误差反映了测量结果的离散性，即随机误差越小，测量精密度越高。

随机误差主要是由那些影响微弱、变化复杂而又互不相关的多种因素共同造成的。在足够多次测量中，随机误差服从一定的统计规律，即误差小的出现的概率高，误差大的出现的概率低，而且大小相等的正负误差出现的概率相等。因此，采用多次测量求平均的方法可以消除或削弱随机误差。一般认为，只要测量次数足够多，随机误差的影响就足够小。随机误差可以出现在单次测量结果中，一般不会出现在最终结果中。

注意，测量准确度和测量精密度之间没有必然的联系，如图1-5所示，A 为被测量真值，x_i 为单次测量值。图1-5a表明测量准确度高而精密度低。图1-5b表明测量准确度低而精密度高。如果系差和随差都小，则测量准确度和精密度都高，称为测量精确度或精度高，如图1-5c所示。

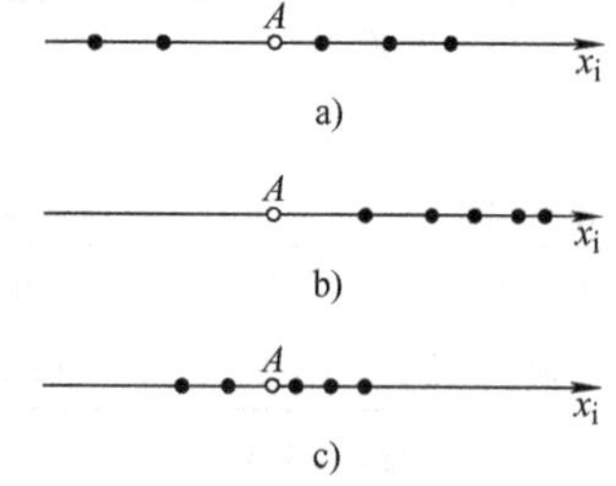

图1-5　测量准确度、精密度与精确度

3. 粗大误差

粗大误差又称为过失误差或疏失误差，简称为粗差，是由

于操作不当、测量失误等原因造成测量结果明显偏离实际值的误差。

测量时应耐心细致，以免出现粗大误差，如果发现数据中有粗大误差，应予剔除。

1.3.4 电子测量仪器的误差

仪器误差是误差的主要来源之一，也是电子测量仪器的一项重要质量指标，主要包括以下几种。

1. 固有误差

固有误差是指在基准条件（见表1-1）下，由于仪器本身而产生的允许误差。它大致反映了仪器的最高测量精确度，通常用于仪器误差的检验和比对。例如，某数字电压表的固有误差：1kHz、1V时为读数的0.4% ±1个字。

表1-1 国际电工委员会（International Electro Technical Commission，IEC）推荐的基准条件

影响量(影响因素)	基准数值或范围	公　差
环境温度	20℃、23℃、25℃、27℃，未指明时为20℃	±1℃
相对湿度	45% ~75%	
大气压强	101kPa	
交流供电电压	额定值	±2%
交流供电频率	50Hz	±1%
交流供电波形①	正弦波	$\beta \leqslant 0.05$
直流供电电压②	额定值	$\Delta U/U_0 \leqslant \pm 1\%$
通风	良好	
太阳辐射效应	避免直射	
周围大气速度	0 ~0.2m/s	
振动	测不出	
大气中沙、尘、盐、污染气体或水蒸气、液态水等	均测不出	
工作位置	按照制造厂规定	

① β称为失真因子，交流供电波形应保持在$(1+\beta)\sin\omega t$与$(1-\beta)\sin\omega t$所形成的包络之内。

② ΔU为纹波电压峰-峰值，U_0为直流供电电压额定值。

2. 基本误差

基本误差是指在正常条件（见表1-2）下，由于仪器方面而产生的允许误差。与基准工作条件相比，仪器在正常条件下的工作环境较差。

表1-2 国际电工委员会（IEC）推荐的正常条件

规定条件	数值或范围及其他要求	规定条件	数值或范围及其他要求
环境温度	(20 ±5)°C	外界电磁场干扰	应避免
相对湿度	(65 ±15)%	外界机械振动和冲击	应避免
大气压强	(750 ±30)mmHg①	仪器负载、输入功率、输出功率、电压、频率等	符合技术条件的规定
交流供电电压	(1 ±2%)×额定值		

① 1mmHg = 133.322Pa。

3. 工作误差

工作误差是指在仪器额定工作条件下，在任一点上求得的仪器某项特性的误差。额定工作条件包括仪器本身的全部使用范围和全部外部工作条件，是仪器的不利工作环境条件的组合，这时产生的误差最大，通常以允许误差的形式给出。

4. 影响误差

影响误差是当某一个影响量（即影响因素）在其额定使用范围内（或一个影响特性在其有效范围内）取任一值，而其他影响量和影响特性均处于基准条件时所测得的误差。一般在某一影响量对测量影响比较大时才给出影响误差。

5. 稳定误差

稳定误差是仪器标准值在其他影响量和影响特性保持恒定的情况下，在规定时间内产生的误差极限。习惯上以相对误差形式给出或者注明最长连续工作时间。例如，某数字电压表的稳定误差：在温度为 -10 ~ +40℃，相对湿度为 20% ~80%，大气压为 86.7 ~106.7kPa 环境内，连续工作 7h。

1.4 测量结果的表示及测量数据的处理

1.4.1 测量结果的表示

测量结果一般以数字方式或图形方式等表示。图形方式可以在测量仪器的显示屏上直接显示出来，也可以通过对数据进行描点作图得到。测量结果的数字表示方法有以下几种。

1. 测量值 + 不确定度

这是最常用的表示方法，特别适合表示最后测量结果。例如，$R=(50.87\pm0.5)\Omega$，50.87Ω 称为测量值，$\pm0.5\Omega$ 称为不确定度，表示被测量实际值是处于 50.37 ~51.37Ω 区间的任意值，但不能确定具体数据。不确定度和测量值都是在对一系列测量数据的处理过程中得到的。

2. 有效数字

有效数字是由第一种数字表示方法改写而成的，比较适合表示中间结果。当未标明测量误差或分辨率时，有效数字的末位一般与不确定度第一个非零数字的前一位对齐。例如，$R=(50.87\pm0.5)\Omega$ 改写成有效数字为 $R=51\Omega$。

3. 有效数字加 1 ~2 位的安全数字

该方法是由前两种表示方法演变而成的，它比较适合表示中间结果或重要数据。增加安全数字可以减小由第一种方法改写成第二种方法时产生的误差对测量的影响。该方法是在第二种表示方法确定出有效数字位数的基础上，根据需要向后多取 1 ~2 位安全数字，而多余数字应按照有效数字的舍入规则进行处理。例如，$R=(50.87\pm0.5)\Omega$ 用有效数字加 1 位安全数字表示为 $R=50.9\Omega$，末位的 9 为安全数字；用有效数字加 2 位安全数字表示为 $R=50.87\Omega$，末尾的 8、7 为安全数字。

1.4.2 有效数字的处理

1. 有效数字的意义

测量过程中，通常要在量程最小刻度的基础上，多估读一位数字作为测量值的最后一位，此估读数字称为欠准数字。欠准数字后的数字是无意义的，不必记入。例如，某电压表

20V 量程的分辨率为 1V，如果读出 12.9V 是恰当的，但不能读成 12.94V。

从第一个非零数字起向右所有的数字称为有效数字。例如，0.0380V 的有效数字位数是 3 位而不是 5 位或 2 位，第一个非零数字前的 0 仅表示小数点的位置而不是有效数字。通常，除了最后一位为欠准数字外，其他有效数字为准确数字。未标明仪器分辨率时，有效数字中非零数字后的 0 不能随意省略，例如，6000V 可以写成 6.000kV、6.000×10^3V，而不能写成 6kV、6.0kV 或 6.00kV。

电子测量中，如果未标明测量误差或分辨率，通常认为有效数字具有不大于欠准数字 ±0.5单位的误差，称之为 0.5 误差原则。例如，0.380V、0.38V 表示的测量误差分别为 ±0.0005V、±0.005V，表明被测量实际值分别处于 0.3795～0.3805V、0.375～0.385V 之间，因此二者表示的意义是不同的。同样道理，6.000kV 与 6.000×10^3V 表示的结果相同；而 6kV、6.0kV、6.00kV 表示的结果不相同。

2. 有效数字位数的取舍

对有效数字中多余数字的舍入根据有效数字的舍入规则进行。

对有效数字的舍入，舍入前后两个数值的差异称为舍入误差。对有效数字舍入时，应尽量减小舍入误差的影响，其规则如下：

1）舍掉部分最高位数字大于 5 时，进 1（5 后面只要有非零数字时进 1）。

2）舍掉部分最高位数字小于 5 时，舍去。

3）舍掉部分最高位数字等于 5 时（5 后面全为零或无数字时），看奇偶，即 5 前面为偶数时舍 5 不进，5 前面为奇数时进 1。

所以用有效数字表示 $R=(50.87\pm0.5)\Omega$ 时的结果应为 $R=51\Omega$，而不是 $R=50\Omega$。

为了不丢失被测量实际值，在用有效数字表示测量结果时，如果已知测量绝对误差（或不确定度），要保证有效数字位数取舍后末位的 ±0.5 单位不小于绝对误差（或不确定度），即有效数字位数保留至绝对误差（或不确定度）左边第 1 个非零数字前 1 位。例如，某被测电压测量结果为 $U_A=(57.827\pm0.022)$V，用有效数字表示为 $U_A=57.8$V。

若认为有效数字具有不大于欠准数字的 ±1 单位的误差，这种情况下，除非绝对误差（或不确定度）刚好等于某 1 位的 ±1 单位，用有效数字表示时，有效数字末位位数应与该位对齐，例如，$U_A=(57.827\pm0.01)$V 用有效数字表示为 $U_A=57.83$V；否则，有效数字位数仍保留至绝对误差（或不确定度）左边第 1 个非零数字前 1 位。例如，$U_A=(57.827\pm0.011)$V 用有效数字表示为 $U_A=57.8$V。

3. 有效数字的运算规则

当需要对测量数据进行运算时，为了不使运算过于麻烦而又能正确反映测量准确度，要对有效数字的位数进行正确的取舍。有效数字运算时，保留的位数原则上取决于各数中精确度最差的那一项。

1）加减法运算时，以小数点后位数最少的为准，若各项无小数点，则以有效数字位数最少者为准，其余各数可多取一位。例如：

$$56.2+4.3204-3.255\approx56.2+4.32-3.26\approx57.3$$

2）乘除法运算时，以有效数字位数最少的为准，最终运算结果的有效数字位数与参加运算的项中有效数字位数最少项相同，与小数点无关，参与乘除法运算的各数可以比有效数字位数最少的多保留一位有效数字。例如：

$$2.1\times4.1085\approx2.1\times4.11\approx8.6$$

3）乘方、开方运算时，运算结果比原数多保留一位有效数字。例如：

$$115^2\approx1.322\times10^4 \qquad \sqrt{265}\approx16.28$$

4. 测量数据的处理

在实际工作中，经常遇到测量报告值和测量记录值的概念。测量报告值类似于有效数字，要保证不能丢失真实值，有效数字位数的取舍要保证有效数字末位 ±0.5 个单位不小于绝对误差（或不确定度）；而记录值主要用于备案，它类似于用“有效数字 + 安全数字”表示测量结果的方法，要求的位数多，一般将记录值的末位与绝对误差对齐。测量报告值和测量记录值多余数字的舍入要根据有效数字的舍入规则进行。

【例 1-3】 用一块 0.5 级 100V 量程的电压表测量电压，指示值为 78.15V，试确定有效数字的位数。

解： 该表 100V 量程档的最大绝对误差为 $\Delta U_m = \pm0.5\% \times 100V = \pm0.5V$

可见被测量实际值在 77.65 ~ 78.65V 之间，因为绝对误差为 ±0.5V，根据“0.5 误差原则”，若取其记录值，则其测量记录值为 78.2V。测量结果的末位应为个位，即应保留两位有效数字，因此不标注误差时的测量报告值为 78V。

归纳总结 1

本章是电子测量技术与电子测量仪器的基础，重点介绍了以下内容：

（1）电子测量的意义。电子测量的概念及电子测量的重大意义，测量结果是一个带单位的有理数。

（2）电子测量的内容。主要内容有电能量的测量、电路元器件参数的测量、电信号特征的测量、电路参数的测量、特性曲线的显示、非电量的测量。

（3）电子测量的特点。其特点主要有测量频率范围宽、量程范围广、测量准确度高、测量速度快、易于实现遥测遥控、易于实现测量过程的自动化和智能化。

（4）电子测量的方法。按测量手段分有直接测量、间接测量、组合测量，按测量性质分有时域测量、频域测量、数据域测量、随机测量。

（5）电子测量仪器的分类。通用电子测量仪器按其功能可分为信号发生器，电平测量仪器，波形测试仪器，时间、频率、相位测量仪器，电子元器件测量仪器，信号分析仪器，电波特性测量仪器，网络特性测量仪器及逻辑分析仪等。

（6）测量误差的表示方法：有绝对误差、相对误差和允许误差。满度相对误差是衡量电工仪表准确度的常用指标，而允许误差用于描述电子测量仪器的测量准确度等级，且是人为规定的某类仪器测量时产生的测量误差的极限值。

（7）测量误差的分类：按照性质和特点分为系统误差、随机误差和粗大误差。系统误差越小，测量准确度越高；随机误差越小，测量的精密度越高。随机误差和系统误差越小，测量精确度（或精度）越高。准确度和精密度之间无必然的联系。

（8）电子测量仪器的误差：有固有误差、基本误差、工作误差、影响误差、稳定误差等。

（9）测量结果的表示及测量数据的处理。介绍有效数字的物理意义、舍入与运算规则，测量结果的处理。测量结果常用有效数字来表示，应根据实际情况，遵循有效数字位数取舍和有效数字舍入规则进行处理。用有效数字表示测量结果时，要根据要求确定有效数字位数。

练习巩固1

1.1　什么是测量？什么是电子测量？下列两种情况是否为电子测量？

（1）用水银温度计测量温度。

（2）用红外线温度计测量体温。

1.2　按具体测量对象来区分，电子测量包括哪些内容？

1.3　电子测量技术有哪些优点？

1.4　常用电子测量仪器有哪些？

1.5　测量电压时，如果测量值为100V，实际值为95V，则测量绝对误差和修正值分别是多少？如果测量值是100V，修正值是-10V，则实际值和绝对误差分别是多少？

1.6　用量程是50mA的电流表测量实际值为40mA的电流，如果读数值为38mA，试求测量的绝对误差、实际相对误差、示值相对误差各是多少？

1.7　如果要测量一个8V左右的电压，现有两块电压表，其中一块量程为10V、1.5级，另一块量程为20V、1.0级。问应选用哪一块表测量较为准确？

1.8　已知用量程为100mA的标准电流表校准另一块电流表时，测量相同电流的电流值分别是90mA、94.5mA，求被校电流表的绝对误差、修正值、实际相对误差分别是多少？如果上述结果是最大误差的话，则被校表的准确度等级应定为几级？

1.9　指出下列数据中的有效数字、欠准数字和准确数字。

0.00180；59.00；0.0075；6.205。

1.10　将下列数字进行舍入处理，要求保留三位有效数字。

54.79；86.3724；500.028；21000；0.003125；3.175；43.52；58350。

1.11　用一台0.5级、10V量程的电压表测量电压，指示值为7.526V，试确定本次测量的记录值和报告值分别是多少？

1.12　按照有效数字的运算法则，计算：

（1）$56.2+4.3204-3.255$

（2）$16.8-4.6505+7.355$

（3）1.2812×2.5

（4）2.1×4.1085

1.13　选择题

（1）用一个修正值为-0.2V的电压表去测量电压，示值为9.6V，则实际电压为______。

A. 9.4V　　B. 9.6V　　C. 9.8V

（2）用一只0.5级、100V的电压表测量直流电压，产生的绝对误差≤______V。

A. 0.25　　B. 0.5　　C. 2.5　　D. 5

（3）在相同条件下多次测量同一量时，随机误差的______。

A. 绝对值和符号均发生变化　　B. 绝对值发生变化，符号保持恒定
C. 符号发生变化，绝对值保持恒定　　D. 绝对值和符号均保持恒定

（4）逻辑分析仪属于______设备。

A. 时域测量　　B. 频域测量　　C. 数据域测量

（5）我国电工表的准确度等级常分为______个级别。

A. 6　　B. 7　　C. 8　　D. 9

（6）被测量的实际大小和测量值分别称为______。

A. 示值和真值　　B. 真值和实际值　　C. 实际值和示值

1.14　判断题

（1）利用电子测量技术对电量的测量是电子测量，而对非电量的测量则不是电子测量。(　　)

（2）用万用表交流 750V 电压档直接测量市电的方法属于直接测量法。(　　)

（3）电子测量仪器的接地分为安全接地和技术接地两种。(　　)

（4）绝对误差的定义是指被测量的真值与测量值之比，即 $\Delta x = A_0/x$。(　　)

（5）在测量结果的数字列中，前面的“0”都是有效数字。(　　)

（6）为了减小测量误差，选择仪表量程时要尽量使仪表指示在满度值的 2/3 以上区域(　　)。

（7）在测量过程中，使用仪表的准确度越高，测量结果的误差越小，而与选择的量程大小无关。(　　)

第 2 章　测量用的信号发生器

任务引领：用函数信号发生器输出一定频率和幅值的三角波

信号发生器是常用电子测量仪器之一，负责提供电子测量所需的各种电信号，是最基本、应用最广泛的电子测量仪器之一。信号发生器又称为信号源或振荡器，在生产实践和科技领域中有着广泛的应用。信号发生器是一种能提供各种频率、波形和输出电平电信号的设备。我们在测试电路时，经常要用到一些信号，现在需要用到一个三角波，如何用函数信号发生器输出一个频率为 1000Hz、幅值为 0.8V 的三角波呢？怎样对信号发生器进行操作？本章就来给大家介绍测量用的信号发生器的有关知识和操作技能。

主要内容：

1）信号发生器的分类、主要技术特性、一般组成、利用信号发生器的测量方法。

2）正弦信号发生器、低频信号发生器、高频信号发生器、合成信号发生器。

3）标准函数信号发生器的使用。

学习目标：

了解信号发生器的分类，掌握正弦信号发生器、函数信号发生器的构成及工作原理，熟练掌握正确使用标准函数信号发生器的技能。会操作低频信号发生器、高频信号发生器、函数信号发生器等信号源，能用其输出符合要求的信号。

2.1　信号发生器的组成和分类

凡是产生测试信号的仪器，统称为信号源，也称为信号发生器，它用于产生被测电路所需特定参数的电测试信号，在生产实践和科技领域中有着广泛的应用。测量用信号发生器用来提供测量所需的各种电信号，是应用很普遍的电子测量仪器。它可以产生不同频率的正弦信号、调幅信号、调频信号，以及各种频率的方波、三角波、锯齿波、正负脉冲信号等，其输出信号的频率、幅度、调制度等电参数可按需要进行调节。可以说，几乎所有的电参量的测量都需要用到信号发生器。

2.1.1　信号发生器的基本组成

1. 信号发生器的基本组成框图

不同类型的信号发生器其性能和用途虽各不相同，但其基本结构可用图 2-1 所示的框图表示。信号发生器一般包括主振器、变换器、输出电路、指示器和电源等，是一台不可或缺的用于表示物体运动变化规律的电信号发

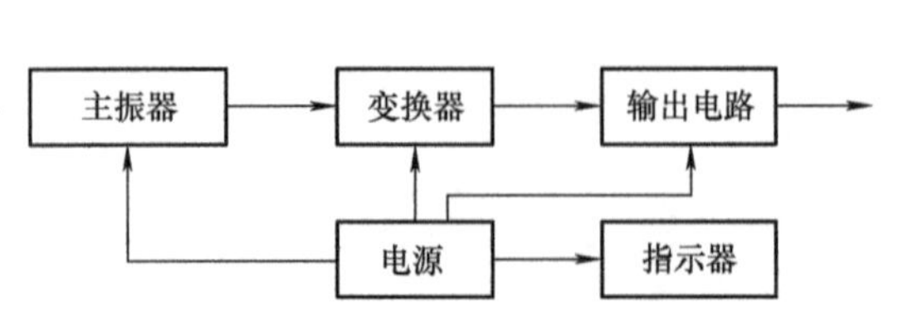

图 2-1　信号发生器的基本组成框图

生仪器。

2. 各部分的作用

（1）主振器　主振器是信号发生器的核心部分，由它产生不同频率、不同波形的信号，通常是正弦波振荡器或脉冲发生器。它决定了信号发生器的一些重要工作特性，如工作频率范围、频率稳定度、输出电平及其稳定度、频谱纯度、调频特性等一些重要参数。调频信号一般都在本级直接调制而产生，但这时需附加调制器电路。

（2）变换器　变换器用来完成对主振信号进行放大、整形及调制等工作，可以是电压放大器、功率放大器或调制器、脉冲形成器等。它将振荡器的输出信号进行放大或变换，进一步提高信号的电平并给出所要求的波形。

（3）输出电路　输出电路为被测设备提供所要求的输出信号电平或信号功率。输出级的基本任务是调节信号的输出电平和变换输出阻抗。

（4）指示器　指示器用以监视输出信号的电平、频率及调制度。不同功用的信号发生器，指示器的种类是不同的，它可能是电压表、功率计、频率计、调制度仪等。

（5）电源　电源为测量信号源的各部分电路提供所需的各种直流电压，通常是将50Hz的交流电经过变压、整流、滤波和稳压后而得到的。

2.1.2 信号发生器的分类

信号发生器用途广泛，种类繁多，按不同的分类方式分类如下。

1. 按用途分

根据用途的不同，信号发生器可分为通用信号发生器和专用信号发生器两大类。

通用信号发生器适用范围比较广，一般是为测量各种基本参量或常见参量而设计的，通用性强。低频信号发生器、高频信号发生器、脉冲信号发生器、函数信号发生器等都属于通用信号发生器。

专用信号发生器仅适用于某些特殊测量环境，或者是为专用目的而设计制造的，它只适用于某种特定的测量对象和测量条件，如电视信号发生器、调频立体声信号发生器、编码脉冲信号发生器等都是常见的专用信号发生器。

2. 按输出信号的波形分

按照输出信号波形的不同，信号发生器可分为正弦信号发生器、函数信号发生器、脉冲信号发生器、随机信号发生器等。

（1）正弦信号发生器　正弦信号发生器最具普遍性和广泛性，正弦信号主要用于测量电路和系统的频率特性、非线性失真、增益及灵敏度等。

（2）函数信号发生器　函数信号发生器又称波形发生器，也比较常用，它不但可以输出多种波形，而且信号频率范围较宽。它能产生某些特定的周期性时间函数波形（主要是正弦波、方波、三角波、锯齿波和脉冲波等）信号。频率范围可从几毫赫甚至几微赫的超低频直到几十兆赫。除供通信、仪表和自动控制系统测试用外，还广泛用于其他非电测量领域。

（3）脉冲信号发生器　脉冲信号发生器主要用来测量脉冲数字电路的工作性能和模拟电路的瞬态响应，它是一种产生宽度、幅度和频率重复可调的矩形脉冲的发生器，可用于测试线性系统的瞬态响应，或用模拟信号来测试雷达、多路通信和其他脉冲数字系统的性能。

（4）随机信号发生器　随机信号发生器分为噪声信号发生器和伪随机信号发生器两类。用来产生实际电路与系统中的各种模拟噪声信号，借以测量电路的噪声性能。

3. 按输出信号的频率范围分

按照输出信号的频率范围分为超低频、低频、视频、高频、甚高频、超高频信号发生器。如表2-1所示。

表2-1　信号发生器的频率划分

类　型	频率范围	应　用
超低频信号发生器	0.001Hz～1kHz	地震、声呐、医疗、机械测量等
低频信号发生器	1Hz～1MHz	音频、通信设备、家电等测试维修
视频信号发生器	20Hz～10MHz	电视设备测试维修
高频信号发生器	200kHz～30MHz	短波等无线通信设备、电视设备测试维修
甚高频信号发生器	30～300MHz	超短波等无线通信设备、电视设备测试维修
超高频信号发生器	300MHz以上	UHF超短波、雷达、微波、卫星通信设备测试维修

（1）低频信号发生器　低频信号发生器包括音频（200～20000Hz）和视频（1Hz～10MHz）范围的正弦波发生器。主振级一般用RC式振荡器，也可用差频振荡器。为便于测试系统的频率特性，要求输出幅频特性平和，波形失真小。

（2）高频信号发生器　指频率为100kHz～30MHz的高频、30～300Hz的甚高频信号发生器。一般采用LC调谐式振荡器，频率可由调谐电容器的度盘刻度读出，主要用途是测量各种接收机的技术指标。输出信号可用内部或外加的低频正弦信号调幅或调频，使输出载频电压能够衰减到1μV以下。

4. 按调制方式分

按调制方式的不同，信号发生器可分为调幅、调频、调相、脉冲调制等类型。信号调制是指被调制信号中，幅度、相位或频率变化把低频信息嵌入到高频的载波信号中，得到的信号可以传送从语音、数据到视频的任何信号。信号调制可分为模拟调制和数字调制两种，其中模拟调制，如幅度调制（AM）和频率调制（FM）最常用于广播通信中，而数字调制基于两种状态，允许信号用二进制数据表示。

2.1.3　信号发生器的主要性能指标

信号发生器的主要性能指标包括频率特性、输出特性和调制特性，简称信号发生器的三大指标。下面结合正弦信号发生器介绍其主要的性能指标。

1. 频率特性

频率特性包括有效频率范围、频率准确度、频率稳定度等。

（1）有效频率范围　各项指标均能得到保证的输出频率范围称为信号发生器的有效频率范围。

（2）频率准确度　频率准确度是指信号输出频率的实际值f_x与其标称值f_0的相对偏差，其表达式为

$$\alpha=\frac{f_x-f_0}{f_0}=\frac{\Delta f}{f_0}$$

（3）频率稳定度　频率稳定度是指在其他外界条件恒定不变的情况下，在一定时间间隔内，输出频率的相对变化，它表征信号源维持工作于恒定频率的能力。频率稳定度分为频率长期稳定度和频率短期稳定度。频率长期稳定度是指长时间（年、月的范围）内频率的相对变化。频率短期稳定度定义为信号发生器经规定的预热时间后，频率在规定的时间间隔内的最大变化，表示为

$$\delta=\frac{f_{max}-f_{min}}{f_0}$$

式中，f_{max}和f_{min}分别为信号输出频率在任何一个规定的时间间隔内的最大值和最小值。频率稳定度很高的正弦信号发生器的频率，可以作为标准频率，用于其他各种频率的矫正。

2. 输出特性

输出特性主要有输出阻抗、输出波形、输出电平及其平坦度、谐波失真等。

（1）输出阻抗　输出阻抗的大小随信号发生器类型而不同。低频信号发生器一般有50Ω、75Ω、150Ω、600Ω、5kΩ 等几种不同的输出阻抗，而高频信号发生器一般只有 50Ω 或 75Ω 两种输出。由于其输出信号一般不超过 1V 峰-峰值，故要特别注意阻抗的匹配问题。

（2）输出波形　输出波形是指信号发生器所能输出信号的波形。信号发生器一般能输出正弦波和方波；函数信号发生器除此以外还能输出三角波、锯齿波、脉冲信号和阶梯波等。

（3）输出电平及其平坦度　输出电平指信号发生器所能提供的最大和最小输出电平的可调范围。输出电平平坦度是指在有效的频率范围内，输出电平随频率的变化程度。

（4）谐波失真　正弦信号发生器应输出单一频率的正弦波，但由于非线性失真、噪声等因素的影响，其输出信号中含有谐波等其他成分，也就是说信号的频谱不纯，用谐波失真度来表示信号频谱纯度。通常用非线性失真度来表征低频信号发生器输出波形的好坏，为0.1%～1%。用频谱纯度来表征高频信号发生器输出波形的质量。

3. 调制特性

高频信号发生器输出正弦波的同时，一般还能输出一种或一种以上的已被调制的信号，多数情况下是调频波和调幅波，有些还有调相和脉冲调制等功能。若调制信号是由信号发生器内部产生的，称为内调制。当调制信号由外部信号加到信号发生器进行调制时，称为外调制。调制特性包括调制方式、调制频率、调幅系数或最大频偏及调制线性等。

（1）调制类型

1）调幅（AM 调制），适用于整个射频频段，但主要用于高频段。

2）调频（FM 调制），主要应用于甚高频或超高频频段。

3）脉冲调制（PM 调制），主要应用于微波频段。

4）视频调制（VM 调制），主要用于电视传输频段。

（2）调制频率及其范围　调制频率可以是固定的，也可以是连续可调的；可以是内调制，也可以是由外部向仪器提供调制信号的外调制。调幅的定制调制频率通常为 400Hz、1000Hz，而调频的调制频率在 10Hz～110kHz 范围内。

（3）调制系数的有效范围　调幅系数的范围为 0～80%，调频的频偏通常不小于 75Hz。

（4）寄生调制　寄生调制是指不加调制时信号载波的残余调幅、残余调频，或调幅时有感生的调频、调频时有感生的调幅等。通常寄生调制应低于 －40dB。

2.2 低频信号发生器

低频信号发生器又称为音频信号发生器，用来产生频率范围为1Hz～1MHz的低频正弦波信号、脉冲信号和逻辑信号（TTL）。其正弦波信号具有很小的失真和良好的频响等特点，一般应用频率范围为20Hz～20kHz，输出电压有效范围为0.05mV～6V，具有标准的600Ω输出阻抗；脉冲信号的幅度和宽度均为连续可调；TTL具有很强的负载能力和理想的波形等特性。

2.2.1 低频信号发生器的组成

1. 组成框图

低频信号发生器的基本组成框图如图2-2所示。它主要包括主振器、电压放大器、输出衰减器、功率放大器、阻抗变换器、指示电压表和稳压电源等几部分。

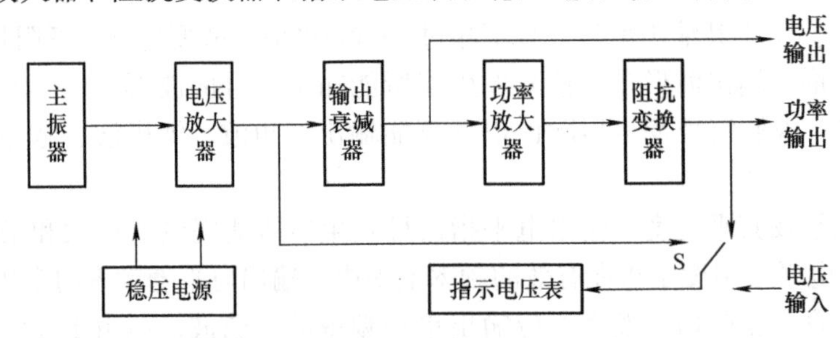

图2-2　低频信号发生器的基本组成框图

2. 各部分的作用

（1）主振器　主振器是低频信号发生器的核心部分，用于产生频率可调的正弦信号，一般由RC振荡电路或差频式振荡电路组成，它决定信号发生器的有效频率范围和频率稳定度。

1）差频式振荡电路。差频式振荡电路的组成框图如图2-3所示。先由两个高频振荡器分别产生一个频率固定的信号f_1和频率可变的信号f_2，然后进入混频器进行混频，产生低频差频信号，再经低通滤波器去掉高频成分，最后通过低频放大器的放大，即可得到具有一定幅度的低频信号电压。

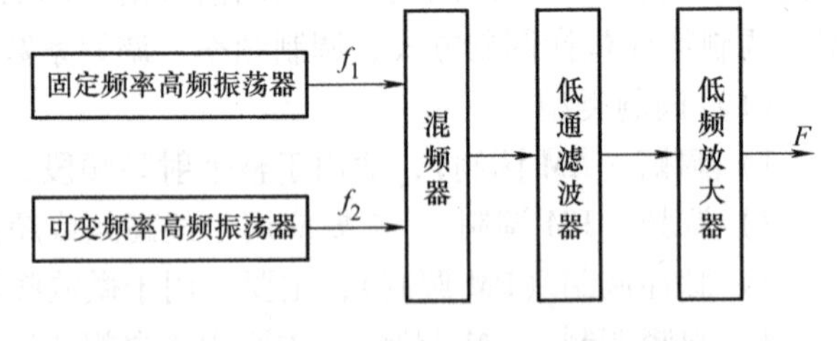

图2-3　差频式低频振荡电路的组成框图

这种方法产生的低频正弦波信号，其频率覆盖范围比较宽，无须转换波段即可在整个频段内做到连续可调。假设f_2=3.4MHz，f_1可调范围为3.3999～5.1MHz，则振荡电路输出差频信号的频率范围为100Hz（3.4MHz－3.3999MHz）～1.7MHz（5.1MHz－3.4MHz）。但差频式振荡电路的缺点是对两个振荡器的频率稳定性要求很高，特别是f_1与f_2接近时，极易产生干扰，很难获得稳定的较低的差频输出信号。

2）RC 振荡电路。RC 文氏桥式振荡电路具有输出波形失真小、振幅稳定、频率可调范围宽和频率调节方便等优点，故被普遍应用于低频信号发生器主振器中，其原理图如图 2-4 所示。

RC 文氏桥式振荡电路由两级负反馈放大器 A 及一个具有选频作用的正反馈电路组成。图中，R_1、C_1、R_2、C_2 组成选频网络，形成正反馈。振荡频率为 $f_0 = \dfrac{1}{2\pi\sqrt{R_1C_1R_2C_2}}$

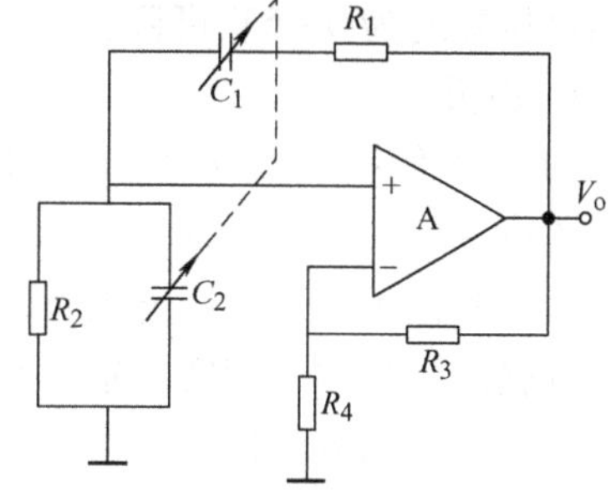

图 2-4　文氏桥式低频信号发生器的原理图

当 $R_1 = R_2 = R$、$C_1 = C_2 = C$ 时，只能使 $f_0 = 1/(2\pi RC)$ 的信号满足电路起振条件，确保频率稳定。整个电路频率的调节是通过改变桥路电阻和电容的大小来进行的，利用波段开关改变电阻 R_1、R_2 进行频率粗调，选择频段，调节 C_1、C_2 进行频率微调，使同一频段内的振荡频率连续变化。R_3、R_4 组成负反馈支路，主要起稳幅作用。R_3 是具有负温度系数的热敏电阻。

RC 文氏桥式振荡器每个波段的频率覆盖系数（即最高频率与最低频率之比）为 10，因此，要覆盖 1Hz ~ 1MHz 的频率范围，至少需要五个波段。

（2）电压放大器　电压放大器兼有缓冲与电压放大的作用。缓冲是为了隔离后级电路对主振电路的影响，保证主振频率稳定，一般采用射极跟随器或运放组成的电压跟随器。放大是为了使主振器的输出电压达到预定技术指标。为了使主振输出调节电位器的阻值变化不影响电压放大倍数，要求电压放大器的输入阻抗较高。为了在调节输出衰减器时不影响电压放大器，要求电压放大器的输出阻抗低，有一定的带负载能力。为了适应信号发生器宽频带等的要求，电压放大器应具有宽的频带、小的谐波失真和稳定的工作性能。

（3）输出衰减器　输出衰减器用于改变信号发生器的输出电压或功率，通常分为连续调节和步进调节。连续调节由电位器实现，步进调节由电阻分压器实现。图 2-5 所示为常用输出衰减器原理图，图中电位器 RP 为连续调节器（细调），电阻 R_1 ~ R_8 与开关 S 构成步进衰减器，开关 S 为步进调节器（粗调）。调节 RP 或变换开关 S 的档位，均可使衰减器输出不同的电压。

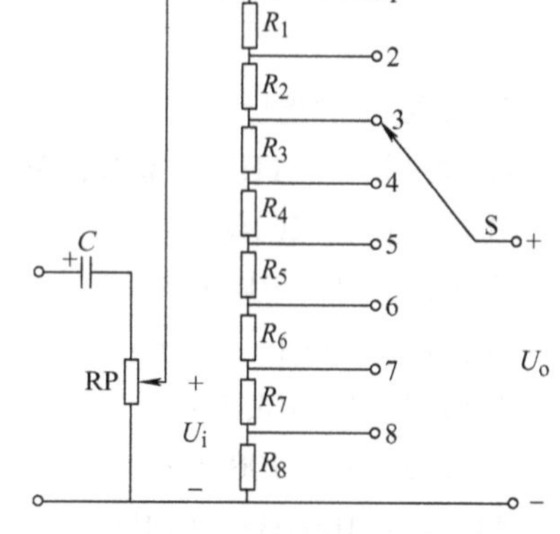

图 2-5　输出衰减器原理图

（4）功率放大器　功率放大器用来对衰减器输出的电压信号进行功率放大，使之达到额定功率输出。为了能实现与不同负载匹配，功率放大器之后与阻抗变换器相接，这样可以得到谐波失真小的波形和最大的功率输出。

（5）阻抗变换器　阻抗变换器用于匹配不同阻抗的负载，以便在负载上获得最大输出功率。阻抗变换器只有在要求功率输出时才使用，电压输出时只需输出衰减器。输出阻抗的变换利用波段开关改变输出变压器的二次绕组来实现。

2.2.2　典型仪器——XD-2 型低频信号发生器

XD-2 型低频信号发生器和其他频率信号发生器一样，主要用于测量录音机、扩音机、电子示波器、无线电接收装置等电子设备中的低频放大器的频率特性。XD-2 型低频信号发生器是一种多功能、宽频带通用测量仪器，它能提供频率范围为 1Hz ~ 1MHz 的正弦波信号，输出电压幅度为 0 ~ 5V 可调。

1. 面板

XD-2 型低频信号发生器的面板如图 2-6 所示。

①电源开关：信号发生器电源总开关，按下时，打开电源。

②电源指示灯：打开电源时，电源指示灯亮。

③输出衰减调节旋钮（输出粗调）：调节该旋钮可以对输出信号幅度进行衰减。

④信号输出端：信号发生器输出接线柱，输出阻抗为 600Ω。

⑤频率范围旋钮：用于频段变换，共有六波段，与频率调节配合使用，用于调节输出信号的频率。

⑥幅度调节旋钮（输出细调）：顺时针调节时输出信号增大，反之减小。

⑦频率调节旋钮：频率细调旋钮与频率范围旋钮配合使用，选定输出信号的频率。

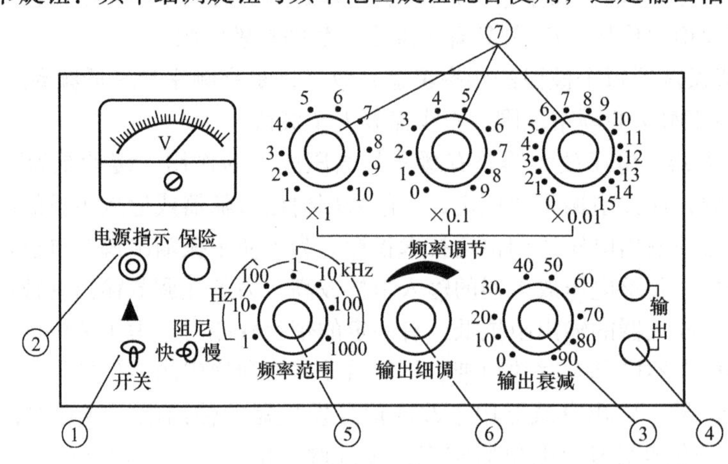

图 2-6 XD-2 型低频信号发生器的面板

2. 主要技术指标

①输出频率：1Hz ~ 1MHz，分六档。

Ⅰ波段：1 ~ 10Hz；

Ⅱ波段：10 ~ 100Hz；

Ⅲ波段：100Hz ~ 1kHz；

Ⅳ波段：1 ~ 10kHz；

Ⅴ波段：10 ~ 100kHz；

Ⅵ波段：100kHz ~ 1MHz。

②幅频特性：≤ ±1dB（20Hz ~ 1MHz 范围内）。

③频率准确度：≤1%。

④正弦波失真：≤0.1%（20Hz ~ 20kHz 范围内）或≤0.3%（其他频率范围）。

⑤输出电压：≥5V_{rms}（有效值）。

3. 使用方法及注意事项

①接入 50Hz、220V 交流电源。开机前，电压输出细调旋钮置于中间，输出衰减旋钮置

于0dB位置，再开启电源开关。开机后预热10min，以使仪器产生较稳定的频率，这时再将输出信号引出。

②根据所使用的频率范围，将粗调旋钮（图2-6中调节频率范围的波段开关）转向适当的位置，然后再调节面板上方三个细调频率旋钮，直至得到所需频率。

③电压信号输出。仪器的正弦波电压由面板右下方两个接线柱输出。适当调节面板下方输出衰减波段开关和输出细调电位器，可在输出端获得所需电压值。

④功率信号输出。输出电压值的连续调节，仍用输出细调旋钮作细调，输出衰减旋钮作粗调。

⑤注意当将信号引入调试的电路，并和其他电子仪器同时使用时，应注意共地。同时，应特别注意信号发生器的输出信号端不能对地短路，否则会损坏信号发生器。

2.3 高频信号发生器

高频信号发生器和甚高频信号发生器统称为高频信号发生器，也称为射频信号发生器，它们广泛应用在高频电路测试中。高频信号发生器产生信号的频率范围通常在200kHz～30MHz之间。这种仪器除了可以产生标准的正弦信号外，通常还具有一种或一种以上调制或组合调制功能，包括正弦调幅、正弦调频以及脉冲调制等，其输出信号的频率、电平和调制度在一定范围内可调节并能准确读数，特别是具有微伏级的小信号输出，以适应接收机测试的需要。如无特别说明，高频信号发生器均特指此种高频信号发生器。

2.3.1 高频信号发生器的组成

1. 组成框图

高频信号发生器的组成框图如图2-7所示，主要包括主振级、缓冲级、调制级、输出级、内调制振荡器、可变电抗器、监测指示器等部分。

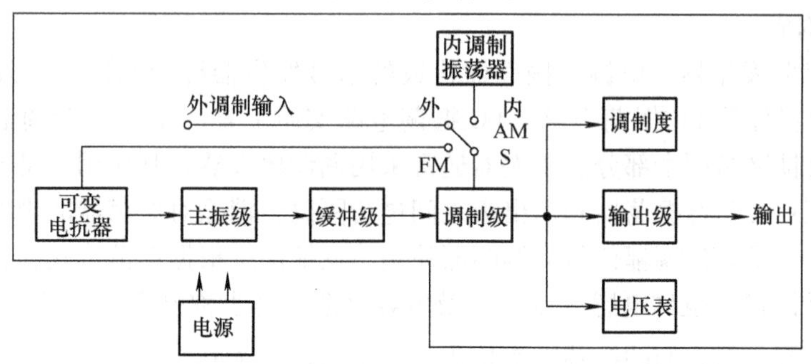

图2-7 高频信号发生器的组成框图

2. 各部分作用

（1）主振级 主振级就是高频振荡器，其作用是产生高频振荡信号。它是信号发生器的核心，信号发生器主要的工作特性大都由它决定，一般采用可调频率范围宽、频率准确度高（优于10^{-3}）、稳定度好（优于10^{-4}）的LC振荡器。通常通过切换振荡回路中不同的电感L来改变频段，通过改变振荡回路的电容C来对振荡频率进行连续调节。可以在主振级之后加入倍频器、分频器或混频器，以使信号发生器有较宽的工作频率范围。主振级电路结构简单，输出功率不大，一般在几到几十毫瓦的范围内。

（2）缓冲级　缓冲级主要起隔离放大的作用，用来隔离调制级对主振级可能产生的不良影响，以保证主振级稳定工作。

（3）调制级　调制级完成调制信号对载波（主振信号）的调制，它包括调频、调幅和脉冲调制等调制方式。在输出载波或调频波时，调制级实际上是一个宽带放大器；在输出调幅波时，实现振幅调制和信号放大。调制信号可来自内调制振荡器，也可来自外部低频信号源。

（4）内调制振荡器　内调制振荡器用于为调制级提供频率为400Hz或1kHz的内调制正弦信号，该方式称为内调制。当调制信号由外部电路提供时，称为外调制。

（5）可变电抗器（频率调制器）　可变电抗器与主振级的谐振回路进行耦合，在调制信号作用下，控制谐振回路电抗的变化而实现调频。

（6）输出级　输出级主要由放大器、滤波器、输出微调器、输出衰减器等组成，对高频输出信号进行调节以得到所需的输出电平和输出阻抗的变换。最小输出电压可达μV数量级，输出阻抗一般为50Ω或75Ω。高频信号发生器必须在阻抗匹配的条件下工作，否则，不仅影响衰减系数，还可能影响前级电路的正常工作，降低信号发生器的输出功率，或在输出电缆中出现驻波。

（7）监测指示器　监测指示器用以监测输出信号的载波幅度和调制系数。

（8）电源　电源用来供给各部分电路工作所需要的电压和电流。

2.3.2　高频信号发生器的分类

1. 分类

按产生主振信号的方法不同，高频信号发生器可分为调谐信号发生器、锁相信号发生器和合成信号发生器三大类。

2. 各类的构成

（1）调谐信号发生器　由调谐振荡器构成的信号发生器称为调谐信号发生器。常用的调谐振荡器就是晶体管LC振荡电路。LC振荡电路实质上是一个正反馈调谐放大器，主要包括放大器和反馈网络两个部分。放大器通常采用调谐放大器，其作用一是放大振荡器输出的高频信号电压；二是在振荡器和输出级之间进行隔离，消除对振荡器的影响，以提高振荡频率的稳定性；三是兼作调幅信号的调幅器使用。反馈网络根据反馈方式，又可分为变压器反馈式、电感反馈式（也称电感三点式）及电容反馈式（也称电容三点式）三种振荡形式。虽然构成形式不同，但它们的振荡频率均为$f_0=1/(2\pi\sqrt{LC})$。

调谐信号发生器通常通过改变电感L来改变频段，改变C来进行频段内的频率微调。调谐信号发生器的优点是电路简单，价格低廉，但其频率准确度、频率稳定度均不高。

（2）锁相信号发生器　锁相信号发生器是在高性能的调谐信号发生器中增加频率计数器，并将信号源的振荡频率利用锁相原理锁定在频率计数器的时基上，而频率计数器又是以高稳定度的石英晶体振荡器为基础的，从而使锁相信号发生器的输出频率的稳定度和准确度大大提高，信号的频谱纯度等性能也大为改善。

锁相环的基本原理框图如图2-8所示。锁相环路由压控振荡器（简称VCO，其振荡频率可由偏置电压调节)、鉴相器（简称PD，其输出端直流电压随其两个输入信号的相位差变化)、低通滤波器（简称LPF，滤除高频成分）及晶体振荡器等部分构成。

（3）合成信号发生器　合成信号发生器具有良好的输出特性和调制特性，又有频率合成器的高稳定度、高分辨率的优点，频率稳定度和频率准确度可达10^{-5}～10^{-9}数量级，频率分辨率可达到mHz数量级；同时输出频谱纯度高，输出频带宽，输出信号的频率、电平、调制深度均可程控、显示，是一种性能优越的信号发生器，是当今信号发生器的主流，在计算机、通信、医疗电子、自动测试、家用电器等领域有着广泛的应用。

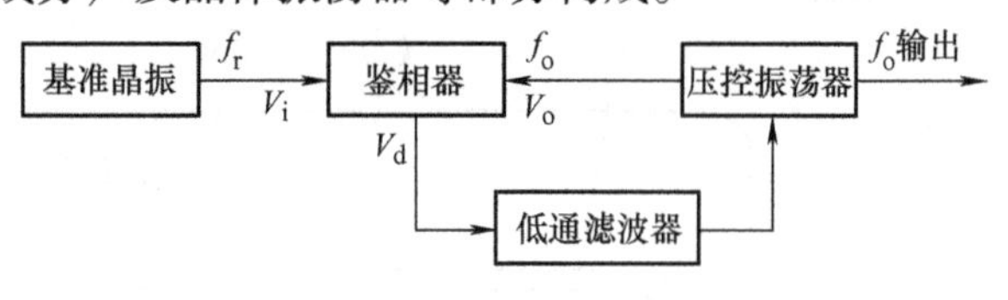

图2-8　锁相环的基本原理框图

合成信号发生器是利用频率合成技术构建的信号发生器，用频率合成器代替信号发生器中的主振器。所谓频率合成器，是对一个或几个高稳定度的基准频率进行频率的加（和频)、减（差频)、乘（倍频)、除（分频）等算术运算，从而产生在一定频率范围内、按一定频率间隔变化的一系列离散频率的信号发生器。这一系列频率的准确度和稳定度取决于基准频率。

从频率合成技术的发展来看，大致可分为三个阶段：第一个阶段是直接频率合成技术，第二个阶段是间接合成技术（又称为锁相合成技术)，第三个阶段是数字频率合成技术（缩写为DDFS)。

频率合成的方法很多，不管采用哪种技术，基本上都分为两大类：一类是直接合成法，另一类是间接合成法。图2-9所示是直接合成法。

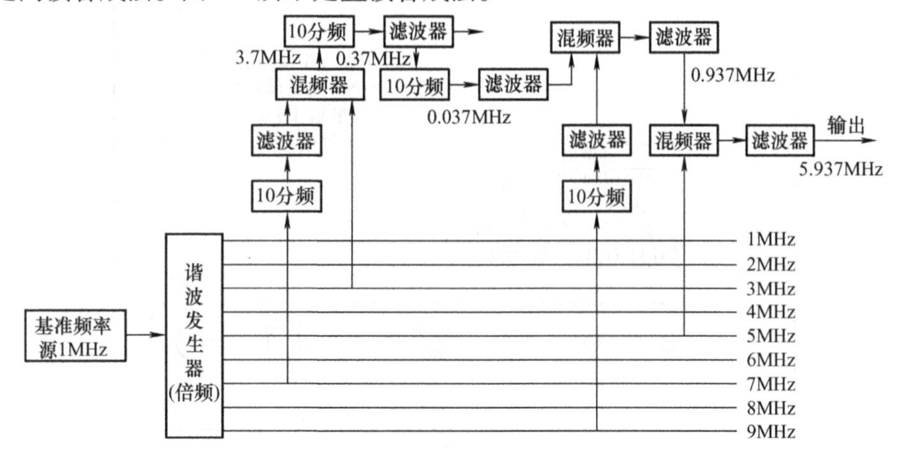

图2-9　直接合成法

2.3.3　典型仪器——SG1051S型高频信号发生器

SG1051S型高频信号发生器采用台式便携式结构，使用垂直塑料面框配合大开发面刻度框架，刻度清晰，造型新颖，采用高可靠的集成电路组成高质量的音频信号发生器、调频立体声信号发生器和稳压电源。高频信号发生器采用幅度的调频、调幅电路，性能稳定，波形好。SG1051S型高频信号发生器是高可靠、多用途的信号源，广泛适用于工厂、学校、家电维修和科研单位等各种测试、实验和检测中。

1. 面板

高频信号发生器的前面板如图 2-10 所示，后面板如图 2-11 所示。

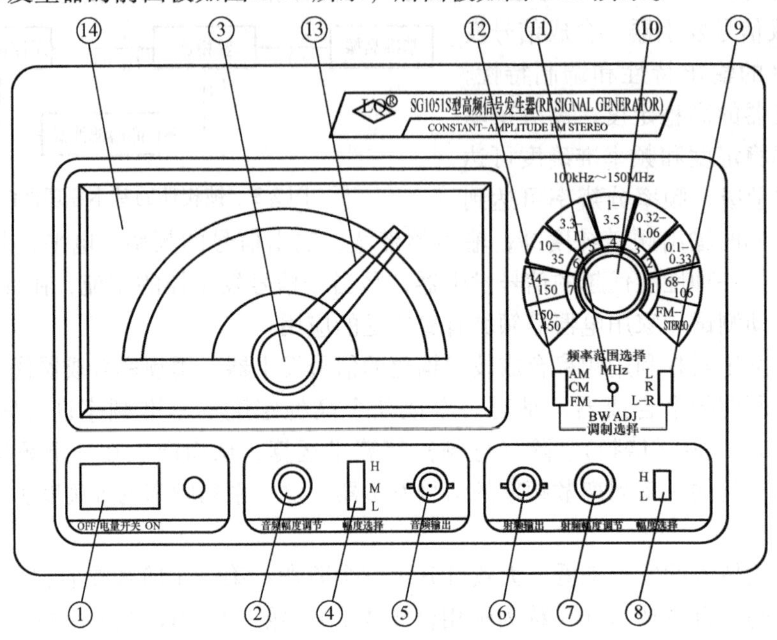

图 2-10　SG1051S 型高频信号发生器的前面板

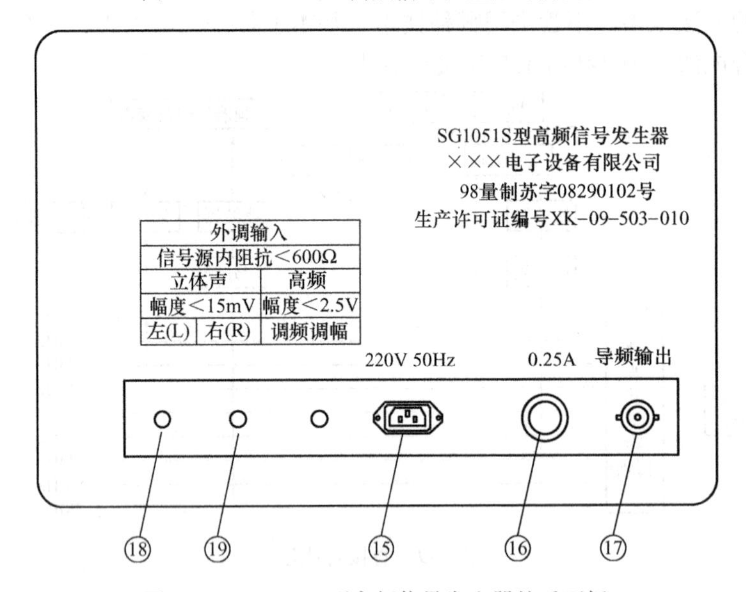

图 2-11　SG1051S 型高频信号发生器的后面板

①电源开关：按下开关则开通，弹起则关断。

②音频输出幅度调节：调节音频输出信号的幅度大小。

③频率调节：调节输出信号的频率大小。

④音频输出高、中、低开关：三个档位可选择。

⑤音频输出插座：音频输出端插孔。

⑥高频输出插座：高频输出端插孔。

⑦高频输出调节：高频输出幅度调节。

⑧高频输出高、低开关：两个档位可选。

⑨立体声发生器调制选择：左（L）、右（R）、左 + 右（L + R）。

⑩频段选择开关：进行频段选择，分为 6 个频段。

⑪高频发生器的频宽调节：可调节调频信号的频率范围。

⑫高频发生器的调幅、载频（等幅）、调频开关：三个档位可选。

⑬指针：指示所选频率的位置。

⑭频率刻度：频率有 6 层刻度，与所选 6 个频段对应。

⑮电源输入插座：外接 220V 电源输入端。

⑯熔丝座：内装 0.25A 熔断器。

⑰导频输出插座：导频输出端口。

⑱外调左（L）输入插孔：外接调制信号左声道输入。

⑲外调右（R）输入插孔：外接调制信号右声道输入。

2. 主要技术指标

（1）调频立体声信号发生器

1）工作频率：88 ~ 108MHz，稳定度为 ±1%。

2）导频频率：19kHz，误差为 ±1Hz。

3）1kHz 内调制方式：左（L）、右（R）和左 + 右（L + R）。

4）外调输入：输入信号源内阻小于 600Ω，输入幅度小于 15mV。
输入插孔：左（L）声道输入和右（R）声道输入。

5）高频输出：不小于 50mV 有效值，分高、低两档连续输出可调。

6）工作频率：100kHz ~ 150MHz，它分六个频段，如表 2-2 所示。

表 2-2　六个频段工作频率

频　段	频率范围/MHz	频率误差(%)	频　段	频率范围/MHz	频率误差(%)
2	0.1 ~ 0.33	5	5	3.3 ~ 11	6
3	0.32 ~ 1.06	5	6	10 ~ 35	6
4	1 ~ 3.5	5	7	34 ~ 150	8

7）1kHz 内调制方式：调幅、载频（等幅）和调频。

8）高频输出：不小于 50mV 有效值，分高、低两档连续输出可调。

（2）音频信号发生器

1）工作频率：1kHz，稳定度为 ±10%。

2）失真度：<1%。

3）音频输出：最大 2.5V 有效值，分高、中、低三档连续输出可调，最小可达微伏量级。

3. 使用方法及注意事项

1）开机预热，先将电源线插入仪器的电源输入插座，然后将电源线的插头插入电源插座，开电源开关使指示灯发亮，预热 3 ~ 5min。

2）音频信号使用：将频段选择开关置于“1”，调制开关置于“载频（等幅）”，音频信号由音频输出插座输出，根据需要选择信号幅度开关的“高、中、低”档。低档调节范围为0～2mV，中档调节范围为2mV到几十毫伏，高档调节范围自几十毫伏到2.5V。

3）调频立体声信号发生器的使用：将频段选择开关按需置于选定频段，调制开关置于“载频”，切忌置于“调频”，否则，就要影响立体声发生器的分离度。

4）调频调幅高频信号发生器的使用：将频段选择开关按需置于选定频段，调制开关按需选择“调幅”“载频（等幅）”和“调频”。高频信号输出幅度调节由电平选择开关置于“高”或“低”和输出调节，高频信号由插座输出。

5）调节频宽：在中频放大器和鉴频器正常工作的条件下，将高频信号发生器的频率调在中频频率上，调节“频宽调节”旋钮使其从小开大（向顺时针方向旋转），使用示波器观察的波形不失真，即观察波形法；听声音法是将“频宽调节”旋钮从小开大，直至调到声音最响时，就不再调大了。实际使用时，应稍调小一些。如在调节中频放大器和鉴频器的过程中调节“频宽调节”旋钮，在中频鉴频的调试过程中随时调节“频宽调节”旋钮，直到都调好为止。

2.4 函数信号发生器

函数信号发生器是一种多波形信号源，它能产生某些特定的周期性时间函数波形，一般能产生正弦波、方波、三角波，有的还可以产生锯齿波、矩形波、正负脉冲、斜波、半波正弦波及指数波等波形。由于其输出波形均可以用三角函数方程式来表示，故称为函数发生器。现代函数信号发生器一般还具有调频、调幅等调制功能和VCO特性，其工作频率范围可从几毫赫兹至几十兆赫兹。函数信号发生器除了作为正弦信号源使用外，还可以用来测试各种电路和机电设备的瞬态特性、数字电路的逻辑功能、模-数转换器、压控振荡器以及锁相环的性能。函数信号发生器在电路实验和设备检测中具有十分广泛的用途，除供通信、仪表和自动控制系统测试用外，还广泛用于其他非电测量领域。

2.4.1 函数信号发生器的信号产生方式及工作原理

1. 产生信号的三种方式

函数信号发生器产生信号的方式通常有三种：第一种是脉冲式，由施密特电路产生方波，然后经变换得到三角波和正弦波；第二种是正弦式，先产生正弦波再得到方波和三角波；第三种是三角式，先产生三角波，再变换为方波和正弦波。

2. 工作原理

（1）脉冲式函数信号发生器　脉冲式函数信号发生器的组成如图2-12所示。它包括双稳态（施密特）触发器、积分电路和正弦波转换电路等部分。

脉冲式函数信号发生器的工作过程如下：设图2-12所示电路中开关S_1悬空，当双稳态触发器输出为$u_1=U_1$时，积分器输出u_2将开始线性下降，当u_2下降到等于参考电平$-U_r$时，比较器使双稳态触发器翻转，u_1由U_1变为$-U_1$，同时，u_2将开始以与线性下降相等的速率线性上升。当u_2上升到等于参考电平U_r时，双稳态触发器又翻转回去，完成一个循环周期。不断重复上述过程，即形成了一个振荡电路，由双稳态触发器输出得到方波信号u_1，

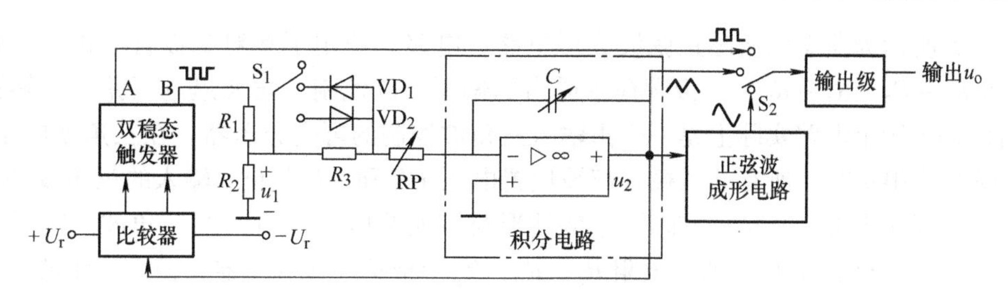

图 2-12 脉冲式函数信号发生器的基本组成框图

u_1 加到积分电路输入端，经积分电路输出三角波信号 u_2，u_2 分两路，一路送往输出级，另一路经正弦波成形电路变换成正弦波。由 S_2 选择三种波形中的一个，再经过输出级放大后即可在输出端得到所需的波形，如图 2-13a 所示。

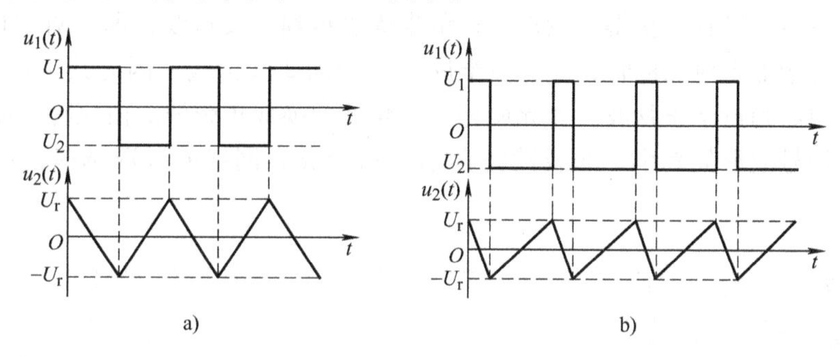

图 2-13 脉冲式函数信号发生器产生的波形图

要想得到锯齿波和矩形波，只要调节积分器的积分时间常数 RC 值，改变积分速度，使电容充电和放电时间不一致，就可以得到不同占空比的矩形波和锯齿波。如图 2-12 所示电路中，如果 S_1 与 VD_2 相接，当触发器输出为 U_1 时，VD_2 导通，电阻 R_3 被短路，积分器很快下降，当下降到 $-U_r$ 时，触发电路翻转，触发器输出为 $-U_1$，VD_2 截止，R_3 接入电路，积分器输出缓慢上升，形成正向锯齿波 $u_2(t)$，施密特触发器输出为矩形波 $u_1(t)$，如图 2-13b 所示。如果 S_1 与 VD_1 相接，将得到反向锯齿波和极性相反的矩形波。

通过调换积分电容或改变电位器 RP 可以改变输出信号的频率。如果用压控元件（如场效应晶体管）代替电阻 R_2，可使振荡电路成为压控振荡器，实现调频或脉宽调制。

正弦波成形电路用于将三角波变换成正弦波，通常采用分段折线逼近的方法来实现。如图 2-14 所示，假如一个电路具有如图所示的输入输出特性，将输入三角波加到电路后，就得到如图所示的输出波形。该网络对信号的衰减会随三角波幅度的加大而增加，从而使输出波形向正弦波逼近。如果折线段选得足够多，并适当选择转折点的位置，就能得到非常逼真的正弦波。

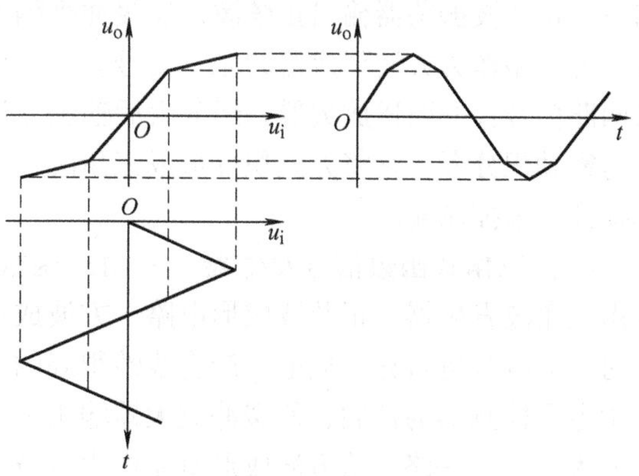

图 2-14 三角波逼近正弦波波形图

图 2-15 所示为典型的实际正弦波成形电路，电路中使用了 6 对二极管。正、负直流电源和电阻 $R_1 \sim R_7$、$R_1' \sim R_7'$为二极管提供适当的偏压，以控制三角波逼近正弦波时转折点的位置。图 2-15 所示电路实际上是一个由输入三角波控制的可变分压器。在三角波的正半周，当 u_i 的瞬时值很小时，所有的二极管都被偏置电压 $+E$ 和 $-E$ 截止，输入的三角波经过电阻 R_0 直接输出到输出端，$u_o = u_i$，输出 u_o 的波形与输入波形 u_i 一样。当三角波的瞬时电压 u_i 上升到 u_1 时，二极管 VD_1 导通，电阻 R_0、R_8、R_1 组成第一级分压器，输入三角波通过该分压器分压后传送到输出端，输出电压比输入电压降低。随着输入三角波的不断增大，二极管 VD_3、VD_5、VD_7、VD_9、VD_{11}依次导通，使得分压器的分压比逐渐减小，输出电压衰减幅度更大。当三角波自正峰值逐渐减小时，VD_{11}、VD_9、VD_7、VD_5、VD_3、VD_1 依次截止，分压器的分压比又逐渐增大，输出电压衰减幅度依次变小。随着输入电压的变化，6 对二极管依次导通和截止，使得电路的输入、输出比例改变了。电路中每个二极管可产生一个转折点。在正半周时，一对二极管可获得三段折线；负半周也得到三段折线，即 1 对二极管可获得 6 段折线。以后每增加 1 对二极管，正、负半周可各增加 2 段折线，因此共可产生 26 段折线来逼近，使三角波趋近于正弦波。如此循环，三角波变换成正弦波。由这种正弦波成形电路得到的正弦波信号波形失真小，非线性失真小于 0.25%。网络的级数越多，逼近的程度就越好。

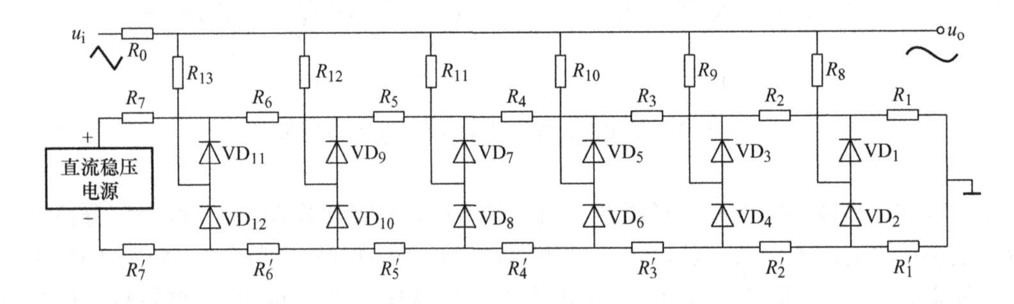

图 2-15 正弦波成形电路图

(2) 正弦式函数信号发生器 正弦式函数信号发生器的基本组成框图如图 2-16 所示。它包括正弦波振荡器、缓冲级、方波形成器、积分器、放大器和输出级等部分。其工作过程如下：正弦波振荡器输出正弦波，经缓冲级隔离后，分为两路信号：一路送放大器输出正弦波，另一路作为方波形成器的触发信号。方波形成器通常是施密特触发器，施密特触发器输出两路信号：一路送放大器，经放大后输出方波；另一路作为积分器的输入信号。积分器通常为密勒积分器，它将方波积分形成三角波，经放大后输出。三个波形的输出由放大级中的选择开关来控制输出。

(3) 三角式函数信号发生器 三角式函数信号发生器的基本组成框图如图 2-17 所示。它由三角波发生器、正弦波成形电路、方波成形电路等构成。三角波发生器是利用正负电流源对积分电容进行充、放电，产生线性很好的三角波。正负电流源的工作转换受方波成形电路中电平检测器的控制，使缓冲放大器输出一定幅度的三角波信号。三角波信号一路送往输出放大器，另一路送给方波成形电路产生方波，再一路送给正弦波成形电路产生正弦波，三路信号通过输出放大器选择开关选择输出。

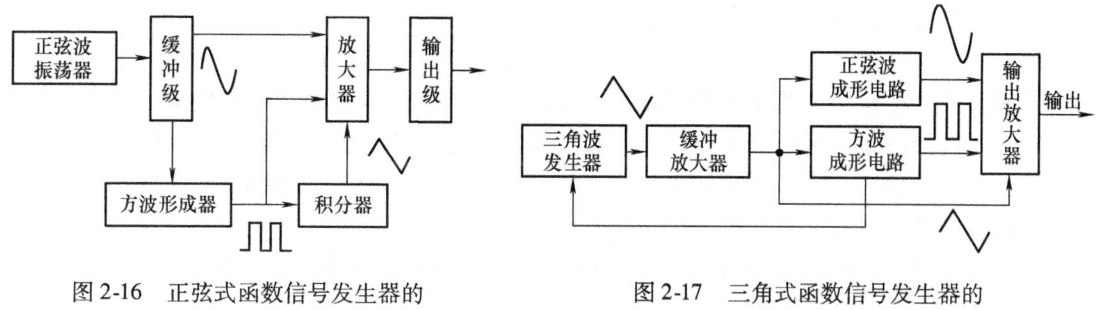

图2-16 正弦式函数信号发生器的基本组成框图

图2-17 三角式函数信号发生器的基本组成框图

2.4.2 典型仪器——CA1641型函数信号发生器

CA1641型函数信号发生器是一种精密的测试仪器，其具有连续信号、扫频信号、函数信号、脉冲信号等多种信号输出，并具有多种调制方式和外部测频功能。

它采用大规模单片集成精密函数发生器电路，使得该机具有很高的可靠性及优良性价比；它采用单片微机电路进行调整周期频率测量和智能化管理，对于输出信号的频率幅度用户可以直观、准确地了解到，因此极大地方便了用户；它采用精密电流源电路，使输出信号在整个频带内均具有相当高的精度，同时，多种电流源的交换使用使仪器不仅具有正弦波、三角波、方波等基本波形，更具有锯齿波、脉冲波等多种非对称波形的输出，同时对各种波形均可以实现扫描、FSK调制和调频功能，正弦波可以实现调幅功能。此外，本机还具有单次脉冲输出。

1. 面板

CA1641型函数信号发生器的前面板如图2-18所示。

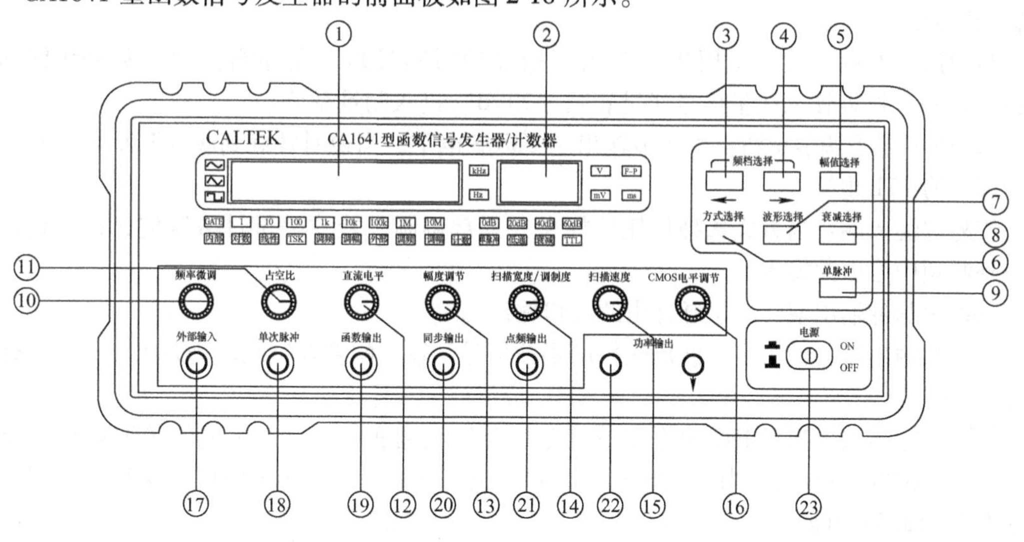

图2-18 CA1641型函数信号发生器的前面板

①频率显示窗口：LED数码管显示输出信号的频率或外测信号的频率，可显示五位数字。

②幅度显示窗口：LED数码管显示当前输出信号的幅度，可显示三位数字。

③左频段选择按钮：每按一次此键，输出频率向左调整一个频段。

④右频段选择按钮：每按此按钮一次，输出频率向右调整一个频段。

⑤幅值选择按钮：可选择正弦波幅度的显示在峰-峰值与有效值之间的切换。

⑥方式选择按钮：可选择多种扫描方式、多种内外调制方式以及外测频方式。

⑦波形选择按钮：选择当前输出信号的波形，每按一次变换一种波形，可以选择正弦波、三角波、脉冲波输出。

⑧衰减选择按钮：选择当前输出信号幅度的衰减档级，每按一次变换一个档级，可在0dB、20dB、40dB、60dB 间切换。

⑨单脉冲选择按钮：控制单脉冲输出，每按动此按钮一次，单脉冲输出电平翻转一次。

⑩频率微调旋钮：调节此旋钮可在选定的当前频段内连续改变输出信号的频率。

⑪输出波形占空比调节旋钮：可改变输出信号的对称性，输出波形形状由此旋钮控制，当旋钮处于“OFF”位置或中心位置时输出对称信号。若输出为方波，调节此旋钮可以将波形变为矩形波；若输出为三角波，调节此旋钮可以将波形变为锯齿波；若输出为正弦波，调节此旋钮可改变波形的上升时间或下降时间。

⑫函数输出信号直流电平调节旋钮：设置输出信号的直流电平，调节范围：在空载时，为 -10 ~ +10V；在 50Ω 负载时，为 -5 ~ +5V。当电位器处于关位置时，则直流电平为 0V。

⑬函数输出信号幅度调节旋钮：在当前幅度档级连续调节，调节范围为 20dB。

⑭扫描宽度调节旋钮：可调节扫频输出的频率宽度。在外测频时，逆时针旋到底（低通灯亮），则外输入测量信号经过低通滤波器（截止频率为 100kHz 左右）进入测量系统。调节此旋钮可调节调频的频偏范围、调幅时的调制度和 FSK 调制时的高低频率差值，逆时针旋到底为关断调制。

⑮扫描速度调节旋钮：用于调节内部扫描的时间长短。在外测频时，逆时针旋到底（衰减灯亮），则外输入测量信号经过衰减“20dB”进入测量系统。

⑯CMOS 电平调节旋钮：可调节输出的 CMOS 电平。当逆时针旋到底（TTL 灯亮）时输出为标准的 TTL 电平。

⑰外部输入端：当方式选择按钮选择在“外部调制”或“外部计数”时，外部调制信号或外测频信号由此输入。

⑱单次脉冲输出端：单次脉冲由此端口输出。

⑲函数输出端：输出多种波形受控的函数信号，输出幅度在空载时为 $20V_{p\text{-}p}$，在 50Ω 负载时为 $10V_{p\text{-}p}$。

⑳同步输出端：当 CMOS 电平调节旋钮逆时针旋到底时，输出标准的 TTL 幅度的脉冲信号，输出幅度为 600Ω；当 CMOS 电平调节旋钮打开时，则输出 CMOS 电平脉冲信号，高电平在 5 ~13.5V 可调。

㉑点频输出端：提供 50Hz 的正弦波信号。

㉒功率输出端：提供≥10W 的功率输出。

㉓整机电源开关：按下此按钮接通机内电源，整机工作。释放此按钮为关断整机电源。

2. 主要技术指标

1）函数信号发生器技术参数如表 2-3 所示。

表 2-3　函数信号发生器技术参数

项　目		技术参数
输出频率		CA1641-02：0.2Hz～2MHz 按十进制分类共分七档 CA1641P-02：0.2Hz～2MHz 按十进制分类共分七档 CA1641-20：0.2Hz～2MHz 按十进制分类共分八档 CA1641P-20：0.2Hz～2MHz 按十进制分类共分八档 每档均以频率微调电位器进行频率调节
输出阻抗	函数输出	50Ω
	TTL 同步输出	600Ω
输出信号波形	函数输出	正弦波、三角波、方波（对称或非对称输出）
	同步输出	脉冲波
输出信号幅度	函数输出	≥$20V_{p-p}$，在±10%范围内波动（空载）（条件：f_0≤15MHz，0dB 衰减） ≥$20V_{p-p}$，在±10%范围内波动（空载）（条件：15MHz≤f_0≤20MHz，0dB 衰减）
	同步输出	1. TTL 电平 “0”电平：≤0.8V “1”电平：≥1.8V（负载电阻≥600Ω） 2. CMOS 电平 “0”电平：≤4.5V “1”电平：5～13.5V 可调（f_0≤2MHz）
	单次脉冲	“0”电平：≤0.5V；“1”电平：≥3V
函数输出信号直流电平调节范围		关或－10～＋10V，在±10%范围内波动（空载） “关”位置时输出信号所携带的直流电平为：0V（误差在±0.1V 内） 负载电阻为 50Ω 时：调节范围为（－5～5V），在±10%范围内波动
函数输出信号衰减		0dB、20dB、40dB 和 60dB（0dB 衰减即为不衰减）
输出信号类型		单频信号、扫频信号、FSK 调制信号、调频信号（受外控）和调幅信号（受外控）
函数输出占空比调节范围		关或 20%～80% “关”位置时输出波形为对称波形，误差：≤2%
内扫描	扫描方式	线性/对数扫描
	扫描时间	5～10ms，在±10%范围内波动
	扫描宽度	≥1 频程
内部调制	内部 FSK 调制	调制频率：1kHz；频偏范围：0～5%
	内部调频	调制频率：1kHz；频偏范围：0～5%
	内部调幅	调制度：0～100%，在±5%范围内波动；调制频率：1kHz 载波频率：1Hz、10Hz、10MHz 档无调幅
外部调制	外部调频	输入信号幅度：0～2V；输入阻抗：约 100kΩ 输入信号周期：10ms～5s；频偏范围：0～5%
	外部调幅	输入信号幅度：0～2V；输入阻抗：约 100kΩ 输入信号周期：10ms～5s；调制度：0～100%，在±5%范围内波动 载波频率：1Hz、10Hz、10MHz 档无调幅

（续）

项目		技术参数
输出信号特征	正弦波失真度	<0.8%（测试条件：$f_0=1\text{kHz}$、$U_o=10V_{p-p}$）
	三角波线性度	>90%（输出幅度的10%～90%区域）
	脉冲波上升（下降）沿时间（输出幅度的10%～90%）	≤30ns（测试条件：$f_0=1\text{kHz}$、$U_o=10V_{p-p}$） 脉冲波上升、下降沿过冲：≤5% U_o（50Ω负载）
输出错接检测电压		≥±15V；最大反向输入电压为±30V （测试条件：直流电平旋钮旋至“关”）
输出信号频率稳定度		±0.1%/min（测试条件：频档选择在1k档，整机预热15min）
幅度显示	显示位数	三位（小数点自动定位）
	显示单位	V_{p-p}或mV_{p-p}、V_{rms}或mV_{rms}
	显示误差	V_o ±1个字（V_o输出信号的峰-峰幅度值，有±20%的波动，负载电阻为50Ω，V_o读数需乘以2）
	分辨率（50Ω负载）	$0.1V_{p-p}$（衰减0dB），$10mV_{p-p}$（衰减20dB） $1mV_{p-p}$（衰减40dB），$0.1mV_{p-p}$（衰减60dB）
频率显示	显示范围	0.200Hz～20000kHz
	显示位数	五位（10.000Hz～20000kHz） 四位（0.200Hz～9.999kHz）
点频输出（选件）	输出波形	正弦波
	输出频率	50Hz
功率输出（选件）	输出功率	≥10W（4Ω负载）
	输出波形	正弦波
	频率范围	20Hz～40kHz

2）频率计数器技术参数如表2-4所示。

表2-4 频率计数器技术参数

项目		技术参数
频率测量范围		0.200Hz～100000kHz
输入电压范围（衰减器为0dB）		50mV～2V（10Hz～20000kHz）
		100mV～2V（0.2～10Hz，20000～100000kHz）
输入阻抗		500kΩ/30pF
波形适应性		正弦波、方波
滤波器截止频率		大约100kHz（带内衰减，满足最小输入电压要求）
测量时间		0.1s（f_i >10Hz）
		单个被测信号周期（f_i <10Hz）
显示方式	显示范围	0.200Hz～100000kHz
	显示位数	八位

（续）

项　目		技术参数
测量误差		时基误差±触发误差（触发误差：单周期测量时被测信号的信噪比优于40dB，则触发误差≤0.3%）
时基	标称频率	10MHz
	频率稳定度	$\pm5\times10^{-5}$/d（天）

3. 操作方法

（1）函数信号输出

1）50Ω主函数信号输出。

①采用终端连接50Ω匹配器的测试电缆，由前面板插座输出函数信号。

②由频率选择按钮选定输出函数信号的频段，由频率调节旋钮调整输出信号频率，直到达到所需的工作频率值。

③由波形选择按钮选定输出函数的波形，分别获得正弦波、三角波、脉冲波。

④由信号幅度选择器和衰减器选定和调节输出信号的幅度。

⑤由信号直流电平设定器选定输出信号所携带的直流电平。

⑥输出波形占空比调节器可改变输出脉冲信号的占空比，与此类似，输出波形为三角波或正弦波时可使三角波调变为锯齿波，正弦波变为正与负半周分别为不同角频率的正弦波形，且可移相180°。

2）同步信号输出。

①采用测试电缆（终端不加50Ω匹配器）由同步输出端输出TTL/CMOS脉冲信号。

②CMOS调节旋钮逆时针旋到底，同步输出端输出TTL标准电平；CMOS调节旋钮顺时针旋转，可调节CMOS电平输出幅度，低电平≤4.5V，高电平为5～13.5V可调。

3）单次脉冲输出。

①采用双夹电缆（终端不加50Ω匹配器）由单次脉冲输出端输出单次脉冲；

②输出信号低电平≤0.5V。单次脉冲选择按钮每按动一次，单次脉冲输出的电平翻转一次。

4）点频输出。

①采用测试电缆（终端不加50Ω匹配器）由点频输出端输出信号。

②输出频率为50Hz的正弦波信号。

5）功率输出。

①采用测试电缆（终端不加4Ω匹配器）由功率输出端输出功率信号。

②输出功率≥10W（4Ω负载）的正弦信号。

6）内扫描、内调制信号输出。

①方式选择按钮选定为内扫描或内调制方式。

②分别调节扫描宽度调节器和扫描速率调节器获得所需的内扫描或内调制信号输出。

③函数输出端和同步输出端均输出相应的内扫描或调制信号。

7）外调制信号输出。

①方式选择按钮选定为外部调制方式。

②由外部输入端输入相应的控制信号，即可得到相应的受控调制信号并由函数输出端输出。

（2）外测频功能检查

1）方式选择按钮选定为外部计数方式。

2）用本机提供的测试电缆将函数信号引入外部输入插座，观察显示频率应与“内”测量时间相同。

实操训练1　函数信号发生器的使用

1. 实训目的

1）熟悉函数信号发生器的面板及面板部件的功能。

2）学会用函数信号发生器输出符合要求的信号。

2. 实训设备与仪器

1）CA1640P-20型函数信号发生器1台。

2）20MHz双踪示波器1台。

3）DA-16型晶体管毫伏表1台。

3. 实训内容及步骤

（1）仪器准备与调整　检查所用电源是否与本仪器要求相符，将电源插好。打开函数信号发生器进行开机检查，“频率显示”和“幅度显示”各数码管同时分段显示后，再全部显示“8”，最后显示“HAPPY YOU”2s，进入正常开机状态。

（2）函数信号输出　将信号输出端口通过连接线送入示波器Y通道输入端口。

（3）测试功能选择　按“功能选择”按钮选择测试功能，对应的“功能指示”灯亮，则为选定。如选择函数信号输出，则使“信号输出”指示灯亮即可。

（4）波形选择　按“波形选择”按钮选择需要的波形，对应的“波形指示”灯亮，则为选定。如选择正弦波，则正弦波指示灯亮。输出波形形状由“占空比”控制，调节“占空比”旋钮可改变输出波形形状。若输出为方波，调节“占空比”可以将波形变为矩形波；若输出为三角波，调节“占空比”可以将波形变为锯齿波；若输出为正弦波，调节“占空比”可改变波形的上升时间或下降时间。

（5）频率选择　按“频段选择”按钮选择需要的频段，相应的频段指示灯亮，再调节“频率细调”旋钮，使“频率显示”显示需要的频率，要同时对应观察“频率单位指示”。

（6）输出幅度选择　按“衰减控制”按钮，选择当前输出信号的幅度档级，再调节“幅度细调”旋钮，使“幅度显示”显示需要的幅值，注意同时对应观察“幅度单位指示”。调节“直流电平”旋钮，可预置输出信号的直流电平，顺时针旋转增大，逆时针旋转减小，变化范围为±5V，当电位器处于“关”位置时，则直流电平为0V。

（7）TTL输出　将“TTL输出”端口通过连接线送入示波器Y通道输入端口（DC耦合输入），频率选择同（5），调节“占空比”旋钮可改变输出脉冲波的占空比。

（8）功率输出　将“功率输出”端通过连接线接到被测仪器，按“功能选择”按钮选择“功率输出”测试功能，则从“功率输出”端输出频率范围为0.2Hz～100kHz、电压幅度为50$V_{p\text{-}p}$、电流为1$A_{p\text{-}p}$的功率信号。当功率输出负载过重时，“过载指示”灯亮。

(9) 外测频率　外测信号由“信号输入”端口送入，按“功能选择”按钮选择“外部计数”测试功能，选择适当的频率范围，确保测量准确度。在“频率显示”窗口显示外测频率。

(10) 扫频输出　扫频信号由信号输出端口输出。“功能选择”按钮选择“线性扫频”和“对数扫频”时，为内部扫频；选择“外部扫频”时，由输入端输入外频信号，调节“扫描宽度调节”旋钮可调节内部扫描的时间长短，逆时针旋到底（灯亮），可将外输入测量信号经过滤波器（截止频率为 100kHz 左右）送入测量系统。调节“扫描速率调节”旋钮可调节被扫描信号的频率范围，逆时针旋到底（灯亮），可将外输入信号经过 20dB 衰减后送入测量系统。

4. 实训报告要求

1）整理实训数据，填写表格。

2）简述如何输出频率为 1kHz、电压峰-峰值为 2V 的三角波信号。

归纳总结 2

本章介绍了信号发生器，主要内容有：

(1) 信号发生器的组成和分类。信号发生器主要由主振器、变换器、输出电路、指示器及电源等组成；对于信号发生器，可以分别按照用途、工作频率范围、输出波形及调制特性、调制方式来分类。

(2) 信号发生器的主要性能指标：包括频率特性、输出特性及调制特性。

(3) 低频信号发生器。主要介绍了低频信号发生器的组成和 XD-2 型低频信号发生器的面板、技术指标及使用方法。

(4) 高频信号发生器。主要介绍了高频信号发生器的组成、分类、技术指标及使用方法。

(5) 函数信号发生器。主要介绍了函数信号发生器的分类、技术指标及使用方法，并介绍了典型仪器 CA1641 型函数信号发生器的使用。

练习巩固 2

2.1　信号发生器一般由哪些部分组成？各组成部分的作用是什么？

2.2　低频信号源中的主振器常用哪些电路？为什么不用 LC 正弦振荡器直接产生低频正弦振荡？

2.3　高频信号发生器主要由哪些电路组成？各部分的作用是什么？

2.4　高频信号发生器中的主振级有什么特点？为什么它总是采用 LC 振荡器？

2.5　函数信号发生器的设计方案有几种？简述函数信号发生器由三角波转变为正弦波的二极管网络的工作原理。

2.6　什么是频率合成器？说明频率合成的各种方法及优缺点。

2.7　已知 $f_{r1}=100\text{kHz}$、$f_{r2}=40\text{MHz}$ 用于组成混频倍频环，其输出频率 $f_o=73\sim101.1\text{MHz}$，步进频率 $\Delta f=100\text{kHz}$，环路形式如图 2-19 所示。

（1）M 取“+”，$N=$？

（2）M 取“−”，$N=$？

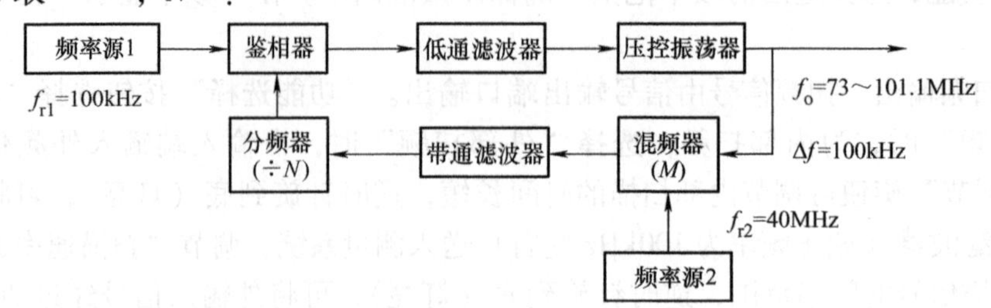

图2-19　题2.7图

第3章　电压测量与仪器

任务引领：用数字万用表测量市电的交流电压

市电是人们日常生活、工作最不可或缺的能源，从照明、家用电器到电子、电气设备的工作用电都离不开市电。我国的市电系统是由电厂出来的高压电经过变压器采用三相四线制进入建筑的，其中“四线”是指3条相线，一条零线。相线之间的电压叫作线电压，是380V，俗称工业电；相线对零线的电压叫作相电压，是220V，俗称民用电。通常所说的市电电压是指单相交流电（AC）220V，家用电就是220V（220V/50Hz）。一般要求用电设备在电压波动±10%内能正常工作，电压过低或过高对用电设备都是有损害的，轻者导致其不能正常工作，重者导致其被烧毁。例如，如果市电电压过高达280V，会导致计算机主机电源超压运行，电源发热导致计算机机箱温度过高，计算机出现开机一会儿就死机的现象。一般家用计算机的电源工作电压范围为170～240V，当市电电压低于170V时，计算机就会自动重启或关机。若市电电压过高，会导致家用电器如电视机、洗衣机、微波炉损坏。那么如何用数字万用表来检测市电电压是否处于正常的供电电压范围内呢？这一章我们就来介绍电压测量与仪器的使用相关的知识与技能。

主要内容：

1）电压测量的基本要求、交流电压的表征、电子电压表的分类。

2）直流电流的测量、直流电压的测量。

3）模拟式交流电压表、低频交流电压表、高频交流电压表（峰值交流电压表）。

4）数字电压表的主要技术指标、A-D转换器。

5）万用表、电压表的使用。

学习目标：

了解电压测量的基本要求，掌握交流电压的表征，掌握模拟式交流电压表、数字电压表的核心构成及工作原理。能用峰值表、有效值表、平均值表来测量，了解DA-16型晶体管毫伏表是以测正弦波时的有效值来刻度的。理解模拟式和数字式万用电表的基本原理。掌握模拟式和数字式万用表的面板结构、技术性能和测量技能。熟练使用万用表进行参数测量。

3.1　电压测量的要求与分类

电压是电子测量技术中最基本的电参数之一，电子设备的许多工作特性，如增益、衰减、灵敏度、频率特性、非线性失真系数、调幅度、噪声系数等都可视为电压的派生量；而电子设备的各种控制信号、反馈信号、报警信号等，往往也直接表现为电压量；所以电压测量是许多电参数测量的基础，电压测量是电子测量的基本任务之一。

测量电压所采用的仪器主要是电子电压表。本章将主要讨论模拟式和数字式两种电压表，它们是应用最为广泛的电子测量仪器。

3.1.1 电压测量的基本要求

1. 应有足够宽的频率范围

被测电压的频率范围很宽，其中直流电压的频率为0Hz，交流电压的频率范围从几赫兹到几百兆赫兹，甚至达吉赫兹量级，所以电压表必须有足够宽的频率范围。

2. 应有足够宽的量程

被测电压的量值范围是选定电压表量程范围的依据。待测电压可以小到几纳伏，大到几百伏，甚至上千伏，所以电压表应有相当宽的量程。

3. 应有足够高的输入阻抗

测量电压时，电压表输入阻抗等效为输入电阻 R_i 和输入电容 C_i 的并联，是被测电路的额外负载，为了使电压表接入时对被测电路的工作状态少造成影响，电压表应该有足够高的输入阻抗，即输入电阻 R_i 尽量大，输入电容 C_i 尽量小。

4. 应具有强的抗干扰能力

测量工作一般是在受各种干扰的情况下进行的，当工作在高灵敏度场合时，干扰会引入明显的测量误差，这就要求电压表具有较强的抗干扰能力。电压表应采取一些抗干扰措施，如良好接地、进行屏蔽、使用短的测试线等，以减小干扰的影响。

5. 应有足够高的测量精确度

目前对直流电压的测量中，数字电压表的测量精确度可达 10^{-7} 量级，交流电压表的测量精确度可达 $10^{-2}\sim10^{-4}$ 量级，一般模拟电压表的测量准确度在 10^{-2} 量级以下。

电压表精确度表示方法：

1）满度值的百分数 $\pm\beta\% U_m$：具有线性刻度的模拟电压表采用此方法表示，$\pm\beta\%$ 为满度相对误差，U_m 为电压表满刻度值。

2）读数值的百分数 $\pm\alpha\% U_x$：具有对数刻度的电压表采用此方法表示，$\pm\alpha\%$ 为读数相对误差，U_x 为电压表测量读数值。

3）读数值和满度值的百分数 $\pm(\alpha\% U_x+\beta\% U_m)$：数字电压表一般采用此方法。

6. 被测电压波形多样化

电压的波形除了正弦波电压外，还有非正弦波，应根据被测电压波形和电压表类型来确定被测电压大小。

3.1.2 电压测量仪器的分类

电子电压表的类型很多，一般按测量结果的显示方式将它们分为模拟电压表和数字电压表。

1. 模拟电压表的类型

模拟电压表即指针式电压表，它用磁电系直流电流表（通常称为表头）作为指示器，有直流电压表和交流电压表之分。

直流电压表是构成交流电压表的基础，用于测量直流电压。交流电压表用来测量交流电压，测量时，首先利用交直流变换器将交流变成直流，再依照测量直流电压的方法进行测量，其核心为交直流变换器 AC/DC。一般利用检波器来实现交直流变换。检波器按其响应特性分为均值检波器、峰值检波器和有效值检波器三种，交流电压表则相应地分为均值电压表、峰值电压表和有效值电压表。

交流电压表按照测量电压频率范围的不同，还可分为超低频电压表（低于10Hz）、低频电压表（低于1MHz）、视频电压表（低于30MHz）、高频或射频电压表（低于300MHz）和超高频电压表（高于300MHz）。

模拟式交流电压表按结构不同可分为检波-放大式、放大-检波式和外差式三种结构形式。

（1）检波-放大式电压表　检波-放大式电压表的组成框图如图3-1所示。

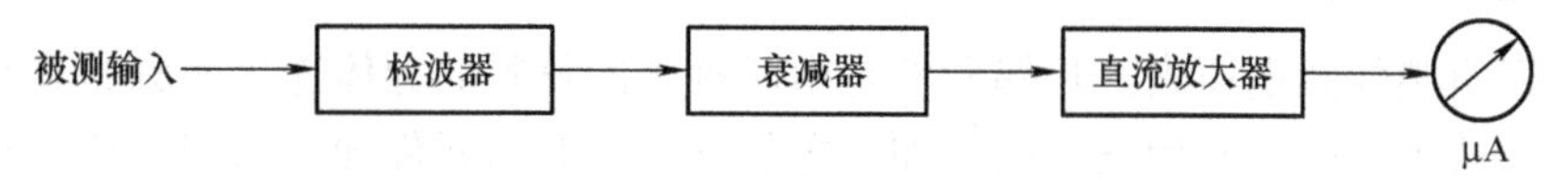

图3-1　检波-放大式电压表的组成框图

这种电压表的频率范围和输入阻抗主要取决于检波器。采用超高频检波二极管时，可使这种表的频率范围从几十赫兹至数百兆赫兹，甚至可达1GHz，其输入阻抗也比较大，一般称之为高频毫伏表或超高频毫伏表。

为了使测量灵敏度不受直流放大器零点漂移等的影响，一般利用调制式（即斩波式）直流放大器放大检波后的直流信号。而且将检波器做成探头直接与被测电路连接，从而减小分布参数及外部干扰信号的影响。

（2）放大-检波式电压表　放大-检波式电压表的组成框图如图3-2所示。

图3-2　放大-检波式电压表的组成框图

由于宽带放大器增益与带宽的矛盾使放大-检波式电压表的频宽难以扩展，灵敏度也受到内部噪声和外部干扰的限制。

频率范围一般为20Hz～10MHz，灵敏度达毫伏级，通常称之为视频毫伏表，多用在低频、视频场合。

（3）外差式电压表　外差式电压表又称选频电压表或测量接收机，如图3-3所示。

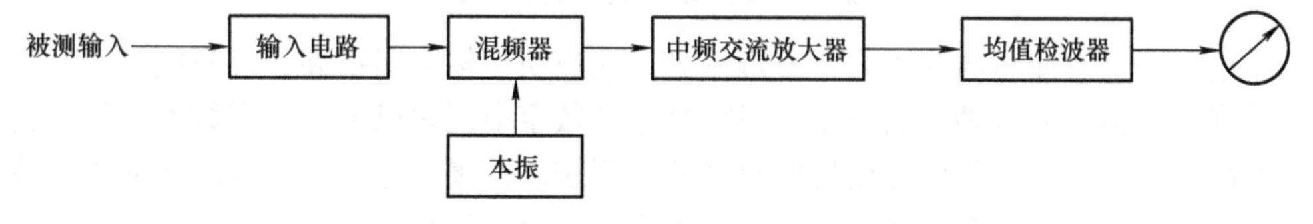

图3-3　外差式电压表的组成框图

外差式电压表虽然也属于放大-检波式电压表，但因其采用混频器将输入信号变为固定中频信号后进行交流放大，可以较好地解决交流放大器增益与带宽的矛盾，灵敏度可以提高到微伏级。

频率范围取决于本振频率范围，只有当本振频率可以达到很高时，电压表的频率范围才能更宽。但当本振频率很高时，不仅对本振电路的屏蔽要求更高，而且电压表造价也要提高。若屏蔽不良，本振会对电压表产生干扰而降低测量准确度。外差式电压表的频率范围可从100kHz到数百兆赫兹，所以它一般为高频电压表而不是超高频电压表。

三种结构形式电压表的性能比较如表3-1所示。

表3-1 三种结构形式电压表的性能比较

结构形式	灵敏度	频带宽度	电压表类型
放大-检波式	稍低	较窄	高频毫伏表、视频毫伏表
检波-放大式	稍高	很宽	超高频毫伏表
外差式	很高	很宽	高频微伏表

此外，还有热偶式电压表。热偶元件是由两种不同材料的导体连接而成的具有热电现象的元件。热偶式电压表是利用被测电压加在电热丝上对热偶元件加热而产生热电动势，再根据热电动势与加热温度的函数关系来测出被测电压。

2. 数字电压表的类型

数字电压表（Digital Voltmeter，DVM）是利用A-D（模-数）转换器将模拟量转换成数字量，并以十进制数字形式显示被测电压值的一种电压测量仪器。

最基本的数字电压表是直流数字电压表。直流数字电压表配上交直流变换器即构成交流数字电压表。如果在直流数字电压表的基础上，配上交流电压/直流电压（AC/DC）变换器、电流/直流电压（I/V）转换器和电阻/直流电压（R/V）转换器，就构成数字万用表。

直流数字电压表的核心是A-D转换器。A-D转换器分为积分式、比较式和复合式三种类型，直流数字电压表相应地分为积分式、比较式和复合式三种类型。目前，应用比较广泛的是双积分式DVM，其次是逐次比较式DVM。随着科学技术的发展和对测量要求的提高，现在已有复合式DVM和双积分式DVM的改进型——三次积分式DVM。

数字电压表由模拟电路、数字逻辑电路和显示电路三大部分组成，如图3-4所示。

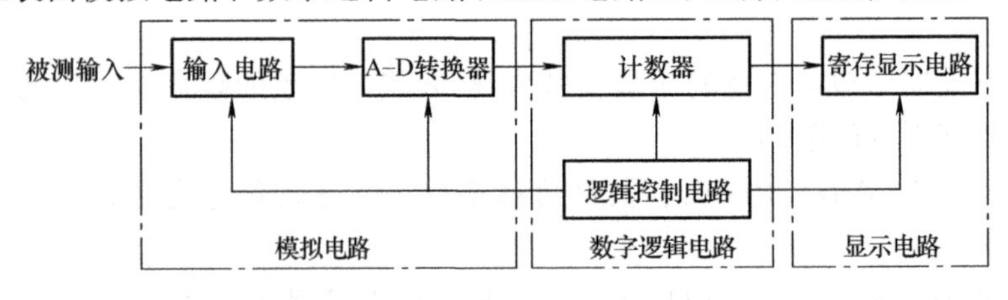

图3-4 数字电压表的组成框图

数字电压表具有测量准确度高、分辨率高、测速快、输入阻抗高、过载能力强、抗干扰能力强等优点。由于微处理器的应用，目前高中档数字电压表已普遍具有数据存储、自检等功能，并配有标准接口，可以方便构成自动测试系统。而模拟电压表具有结构简单、价格低廉、频率范围宽等特点，并且还可以更直观地观测信号电压变化情况。因此数字电压表还不能完全代替模拟电压表。

3.1.3 交流电压的参数及表征方法

1. 交流电压参数的表征

交流电压的表征量包括平均值$\overline{U}$、峰值$\hat{U}$、有效值U以及波形因数K_F、波峰因数K_P。

（1）平均值$\overline{U}$ 平均值简称为均值，是指波形中的直流成分，所以纯交流电压的平均值为0。为了更好地表征交流电压的大小，在电子测量中，交流电压的平均值特指交流电压经过均值检波后波形的平均值。它分为全波平均值和半波平均值，如无特别说明，纯交流电压的平均值均为全波平均值 $\overline{U}$。

$$\overline{U} = \frac{1}{T}\int_0^T |u(t)|\mathrm{d}t \qquad 0 \leqslant t \leqslant T\ (T\text{为被测电压的周期}) \tag{3-1}$$

半波平均值又分为正半波平均值和负半波平均值。交流电压经半波检波后剩半个周期，正半周在一个周期内的平均值称为正半周平均值，用 $\overline{U}_{+\frac{1}{2}}$ 表示；负半周在一个周期内的平均值称为负半周平均值，用 $\overline{U}_{-\frac{1}{2}}$ 表示。

$$\overline{U}_{+\frac{1}{2}} = \frac{1}{T}\int_0^T u(t)\mathrm{d}t \qquad u(t) \geqslant 0 \tag{3-2}$$

$$\overline{U}_{-\frac{1}{2}} = \frac{1}{T}\int_0^T u(t)\mathrm{d}t \qquad u(t) \leqslant 0 \tag{3-3}$$

对于纯交流电压，有

$$\left|\overline{U}_{+\frac{1}{2}}\right| = \left|\overline{U}_{-\frac{1}{2}}\right| = \frac{\overline{U}}{2} \tag{3-4}$$

（2）峰值 $\hat{U}$　交流电压的峰值是指交流电压在一个周期内以零电平为参考基准的最大瞬时值，记为 $\hat{U}$（或 U_{P}）。峰值有正峰值 $\hat{U}_+$（或 $U_{\mathrm{P}+}$）和负峰值 $\hat{U}_-$（或 $U_{\mathrm{P}-}$）之分。通常，正峰值 $\hat{U}_+$ 和负峰值 $\hat{U}_-$ 并不相等，而峰值与振幅值 U_{m} 也不相等，因为振幅值是以电压的直流成分为参考基准的最大瞬时值。当然，对于双极性对称的纯交流电压，有 $\hat{U}_+ = \hat{U}_- = U_{\mathrm{m}} = \hat{U}$，有时还用到交流电压表征量的峰-峰值 $U_{\mathrm{p\text{-}p}}$，即波峰至波谷的值，如图3-5所示。

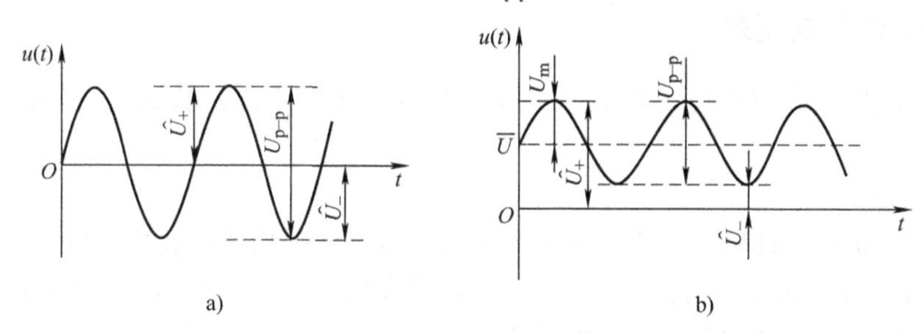

图3-5　交流电压的峰值、振幅值波形图

（3）有效值 U　通常所说的交流电压的大小是指它的有效值 U，有效值即为方均根值，其数学定义为

$$U = \sqrt{\frac{1}{T}\int_0^T u^2(t)\mathrm{d}t} \tag{3-5}$$

（4）波形因数 K_{F}　为了表征交流电压的有效值 U 与平均值 $\overline{U}$ 的关系，把交流电压的有效值 U 与平均值 $\overline{U}$ 之比定义为波形因数 K_{F}，表示为

$$K_{\mathrm{F}} = \frac{U}{\overline{U}} \tag{3-6}$$

(5) 波峰因数 K_P 为了表征交流电压的峰值 $\hat{U}$ 与有效值 U 的关系，把交流电压的峰值 $\hat{U}$ 与有效值 U 之比定义为波峰因数 K_P，表示为

$$K_P = \frac{\hat{U}}{U} \tag{3-7}$$

2. 三种波形的各参量的关系

不同波形的波形因数和波峰因数具有不同的定值，如表 3-2 所示。图 3-6 所示为表 3-2 所用的波形图。

表 3-2 常见波形的波形因数和波峰因数

名　称	$\hat{U}$	U	$\overline{U}$	K_F	K_P
正弦波①	A	$A/\sqrt{2}$	$0.637A$	1.11	$\sqrt{2}$
方波②	A	A	A	1	1
三角波③	A	$A/\sqrt{3}$	$A/2$	$2/\sqrt{3}$	$\sqrt{3}$

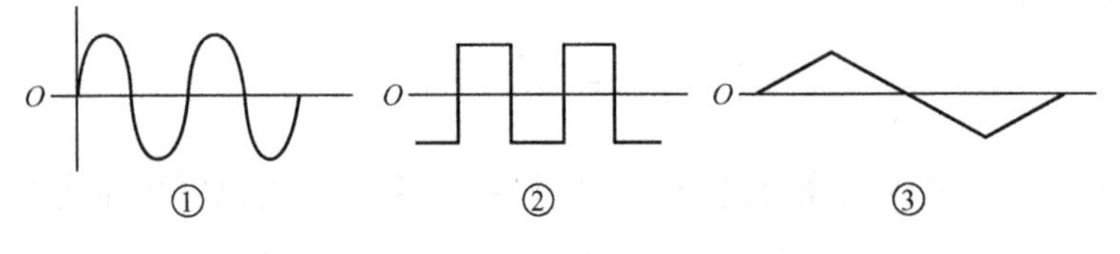

图 3-6 三种波形图

3.2 模拟交流电压表

3.2.1 低频交流电压表

低频交流电压表采用的是放大-检波式结构形式，按照不同的检波方式构成均值电压表和有效值电压表。

1. 均值电压表

均值电压表也叫晶体管毫伏表，采用均值检波器检波。均值检波器的特性是输出直流电压（即检波后波形平均值）与输入交流电压的平均值成正比。利用均值检波器可构成均值电压表。由于宽带放大器增益与带宽的矛盾（二者乘积为常数），使放大-检波式电压表的频宽难以扩展，灵敏度也受到内部噪声和外部干扰的限制。其频率范围一般为 20Hz ~ 10MHz，灵敏度达毫伏级，多用在低频、视频场合。

响应特性是指检波器输入电压与输出电压之间的关系。均值电压表的特性是均值电压表指针偏转角度与被测交流电压的平均值成正比。均值电压表以均值检波器作为交直流变换器，它输出的直流电压正比于输入交流电压的平均值。

(1) 均值检波器 均值电压表常用均值检波器电路如图 3-7 所示。图 3-7a 为桥式全波均值检波器电路，图 3-7b 为半桥式全波均值检波器电路，图 3-7c 为半波整流式均值检波器电路，图 3-7d 为加隔直电容的半波整流式均值检波器电路。比较常用的是半桥式全波均值检波器和加隔直电容的半波整流式均值检波器。电容 C 为滤波电容，滤去检波器输出电流中的交流成分。

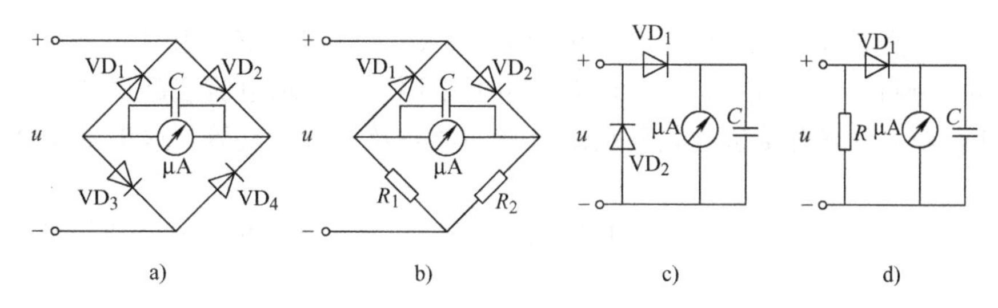

图 3-7　均值检波器原理图

（2）刻度特性　均值电压表是按照正弦波电压有效值定度的，是指在均值检波器的输入端加上不同的波形，表头指针偏转响应于平均值，而在表头的刻度盘上一律按照正弦波的有效值进行标度。显然在标称值（即示值 U_a）与实际响应值 $\overline{U}_\sim$ 之间存在一个系数，这个系数称为均值电压表的定度系数，记作 K_a。

$$K_a = U_a/\overline{U}_\sim = 1.11 \tag{3-8}$$

当测量正弦波电压时，正弦波的有效值 $U_\sim$ 就等于电压表的示值 U_α，即 $U_\sim = U_\alpha$；当测量非正弦波电压时，电压表的读数值只说明非正弦波电压平均值与正弦波电压平均值相等时正弦波的示值。对于非正弦波有下面关系式：

$$\overline{U}_N = \overline{U}_\sim = U_a/K_F = 0.9U_a \tag{3-9}$$

$$U_N = \overline{U}_N K_{FN} = 0.9U_a K_{FN} \tag{3-10}$$

$$\hat{U}_N = U_N K_{PN} = 0.9U_a K_{FN} K_{PN} \tag{3-11}$$

$\overline{U}_\sim$ 为正弦波平均值；$\overline{U}_N$、U_N、$\hat{U}_N$、K_{FN}、K_{PN} 为非正弦波的平均值、有效值、峰值、波形因数和波峰因数。

【例 3-1】　用均值电压表测量正弦波、三角波、方波电压时，已知电压表的读数均为 10V，试分别计算正弦波、三角波、方波的有效值、平均值和峰值各是多少伏？

解： 测量正弦波时：$U_\sim = U_a = 10\text{V}$

$$\overline{U}_\sim = 0.9U_a = 0.9 \times 10\text{V} = 9\text{V}$$

$$\hat{U}_\sim = \sqrt{2}U_a = \sqrt{2} \times 10\text{V} \approx 14.1\text{V}$$

测量三角波时：$\overline{U}_\triangle = \overline{U}_\triangle = 0.9U_a = 0.9 \times 10\text{V} = 9\text{V}$

$$U_\triangle = K_{F\triangle}\overline{U}_\triangle = 2/\sqrt{3} \times 9\text{V} \approx 10.4\text{V}$$

$$\hat{U}_\triangle = K_{P\triangle}U_\triangle = \sqrt{3} \times 10.4\text{V} \approx 18.0\text{V}$$

测量方波时：$\overline{U}_\square = U_\square = \hat{U}_\square = \overline{U}_\square = 9\text{V}$

（3）均值电压表的组成　均值电压表的组成如图 3-8 所示，它属于放大-检波式电压表。

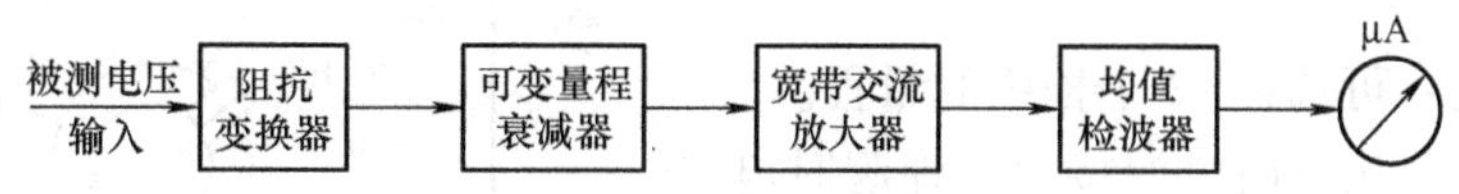

图 3-8　放大-检波式电压表原理框图

阻抗变换器是均值电压表的输入级，通常利用射极跟随器或源极跟随器来提高均值电压表的输入阻抗；可变量程衰减器通常是阻容分压器，用于改变均值电压表的量程；宽带交流放大器是决定均值电压表性能的关键，用于信号放大，以提高均值电压表的测量灵敏度。

（4）误差分析　均值电压表测量误差的主要来源有：指示电流表的误差、检波二极管的不稳定性误差、被测电压超过频率范围带来的误差及波形误差等。这里主要分析波形误差。

波形误差是在用均值电压表测量非正弦波电压时，将电压表的示值当成被测电压的有效值而产生的误差。

波形误差的绝对误差为

$$\Delta U = U_a - 0.9K_{FN}U_a = (1 - 0.9K_{FN})U_a \tag{3-12}$$

波形误差的示值相对误差为

$$\gamma_\alpha = \Delta U/U_a = 1 - 0.9K_{FN} \tag{3-13}$$

当被测电压为方波时，波形误差为 $\gamma_\alpha = 1 - 0.9K_{F\square} = 1 - 0.9 \times 1 = 10\%$

当被测电压为三角波时，波形误差为 $\gamma_\alpha = 1 - 0.9K_{F\triangle} = 1 - 0.9 \times 2/\sqrt{3} \approx -3.5\%$

由此可见，在使用均值电压表测量非正弦波电压时，把示值当作被测量的有效值所产生的误差是很大的，对于不同的波形，误差的大小和方向是不同的，需进行换算才能得到非正弦波的有效值。

2. 有效值电压表

有效值电压表分为检波式、热偶式、计算式。检波式有效值电压表通常选用分段逼近式有效值检波器。

有效值电压表的刻度特性是其示值就是被测电压的有效值，即 $U_\alpha = U_x$。不论被测电压是否为正弦波，只要电路的输出特性曲线具有平方律特性，该电路就可以实现有效值检波。有效值电压表的刻度是非线性的。

3. 典型仪器——DA—16 型晶体管毫伏表

DA—16 型晶体管毫伏表采用放大-检波式结构，是以均值检波器作为交/直流变换器，是典型的均值电压表，具有较高的灵敏度和稳定度，采用的是半桥式全波整流，在大信号检波时产生良好的指示线性，具有较高的输入电阻、低噪声电平以及较高的频率响应。

（1）面板　DA—16 型晶体管毫伏表的前面板如图 3-9 所示。

①显示窗口：刻度为两行，上行为 0～1.0，下行为 0～3.0，指针读数根据所选量程为 1×10^n 还是 3×10^n（$n = 0, 1, 2$）来分别读取上行和下行刻度值。

②机械调零电位器：进行机械调零用。

③电源指示灯：当电源接通时灯亮，关断时灯灭。

④量程开关：可选择 12 个档级的量程。

⑤电源开关：按下时电源接通，弹起时电源关断。

⑥电气调零旋钮：进行电气调零用。

⑦输入端口：被测信号由此通过测试线端头接入。

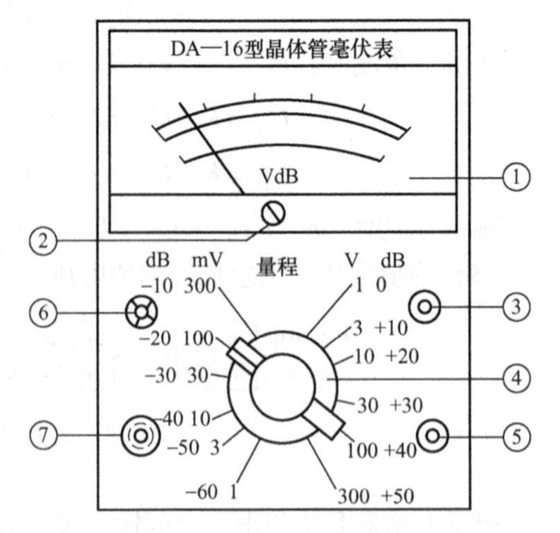

图 3-9　DA—16 型晶体管毫伏表的前面板

（2）主要技术指标

①电压测量范围：100μV ~ 300V，量程分为 1mV、3mV、10mV、30mV、100mV、300mV；1V、3V、10V、30V、100V、300V，共 12 档级。

②电平测量范围：−72 ~ +32dB（600Ω）。

③工作频率范围：20Hz ~ 1MHz。

④固有误差：≤ ±3%（基准频率 1kHz）。

⑤频率响应误差：频率范围在 100Hz ~ 100kHz 时，频率响应误差≤ ±3%；频率范围在 20Hz ~ 1MHz 时，频率响应误差≤ ±5%。

⑥工作误差极限：≤ ±8%。

⑦输入阻抗：工作频率为 1kHz 时输入阻抗大于 1MΩ。

输入电容：在 1 ~ 300mV 各档时输入电容约为 70pF，在 1 ~ 300V 各档时输入电容约为 50pF。

⑧使用电源：220（1 ±10%）V，50（1 ±4%）Hz，功耗为 3W。

（3）操作方法及注意事项

①测量准确度以晶体管毫伏表表面垂直放置为准。将电源线插头插入交流插孔，在接通电源前，毫伏表应进行机械调零，即调整表头上的机械零位调整器，使表指针指准零位，量程选择旋钮尽量置于最大量程处。

②接通电源，待表指针摆动数次至稳定后，将输入线短接进行电气调零。调节“电气调零”旋钮，使表指针指准零位，即可进行测量（使用中，量程变换后需重新进行电气调零）。

③测量时，将被测信号由“输入”端口送入毫伏表，先将地线连通，再接另一测试线。测量结束时，应按相反顺序取下连接线。测量毫伏级电压时，为避免外部环境的干扰，测量线应尽可能短，最好选用屏蔽线。

④选择量程要合适，尽量使表指针在满量程的 2/3 以上区域，当被测电压范围未知时，应将量程放到最大的档位上，逐渐减小量程至合适位置为止，以免打坏表针。

⑤表读数要根据指针位置和量程档位来进行，注意满刻度为 1 和 3 时的刻度位置。

⑥测量交流电压中的直流分量不得超过 300V。

⑦用本毫伏表测量市电，相线接输入端，中性线接地，不可接反；测量 36V 以上电压时，注意机壳带电，以防触电。

⑧测量完毕，将量程旋钮置于最大量程处，按顺序拆线，断电。

3.2.2　高频交流电压表

1. 峰值交流电压表

峰值交流电压表也称超高频毫伏表。峰值电压表以峰值检波器作为交直流变换器。峰值检波器输出的直流电压与输入交流电压的峰值成正比。因此，峰值电压表指针偏转角度与被测交流电压的峰值成正比，交流电压的峰值为峰值检波器的实际响应值。超高频毫伏表适于测量高频信号，这是由检波-放大式电压表的特性所决定的。

（1）峰值检波器　如图 3-10 所示为常见峰值检波器电路。图 3-10a 为串联式峰值检波器，又称为开路式峰值检波器，即包络检波器；图 3-10b 为并联式峰值检波器，又称为闭路式峰值检波器。它们与均值检波器区别不大，关键在于选取元件 R、C 的值不同，峰值检波器必须满足充电时间常数 R_dC（R_d 为二极管正向导通电阻）的乘积小于被测交流电压的最小周期 T_{min}，放电时间常数 RC 的乘积大于被测交流电压的最大周期 T_{max}，这样才能使检波器输出电压 $\overline{U}_R \approx \hat{U}$。

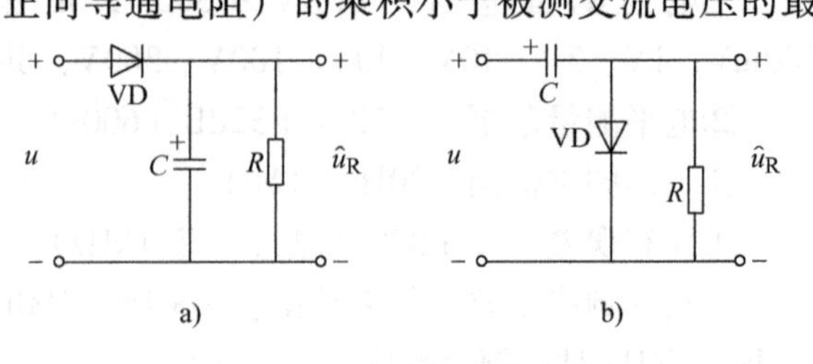

图 3-10 常见峰值检波器电路

串联式峰值检波器中的电容 C 起到滤波和检波的作用，无隔直作用，所以检波器的实际响应值为交流电压实际波形的峰值。并联式峰值检波器中的电容 C 既为隔直电容又是检波电容，所以检波器的实际响应值为交流电压的振幅 U_m，因此并联式峰值检波器电路应用较广。

（2）刻度特性　峰值电压表也是按照正弦波有效值进行定度的。其刻度特性是指在峰值检波器的输入端加上不同的波形，表头指针偏转响应于峰值，而在表头的刻度盘上一律按照正弦波的有效值进行标度。显然在标称值（即示值 U_α）与实际响应值 $\hat{U}$ 之间存在一个系数，这个系数称为峰值电压表的定度系数，记作 K_a。

$$K_a = U_\alpha / \hat{U}_\sim = \sqrt{2}/2 \tag{3-14}$$

当测量正弦波电压时，电压表的示值 U_α 等于正弦波电压有效值 $U_\sim$，即 $U_\sim = U_\alpha$；当测量非正弦波电压时，电压表的示值 U_α 相当于与非正弦波峰值相等的正弦波的有效值。

测量非正弦波电压时，有如下关系式：

$$\hat{U}_N = \hat{U}_\sim = \sqrt{2}U_\alpha \tag{3-15}$$

$$U_N = \hat{U}_N / K_{PN} = \sqrt{2}U_\alpha / K_{PN} \tag{3-16}$$

$$\overline{U}_N = U_N / K_{FN} = \sqrt{2}U_\alpha / K_{PN}K_{FN} \tag{3-17}$$

【例 3-2】 用峰值电压表测量正弦波、三角波、方波电压，已知电压表的读数均为 20V，试分别计算正弦波、三角波、方波的有效值、平均值和峰值各是多少伏？

解：测量正弦波时：$U_\sim = U_\alpha = 20\text{V}$

$$\overline{U}_\sim = 0.9U_\alpha = 0.9 \times 20\text{V} = 18\text{V}$$

$$\hat{U}_\sim = \sqrt{2}U_\alpha = \sqrt{2} \times 20\text{V} \approx 28.3\text{V}$$

测量三角波时：$\hat{U}_\triangle = \sqrt{2}U_\alpha = \sqrt{2} \times 20\text{V} \approx 28.3\text{V}$

$$U_\triangle = \hat{U}_\triangle / K_{P\triangle} = \hat{U}_\triangle / \sqrt{3} = 28.3\text{V}/\sqrt{3} \approx 16.3\text{V}$$

$$\overline{U}_\triangle = U_\triangle / K_{F\triangle} = 16.3\text{V}/(2/\sqrt{3}) \approx 14.1\text{V}$$

测量方波时：$\hat{U}_\square = U_\square = \overline{U}_\square = \hat{U}_\square = 28.3\text{V}$

（3）峰值电压表的组成　峰值表的构成一般为检波-放大式，如图 3-11 所示。峰值检波器体积小，故可以做成探头与被测电路直接相接的形式，因此，通过交流信号的测试线很短，分布参数以及引入的干扰信号比较小；直流放大器由于采用调制式直流放大器，使得检波-放大式

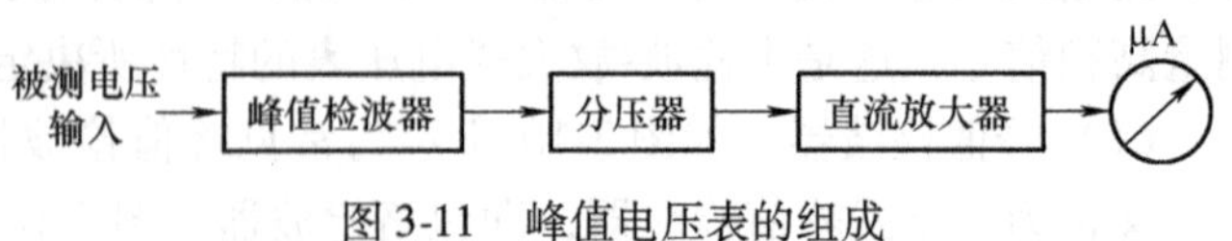

图 3-11 峰值电压表的组成

峰值电压表的频宽及灵敏度都比较理想。

因此，峰值电压表常用作超高频毫伏表，用峰值检波器作为交/直流变换器，分压器通常为阻容分压器，用于改变超高频毫伏表的量程。直流放大器用于放大分压器送来的直流信号，以提高超高频毫伏表的灵敏度。

（4）误差分析　峰值电压表的测量误差主要包括理论误差、被测电压超过频率范围带来的误差及波形误差等。这里主要分析波形误差。

波形误差是在用峰值电压表测量非正弦波电压时，将电压表的示值当成被测电压的有效值而产生的误差。

波形误差的绝对误差为

$$\Delta U = U_{a} - \sqrt{2}U_{\alpha}/K_{PN} = (1 - \sqrt{2}/K_{PN})U_{a} \tag{3-18}$$

波形误差的示值相对误差为

$$\gamma_{\alpha} = \Delta U/U_{a} = 1 - \sqrt{2}/K_{PN} \tag{3-19}$$

当被测电压为方波时误差为 $\gamma_{\alpha} = 1 - \sqrt{2}/K_{P\square} = -41.4\%$

当被测电压为三角波时误差为 $\gamma_{\alpha} = 1 - \sqrt{2}/K_{P\triangle} = 1 - \sqrt{2}/\sqrt{3} = -18.4\%$

2. 典型仪器——DA22B 型超高频毫伏表

DA22B 型超高频毫伏表是典型的峰值电压表，主要用于测量 10kHz ~ 500MHz 频率范围的正弦波有效值电压。它采用检波放大电路，具有良好的高频特性；稳定性好，是理想的超高频电压测试仪器；使用 100:1 分压器，可扩展量程至 300V。

（1）面板布置　DA22B 型超高频毫伏表面板如图 3-12 所示。

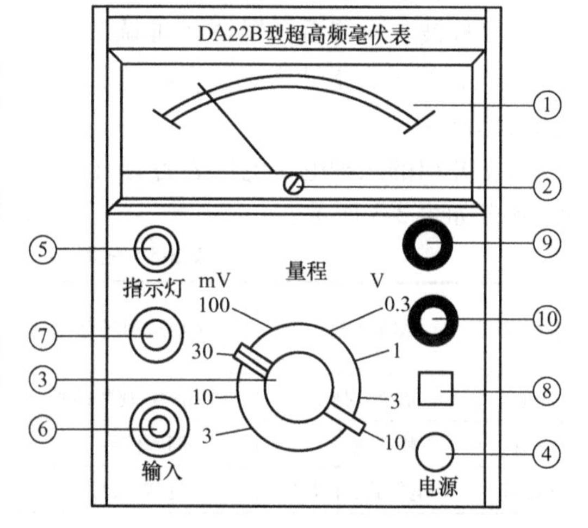

图 3-12　DA22B 型超高频晶体管毫伏表面板

①显示窗口：刻度为两行，上行为 0 ~ 1.0，下行为 0 ~ 3.0，指针读数根据选择量程为 1×10^{n} 还是 3×10^{n} 来分别读取上行和下行刻度值。

②机械调零电位器：进行机械调零用。

③量程开关：可选择 8 个档级的量程。

④电源开关：按下时电源接通，弹起时电源关断。

⑤电源指示灯：当电源接通时灯亮，关断时灯灭。

⑥输入端口：被测信号由此通过测试线端头接入。

⑦校准输出端口：接校准探头。

⑧校准按钮：弹起时，可进行电气调零，按下时，可进行校准。

⑨电气调零旋钮：进行电气调零用。

⑩校准调节旋钮：进行各档校准用。

（2）主要技术指标

1）测量电压范围：交流电压的测量范围为 1mV ~ 10V，分为 3mV、10mV、30mV、

100mV、300mV、1V、3V、10V 共 8 档量程。加 100:1 分压器时，量程可扩展至 300V。

2）测量电压的频率范围：被测电压频率范围为 10kHz ~ 500MHz。

3）输入阻抗：工作频率为 100kHz 时，输入电阻大于 50kΩ；工作频率为 100MHz 时，输入电容小于 2pF。

4）基本准确度：基本准确度为 ±2%。

5）基准条件下的频率影响误差：工作频率为 100kHz ~ 50MHz 时，频率影响误差为 ±3%；工作频率为 10kHz ~ 500MHz 时，频率影响误差为 ±10%。

（3）使用方法及注意事项

1）超高频毫伏表的使用方法与晶体管毫伏表类似，也必须先进行机械调零。

2）接通电源，预热 15min，将检波头电缆插入“输入”插座内，并将探头的芯线和地线短路，转动“调零”旋钮进行电气调零，使指针指到零位；然后将探头插入“校准输出”插孔，转动“校准”旋钮进行校准，使指针满刻度，方可进行测量。

3）测量高频信号从“输入”端口接入，选择合适的测量档位，对应量程读出数值。

4）当测量信号高于 10V 电压时，先按上述步骤进行校准后，再将高频探测器插入 100:1分压器进行测量，读出指示值后倍乘 100。

5）当发现仪器调零正常，信号加不进时，一般是探测器损坏，应先检查电容是否脱焊、破裂，检查检波二极管是否开路失效。

更换检波二极管后，置“校准调节”旋钮于中间位置，“校准”按钮弹出，调节“调零”旋钮，使表头指针为零，后将“校准”按钮按下，调节仪器内部电位器使各档量程表头指针为满度。

以上介绍的三种电子电压表各有自己的特性，适用的场合也不同。三种电子电压表主要特性比较如表 3-3 所示。

表 3-3　三种电子电压表主要特性比较

电压表	组成原理	主要适用场合	实测	读数 U_α	读数 U_α 的物理意义	
					正弦波	非正弦波
均值	放大-均检	低频信号、视频信号	均值 $\overline{U}$	$1.11\overline{U}$	有效值 U	$U=K_F\overline{U}$
峰值	峰检-放大	高频信号	峰值 U_P	$0.707U_P$	有效值 U	$U=U_P/K_P$
有效值	热电偶式、计算式	非正弦信号	有效值 U	U	真有效值 U	

3.3　数字电压表

3.3.1　数字电压表的主要技术指标

1. 分类

数字电压表按用途分有直流数字电压表、交流数字电压表和数字万用表。按 A-D 转换器的原理分有比较式、积分式和复合式。

2. 主要技术指标

（1）电压测量范围　电压测量范围包括量程、显示位数和超量程能力。

1）量程表示数字电压表的最大测量电压值。基本量程是未经衰减器衰减和放大器放大的量程。量程是以基本量程为基础，常为1V或10V，也有2V或5V。步进衰减器与输入放大器的适当配合可以实现量程的变换，量程变换的方式分手动变换和自动变换。

2）显示位数是表示数字电压表精密程度的一个基本参数。所谓位数是指能显示0~9十个完整数码的显示器位数。能显示0~9十个完整数码的数位称为满位，不能全部显示0~9十个数码的数位称为半位或1/2位。例如，最大显示数字为9999的电压表为4位表；最大显示数字为19999、39999、11999的数字电压表统称为4位半数字电压表。

3）超量程能力是指数字电压表在一个量程上所能测量的最大电压超出量程值的能力。数字电压表有无超量程能力，要根据它的量程分档情况和能够显示的最大数字情况来决定。半位和基本量程结合起来，能说明数字电压表有无超量程能力。计算式为

$$超量程能力=(能测量出的最大电压-量程值)/量程值\times 100\%$$

例如最大显示数字为9.999、19.999、5.999、11.999，对应量程分别为10V、20V、5V、10V的数字电压表的超量程能力分别为0%、0%、20%、20%。有了超量程能力，在某些情况下可提高测量准确度。例如被测电压为10.01V，若采用没有超量程能力的3位数字电压表10V档测量，读数为9.99V；用100V档测量，读数为10.0V，被测电压的0.01V信息就丢掉了；若采用具有超量程能力的三位半数字电压表10V档测量，可读出10.01V，准确度提高了。

（2）分辨率　分辨率即灵敏度，是指数字电压表能够反映出的被测电压最小变化值，即显示器末位跳动一个单位数字所需的最小输入电压值。不同量程的分辨率不同，最小量程的分辨率最高。通常以最小量程的分辨率作为数字电压表的分辨率。例如，4位数字电压表在1V、10V量程上的分辨率分别为0.0001V、0.001V，则DMM的分辨率为0.0001V。这是因为4位数字电压表的最大显示数字为9999，量程为1V、10V时，可以判断出满量程时的显示数字应分别为“.9999”“9.999”，根据分辨率定义即可判断出1V、10V量程时分辨率的大小。典型的SX1842型数字电压表最小量程为20mV，最大显示数为19999，其分辨率为20mV/19999，即1μV。

（3）测量速度　测量速度是指在单位时间内以规定的准确度完成的最大测量次数，或一次完整测量所需的时间。数字电压表的测量速度主要取决于A-D转换器的类型，不同A-D转换器类型的数字电压表的测量速度差别很大，比较式A-D转换器的数字电压表测量速度较快，积分式A-D转换器的数字电压表测量速度较慢。

（4）输入特性　输入特性主要是指输入阻抗和输入零电流。一般直流测量时输入电阻在10~1000MΩ之间，交流测量时输入电容在几十至几百皮法之间。为了提高数字电压表的输入阻抗，采用有源器件构成输入电路，故当数字电压表输入端短路时，短路线上会有电流通过，该电流称为输入零电流或输入偏置电流，其值越小越好。

（5）测量误差　数字电压表的测量误差通常以它的固有误差或工作误差来表示。数字电压表的固有误差一般采用以下两种表示方法：

$$\Delta U=\pm(\alpha\% U_x+\beta\% U_m) \tag{3-20}$$

或

$$\Delta U=\pm\alpha\% U_x\pm n\text{ 字}$$

式中，U_x为被测电压读数值；U_m为数字电压表量程满度值；$\alpha\% U_x$称为读数误差，随被测电压的变化而变化；α、β分别称为相对项系数、固定项系数；$\beta\% U_m$、n字称为满度误差。读数误差是由仪器各电路单元引起的误差和不稳定性误差，其中既有随机误差又有系统误

差，按随机误差处理。满度误差是由放大器、基准电压、积分器等的零点漂移引起的，是不随被测电压变化的固定成分，属于系差。量程确定后，满度误差为固定值，可用 n 字来表示，n 字等于满度误差与此量程末尾数字 1 个单位电压（即分辨率）的比值，表示相当于 n 个字。

【例 3-3】 五位数字电压表（DVM）在 10V 量程测得电压为 8V，已知 $\Delta U = \pm(0.005\% U_x + 0.004\% U_m)$，求读数误差、满度误差和固有误差各是多少？满度误差相当于几个字？

解： 经分析得知，电压表的分辨率为 ±0.0001V。

读数误差为：$\pm\alpha\% U_x = \pm 0.005\% U_x = \pm 0.005\% \times 8\text{V} = \pm 0.0004\text{V}$

满度误差为：$\pm\beta\% U_m = \pm 0.004\% U_m = \pm 0.004\% \times 10\text{V} = \pm 0.0004\text{V}$

满度误差相当于：$n = \pm 0.0004\text{V}/(\pm 0.0001\text{V}) = \pm 4$ 字

固有误差为：$\Delta U = \pm(\alpha\% U_x + \beta\% U_m) = \pm(0.0004\text{V} + 0.0004\text{V}) = \pm 0.0008\text{V}$

（6）抗干扰能力　数字电压表的抗干扰能力通常用抗串模干扰信号的串模干扰抑制比和抗共模干扰信号的共模干扰抑制比来表示，干扰抑制比的数值越大，表明数字电压表抗干扰的能力越强。串模干扰抑制比一般为 50～90dB，共模干扰抑制比一般为 80～150dB。

3.3.2　A-D 转换器

直流数字电压表的核心是 A-D 转换器，它把模拟量变换成数字量，应用比较广泛的是双积分式 A-D 转换器以及逐次比较式 A-D 转换器。

1. 双积分式 A-D 转换器

双积分式 A-D 转换器属于 U-T 型积分式 A-D 转换器。其工作原理是：将被测电压与基准电压的比较通过正、反两次积分变换为两个时间段的比较，正向积分为定时积分，反向积分为定值积分，时间段又与电压成正比，时间段的长短则由计数器来测定，由此计数器所得的数字量即为 A-D 转换的结果。其原理框图如图 3-13 所示。

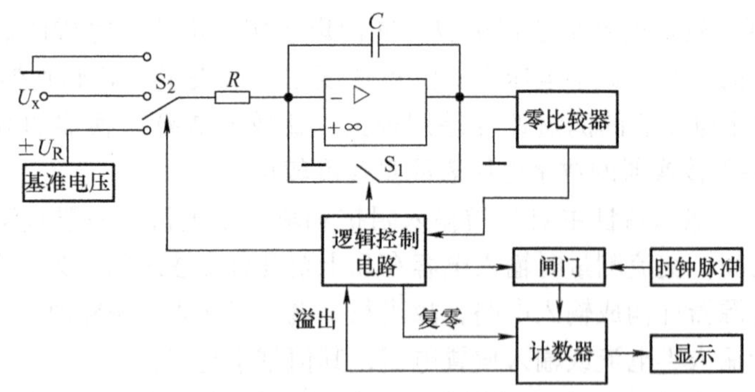

图 3-13　双积分式 A-D 转换器原理框图

双积分式 A-D 转换器的工作过程分为准备、取样和比较三个阶段，工作波形如图 3-14 所示。图中 $u_i(t)$ 为积分器输入信号，$u_o(t)$ 为积分器输出信号，$p(t)$ 为计数脉冲，$t_0 \sim t_1$、$t_1 \sim t_2$、$t_2 \sim t_3$ 分别为准备、取样、比较阶段。虚线为输入 U_x' 时的波形。

1）准备阶段（$t_0 \sim t_1$）：逻辑控制电路使 S_1 闭合、S_2 接地，使积分电容 C 完全放电，为取样做准备。

2）取样阶段（$t_1 \sim t_2$）：逻辑控制电路使 S_1 断开，S_2 将积分器的输入端接输入电压 U_x，积分器对 U_x 正向定时积分，t_2 时刻计数器计数为 N_1，计数器溢出并复零，定时取样完毕。此时，积分器输出达到最大值：

$$U_{om} = -\frac{1}{RC}\int_{t_1}^{t_2}(-U_x)\mathrm{d}t = \frac{t_2 - t_1}{RC}U_x = \frac{T_1}{RC}U_x = \frac{N_1 T_0}{RC}U_x \tag{3-21}$$

3）比较阶段（$t_2 \sim t_3$）：逻辑控制电路使 S_1 仍断开、S_2 打在与 U_x 极性相反的恒定值基准电压 U_R 处，积分器对 U_R 定值反向积分。当积分器输出电压下降为零时，即 t_3 时刻，比较器输出使逻辑控制电路控制闸门关闭，计数器停止计数，计数值为 N_2。此时，存在如下关系：

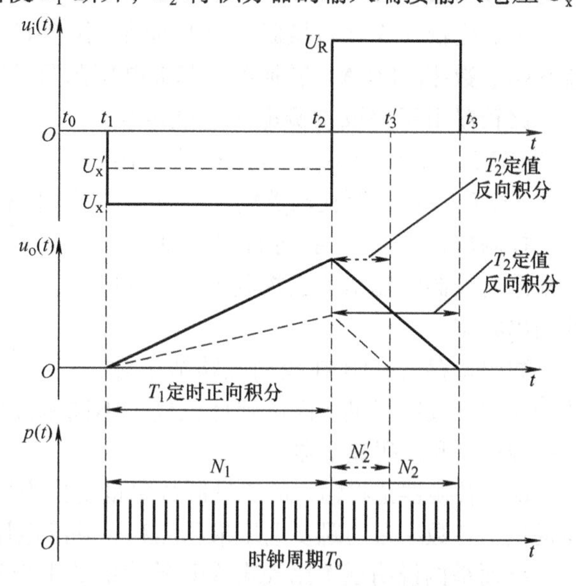

图 3-14　双积分式 A-D 转换器工作波形

$$U_{om} = -\frac{1}{RC}\int_{t_1}^{t_2}(-U_x)\mathrm{d}t = \frac{1}{RC}\int_{t_2}^{t_3}U_R\mathrm{d}t = \frac{t_3 - t_2}{RC}U_R = \frac{T_2}{RC}U_R = \frac{N_2 T_0}{RC}U_R \tag{3-22}$$

将式（3-21）代入式（3-22），经推导有

$$N_2 = \frac{N_1}{U_R}U_x \tag{3-23}$$

$$U_x = \frac{U_R}{N_1}N_2 \tag{3-24}$$

U_R/N_1 称为 A-D 转换器的转换灵敏度，通常设置为 $1\times10^{\pm n}$V（n 为自然数），即数字电压表的分辨率；N_2 为取样阶段所计脉冲数，与输入电压的大小有关。输入为正电压时的工作波形与图 3-14 所示的输入 $u_i(t)$ 波形相反。

双积分式 A-D 转换器具有稳定性好、准确度高、抗干扰能力强等优点。这是因为取样和比较时使用的是同一积分器和时钟，因此，R、C 参数值的缓慢变化以及运算放大器、时钟等性能的不稳定都不会影响转换器的稳定性和准确性。由式（3-23）可看出，转换结果只与模拟输入的平均值成正比，所以，只要采样时间 T_1 为工频干扰信号周期的整数倍，则干扰信号产生的平均值为零，A-D 转换器的抗干扰能力就会得以提高。

由式（3-24）可看出，无论是要增强转换器的抗干扰能力，还是要提高数字电压表的分辨率，都要延长取样时间，从而使得双积分式 A-D 转换器的转换速度无法加快，这决定了其测量速度慢的特性，它的转换速度一般低于 20 次/s。

2. 逐次比较式 A-D 转换器

逐次比较式 A-D 转换器的工作原理与天平称量物体类似，将被测电压 U_x 与分级可变基准电压 U_B 逐一进行比较，顺序是从大到小，若 $U_B < U_x$，则将保留 U_B，否则舍弃；然后将下一级基准电压加到保留的基准电压上，再作为基准电压与 U_x 比较，直到累加到最后的基

准电压，则最后的累加结果即为被测电压值，对应的被测电压值用二进制数表示。

逐次比较式 A-D 转换器的原理框图如图 3-15 所示。它由比较器、控制电路、数码寄存器 SAR、数-模（D-A）转换器、基准电压源及译码显示器等组成。

比较器用于完成被测电压与基准电压的比较，若 $U_B < U_x$，则比较器输出“1”；若 $U_B > U_x$，则比较器输出“0”。

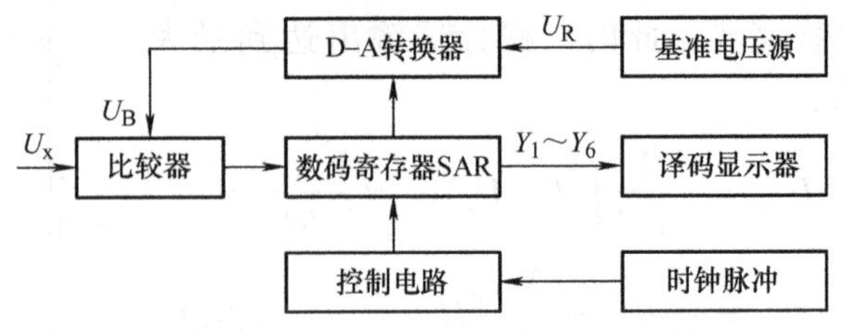

图 3-15 逐次比较式 A-D 转换器原理框图

控制电路发出一系列的节拍脉冲，并根据比较器的输出值去控制 SAR 各位的输出状态。

数码寄存器 SAR 在控制电路节拍脉冲的作用下逐次提供从高位到低位代表不同基准电压（即跳步电压）的二进制数码，送往 D-A 转换器和译码显示器。

D-A 转换器是将输入的二进制数字量变换为模拟电压输出，输出模拟电压等于数码寄存器提供的各数字量与跳步电压乘积之和。基准电压源为 D-A 转换器提供基准电压。

下面举例说明逐次比较式 A-D 转换器的工作过程。设 A-D 转换器的位数为 6 位，U_R = 100.00V，U_x = 56.25V，其工作过程如下：

在起始脉冲作用下，SAR 全部清零。

①第一个脉冲到来时，SAR 最高位先置为 1，SAR 输出为 $(100\ 000)_2$，$U_B = 1 \times 2^{-1} \times 100.00\text{V} = 50.00\text{V} < U_x$，比较器输出为 1，得 $Y_1 = 1$，SAR 最高位保留为 1。

②第二个脉冲到来时，SAR 的次高位先置为 1，SAR 输出为 $(110\ 000)_2$，$U_B = 50.00\text{V} + 1 \times 2^{-2} \times 100.00\text{V} = 75\text{V} > U_x$，比较器输出为 0，得 $Y_2 = 0$，SAR 次高位返回为 0。

③第三个脉冲到来时，SAR 的第三位先置为 1，SAR 输出为 $(101\ 000)_2$，$U_B = 50.00\text{V} + 0.000\text{V} + 1 \times 2^{-3} \times 100.00\text{V} = 62.50\text{V} > U_x$，比较器输出为 0，得 $Y_3 = 0$，SAR 的第三位返回为 0。

④第四个脉冲到来时，SAR 的第四位先置为 1，SAR 输出为 $(100\ 100)_2$，$U_S = 50.00\text{V} + 0.000\text{V} + 0.000\text{V} + 1 \times 2^{-4} \times 100.00\text{V} = 56.25\text{V} = U_x$，比较器输出为 1，得 $Y_4 = 1$。此时，电路处于平衡状态，SAR 停止计数，A-D 转换器停止工作。SAR 输出的二进制代码为 $(100\ 100)_2$，经过译码显示电路，得到 56.25V 的显示。否则，电路继续逐次比较，直至最末位为止。

逐次比较式 A-D 转换器的优点为变换速度快、准确度高。这是因为跳步电压是按照 $2^{-n}U_R$ 递减设置的，没有双积分式 A-D 转换器中电压的积分过程，且只要二进制数码位数足够多，其准确度就会很高。由于电压比较器的输入是被测电压瞬时值，所以外界任何干扰电压的串入都会对测量结果产生影响，引起误差，使得其抗干扰能力差。因此，在输入端通常设置低通滤波器来抑制串模工频干扰。

3.4 数字万用表

3.4.1 数字万用表的功能特点

数字万用表（Digital Multi Meter，DMM）又称数字多用表，其测量功能较多，不但能测量交直流电压、电流和电阻等参数，还能对电容、二极管、晶体管等电子元器件和信号频率进行测量，是一种最基本的电子测量仪器。

1. 功能特点

与模拟式万用表相比，数字万用表具有以下特点：

（1）功能多　数字万用表既能测量直流和较低频率的电流、电压信号，又能测量电阻、二极管、晶体管的 h_{FE}、电容等，极大地扩展了功能。

（2）指标高　直流电压测量输入范围大，最大达1000V（DC）；准确度高，最高可达 10^{-7} 左右；读数速度快，可达500次/s；分辨率高，可达 10^{-8}，即1V输入量程时可分辨10nV；输入阻抗高，典型输入阻抗为10MΩ，输入电容为40pF；数字显示位数多，大多为3位半、4位半、5位半，高级可达到8位半。

（3）用途广　数字万用表具有体积小、价格低、便于携带的优点，无论是在实验室和电子产品生产车间，还是在其他用电场所，数字万用表都是不可或缺的基本测量仪器。

尽管数字万用表有上述这些优点，也获得了越来越广泛的应用，但它也存在不足之处，它不能反映被测量的连续变化过程及变化趋势。例如，用数字万用表观察电容的充、放电过程，就不如模拟电压表方便、直观，它也不适于做电桥平衡用的零位指示器，所以它不可能完全取代模拟式万用表。

2. 数字万用表的构成

数字万用表的主要测量功能是以直流电压测量为基础的，测量时，先把其他参数变换为等效的直流电压 U，然后通过测量 U 来获得所测参数的数值，因此，数字万用表的组成如图3-16所示。它主要由转换电路、A-D转换器、液晶数字显示器及电源等组成，是在数字式直流电压表的基础上，加上交流/直流（AC/DC）变换器、电流/电压（I/U）转换器、电阻/电压（R/U）转换器而构成的。

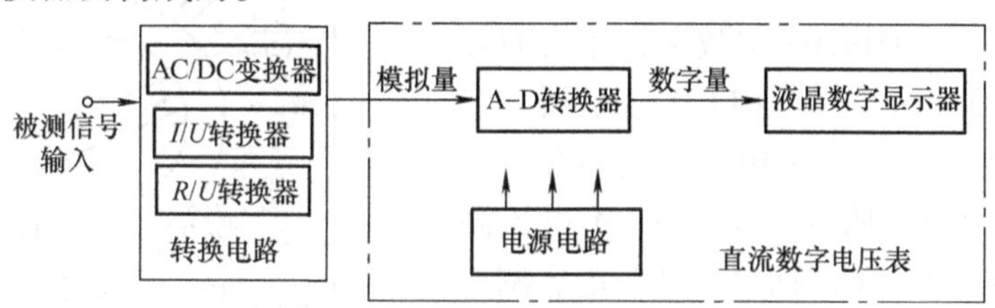

图3-16　数字万用表组成框图

（1）A-D转换器　数字万用表都采用专用集成A-D转换器电路，如TSC7106型3位半A-D转换器、ICL7129型4位半A-D转换器等。对于多量程的直流电压的测量，数字万用表采用分压器把基本量程为200mV的直流数字电压表扩展为多个量程的直流数字电压表。直流电压共设五个量程：200mV、2V、20V、200V和1000V，由量程选择开关控制。五档分压比依次为1/1、1/10、1/100、1/1000、1/10000，可将0~200V范围内的被测直流电压衰减到200mV以下，再利用基本量程进行测量。

（2）I/U 转换器　将直流电流 I_x 变换成直流电压最简单的方法是让该电流流过标准电阻 R_S，根据欧姆定律，R_S 两端电压 $U_{Rx}=R_SI_x$，从而完成了 I/U 线性转换。将 U_{Rx} 送入直流数字电压表，即可显示被测直流电流的大小。为了减小对被测电路的影响，电阻 R_S 的取值应尽可能小。对于多量程直流电流的测量，可利用选择开关将上述测量直流电流的方法进行扩展。直流电流共设四档：2mA、20mA、200mA 和 20A。通过电阻可将 0～20A 范围内的直流电流转化为 0～200mV 的电压，再利用基本量程进行测量。

（3）线性 AC/DC 变换器　数字万用表中的线性 AC/DC 变换器主要有平均值 AC/DC 和有效值 AC/DC。平均值 AC/DC 通常利用负反馈原理以克服检波二极管的非线性，来实现 AC/DC 转换。在实际的数字万用表的 AC/DC 变换器中，为了提高检波器输入阻抗，通常在其前面加一级同相放大器（源极跟随器、射极跟随器），输出端加接一级有源低通滤波器来滤除交流分量，获得平均值输出。多量程交流电压、电流的测量，只要在 AC/DC 变换器前面加分压电阻，就能扩展成多量程的交流电压表；只要在 AC/DC 变换器前面加分流电阻，就能扩展成多量程的交流电流表。

（4）*R/U* 转换器　实现 *R/U* 转换的方法有多种，可采用恒流法。数字万用表中的多量程测量电阻一般采用比例法。利用选择开关改变基准电阻的数值，就构成多量程数字欧姆表。六量程电阻档依次为 200Ω、2kΩ、20kΩ、200kΩ、2MΩ、20MΩ。

3.4.2　典型仪器——DT9205 型数字万用表

DT9205 型数字万用表是一种操作方便、读数精确、功能齐全、携带方便、采用 23cm 字高的 3 位半大屏幕液晶显示数字万用表，可用来测量直流电压/电流、交流电压/电流、电阻、电容、二极管正向压降、晶体管 h_{FE} 及电路通断等，具有自动校零、自动极性选择、低电池及超量程指示和自动定时关机功能，采用的是双积分式 A-D 转换器。

1. 面板图

如图 3-17 所示为 DT9205 型数字万用表面板图。图中①为电源开关。②为 LCD 显示器。③为功能和量程转换开关。④为电压、电阻和二极管测试插口。⑤为公共插口。⑥为 0.2A 电流测试插口。⑦为 20A 电流测试插口。⑧为电容测试插口。⑨为 h_{FE} 测试插座。

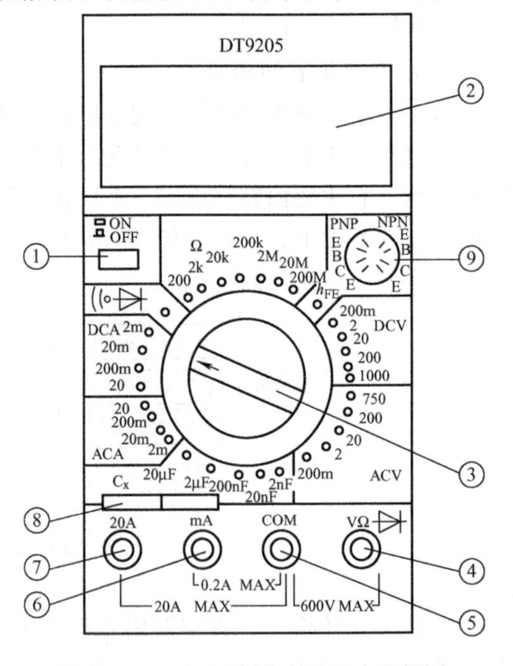

图 3-17　DT9205 型数字万用表面板图

2. 主要技术指标

（1）测试功能、量程及准确度　DT9205 型数字万用表的测试功能、量程及相应的准确度如表 3-4 所示。

（2）环境温度　环境温度为（23±5）°C。

（3）相对湿度　相对湿度 <75%。

（4）最大显示　最大显示为 1999（3 位半）。

（5）直流电压测量　输入阻抗为 10MΩ；200mV 量程的过载保护电压为 250V，其余量程的过载保护电压为 1000V 直流或交流峰值。

（6）交流电压测量　输入阻抗为 10MΩ；200V、750V 量程的频率范围为 40～100Hz，其他量程的频率范围为 40～400Hz；200mV 量程的过载保护电压为 250V，其余量程的过载保护电压为1000V直流或交流峰值。

（7）直流电流测量　过载保护为0.2A/250V熔丝（20A量程无熔丝）；最大输入电流为10A（输入电流为20A时最多可持续10s）；测量电压降满量程为200mV。

表3-4　DT9205型数字万用表的主要技术指标

测试功能	量　程	准确度±(%读数+字数)
直流电压	200mV、2V、20V、200V 1000V	±(0.5%读数+3) ±(0.8%读数+3)
交流电压	200mV 2V、20V、200V 750V	±(1.2%读数+3) ±(0.8%读数+3) ±(1.2%读数+3)
直流电流	2mA、20mA 200mA 20A	±(0.8%读数+2) ±(1.2%读数+2) ±(2%读数+5)
交流电流	2mA、20mA 200mA 20A	±(1%读数+3) ±(1.8%读数+3) ±(3%读数+7)
电阻	200Ω 2kΩ、20kΩ、200kΩ、2MΩ 20MΩ 200MΩ	±(0.8%读数+3) ±(0.8%读数+2) ±(1%读数+5) ±(5%×(读数-1)+10)
电容	200pF、2nF、20nF、200nF、2μF、20μF	±(3%读数+3)
晶体管h_{FE}	NPN、PNP型h_{FE}参数，显示范围为0~1000，I_b=10μA，V_{ce}=2.8V	
二极管和连续导通测试	显示二极管正向导通压降值，导通电阻小于30Ω时机内蜂鸣器响	

（8）交流电流测量　过载保护为0.2A/250V熔丝（20A量程无熔丝）；最大输入电流为10A（20A输入时最多可持续10s）；测量电压降满量程为200mV，频率范围为40～400Hz；显示为平均值（正弦波有效值）。

（9）电阻测量　过载保护电压为250V直流或交流峰值；开路电压为<1V（200MΩ档为2.8V）。

（10）电容测量　过载保护电压为100V直流或交流峰值；测试频率约400Hz；测定电压约40mV。

（11）二极管测量　过载保护电压为250V直流或交流峰值。

3. 使用方法及注意事项

1）使用前认真阅读使用说明书，熟悉面板上各开关、按键、插孔、旋钮等功能及操作方法。

2）DMM在开始测量时会出现跳数现象，应等显示值稳定后再读数，否则会有误差。

3）使用时要防止出现操作上的失误（例如误用电流档去测量电压），以免打坏仪表。在测量前，必须仔细核对量程开关，检查无误后才能实际测量。

4）不允许在高温度（>40℃）或低温度（<0℃）、强光、高湿度（相对湿度>80%）等恶劣条件下使用和存放数字万用表，以免损坏液晶显示器和其他部件。

5）测量交流电压时，应当用黑表笔（COM 端）去接触被测电压的接近 0 电位端（仪表公共接地点或机壳），以消除仪表对地分布电容的影响，减少误差。

6）严禁在被测电路带电情况下测量电阻，决不允许测量电源的内阻，会烧坏仪表。

7）严禁在测量高压（220V 以上）或大电流（0.5A 以上）时拨动量程开关，防止触点产生电弧，烧坏开关触点。

8）在用电阻档检测二极管、检查线路通/断时，红表笔接“V/Ω”插孔，带正电；黑表笔接“COM”插孔，带负电，这与指针式万用表正好相反，因此如果利用数字万用表测量带有极性的元件，如晶体管、电解电容等，要特别注意表笔的极性。

9）将电源开关拨至“ON”位置，液晶若不显示任何数字，应检查电池是否失效；若显示低电压符号，应及时更换新电池。

10）为了延长电池的使用寿命，每次使用完仪表应将开关拨到“OFF”位置。长期不使用时应将电池取出，防止因电池漏液腐蚀电路板。

实操训练 2　数字万用表和晶体管毫伏表的使用

1. 实训目的

1）学会正确使用万用表、毫伏表的技能。

2）了解交流电压测量的基本原理，分析几种典型电压波形对不同检波特性电压表的响应，以及它们之间的换算关系。

3）利用误差分析方法计算各种误差，并对测量数据做正确处理。

2. 实训设备与仪器

1）DA-16 型晶体管毫伏表（均值检波）1 台。

2）函数信号发生器，指标：0.2Hz~2MHz，数量 1 台。

3）数字万用表 1 台。

4）双踪示波器，指标：20MHz，数量 1 台。

3. 实训内容及步骤

（1）仪器调整准备　通电前将 DA-16 型晶体管毫伏表机械调零，通电后，置于 1V/0dB 档位，进行电调零。函数信号发生器选择 1kHz 的信号。将函数信号发生器的输出端用信号连接线与 DA-16 型晶体管毫伏表的输入端相接。

（2）正弦交流电压测量　函数信号发生器选择正弦波输出，调节函数信号发生器的幅度输出，使 DA-16 型晶体管毫伏表的指示为 0.7V。以毫伏表作为基准表，然后使用万用表、示波器分别测量出相应的正弦波，将测量数据记录在表 3-5 中，并计算各种电压值和误差。

（3）三角波电压的测量　函数信号发生器选择三角波输出，调节函数信号发生器的幅度输出，使 DA-16 型晶体管毫伏表的指示为 0.7V。以毫伏表作为基准表，然后使用万用表、示波器分别测量出相应的三角波，将测量数据记录在表 3-5 中，并计算各种电压值和误差。

（4）方波电压的测量 函数信号发生器选择方波输出，调节函数信号发生器的幅度输出，使DA-16型晶体管毫伏表的指示为0.7V。以毫伏表作为基准表，然后使用万用表、示波器分别测量出相应的方波，将测量数据记录在表3-5中，并计算各种电压值和误差。

表3-5 电压测量记录表

测量仪器	项 目	正 弦 波	三 角 波	方 波
毫伏表测量数据	读数值 U_a			
	平均值 $\overline{U}$			
	有效值 U			
	峰值 U_P			
数字万用表测量数据	读数值 U_a			
	绝对误差 ΔU			
	示值相对误差 γ_x(%)			
示波器测量数据	峰-峰值 $U_{p\text{-}p}$			
	有效值 U			

（5）波形误差的分析 按照上述操作方法，调节函数信号发生器的输出幅度，使示波器的峰-峰值读数为2V，观测毫伏表的读数与波形的关系，测量结果填入表3-6中，并求出电压测量的波形误差。

表3-6 波形误差分析表

输入波形	正 弦 波	三 角 波	方 波
示波器读数 $U_{p\text{-}p}$	2V	2V	2V
DA-16型晶体管毫伏表读数			
有效值 U			
波形误差			

4. 实训报告要求

1）整理实训数据，填写表格。

2）实训过程中为了仪器的安全，DA-16型晶体管毫伏表量程应怎样选择？应该尽量使读数处于什么区域？

归纳总结3

本章介绍了电压测量技术及电压测量仪器，主要内容有：

（1）电压测量是电测量与非电测量的基础，电压测量有一系列的要求。电子电压表一般按测量结果的显示方式分为模拟电压表和数字电压表，按被测对象可以分为直流电压测量和交流电压测量，按测量的技术手段可以分为模拟电压测量和数字电压测量。不同的测量方法，采用不同的测量仪器。

（2）模拟电压表按不同方式的分类：低频交流电压表（采用放大-检波式）分为均值电

压表（也称晶体管毫伏表）、有效值电压表。高频交流电压表（采用检波-放大式）介绍了峰值电压表（也称超高频毫伏表）。另外，介绍了模拟电压表的使用方法及注意事项。

（3）交流电压的参数及表征方法。交流电压可以用峰值、平均值、有效值、波形系数以及波峰系数来表征。相应有三种交流电压表，它们都是以正弦波的有效值来标定刻度读数的，只有有效值电压表测量的是真有效值。波形误差的分析注意不同波形的换算。

（4）数字电压表的主要技术指标，包括显示位数、量程、分辨率、测量误差。比较型数字电压表测量速度快但准确度不高；积分型数字电压表测量速度慢，但抗干扰能力强。

（5）数字电压表（DVM）是利用模拟-数字（A-D）转换原理，将被测电压模拟量转换为数字量，并将测量结果以数字形式显示出来的一种电子测量仪器。A-D 转换器是 DVM 的核心，通常以 A-D 的组成原理来分类。DVM 的准确度和分辨率主要决定于 A-D 的位数。

（6）数字万用表（DMM）以测量直流电压的直流数字电压表为基础，并通过交流/直流电压（AC/DC）变换器、直流电流/直流电压（I/V）转换器、电阻/直流电压（R/V）转换器，把交流电压、电流和电阻转换成直流电压。使用数字万用表时一定要选择好功能和量程。

练习巩固 3

3.1 简述模拟电压表按组成结构的分类。

3.2 写出图 3-18 所示电压波形的平均值、正峰值、负峰值、峰-峰值、有效值。

3.3 用正弦有效值刻度的均值电压表测量正弦波、方波和三角波，读数都为 1V，三种信号波形的有效值为多少？

3.4 在示波器上分别观察到峰值相等的正弦波、方波和三角波，$U_P=5V$，分别用都是正弦有效值刻度的、三种不同的检波方式的电压表测量，试求读数分别为多少？

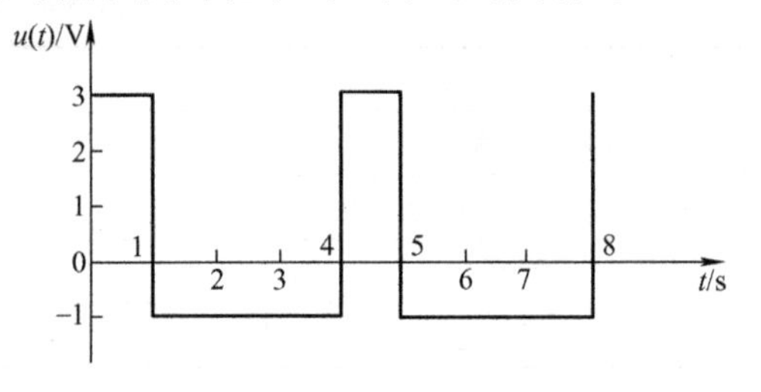

图 3-18 题 3.2 图

3.5 欲测量失真的正弦波，若手头无有效值电压表，只有峰值电压表和均值电压表可选用，问选哪种表更合适？为什么？

3.6 数字电压表的技术指标主要有哪些？它们是如何定义的？

3.7 甲、乙两台 DVM，甲的显示器显示的最大值为 9999，乙为 19999，问：

（1）它们各是几位的 DVM？是否有超量程能力？

（2）若乙的最小量程为 200mV，其分辨率为多少？

（3）若乙的固有误差为 $\Delta U=\pm(0.05\% U_x+0.02\% U_m)$，用 2V 档测量 $U_x=1.56V$ 电压时，读数误差、满度误差和固有误差各是多少？满度误差相当于几个字？

3.8 判断题

（1）数字万用表和模拟万用表的红、黑表笔接的电池极性是一样的。（ ）

（2）最大显示数字为 1999 的数字万用表是 4 位表。（ ）

（3）晶体管毫伏表一般采用检波-放大式电路结构。（ ）

（4）用均值电压表测量三角波的示值为 1V，说明三角波的有效值为 1V。（ ）

（5）数字万用表在测量交流电压时，其读数为被测交流电压的最大值。（　　）

（6）在电子测量中，正弦波交流电的平均值为零。（　　）

（7）模拟电压表的核心是 AC/DC 变换器。（　　）

（8）数字万用表的红表笔应插在“COM”公共插口。（　　）

3.9　选择题

（1）数字电压表的核心是______。

A. AC/DC 变换器　　B. A-D 转换器　　C. I/V 转换器

（2）双积分式 A-D 转换器为______。

A. 正向定时积分，反向定值积分　　B. 正向定值积分，反向定时积分

C. 正、反向都为定时积分　　D. 正、反向都为定值积分

（3）4 位数字电压表在 1V 量程时的分辨率为______。

A. 0.1V　　B. 0.01V　　C. 0.001V　　D. 0.0001V

（4）放大-检波式电压表的频带宽度______。

A. 很宽　　B. 较窄　　C. 易扩展　　D. 可达上百兆赫

（5）交流电压的波峰因数 K_P 定义为______。

A. 峰值/平均值　　B. 有效值/平均值　　C. 峰值/有效值　　D. 平均值/峰值

（6）超高频毫伏表一般采用______式电路结构。

A. 检波-放大式　　B. 放大-检波式　　C. 外差式

3.10　已知正弦波、三角波、方波的电压有效值均为 1V，试分别计算正弦波、三角波和方波的平均值和峰值各是多少？用均值电压表测量时，电压表的读数应分别指示在什么刻度上？

3.11　用 5 位 DVM 在 10V 量程上测得电压为 8.5V，已知 10V 量程的固有误差计算公式为 $\pm(0.006\% U_x + 0.005\% U_m)$，试求 DVM 的读数误差、满度误差和固有误差各是多少？满度误差相当于几个字？

第 4 章　频率和时间的测量与仪器

任务引领：用电子计数器测量函数信号发生器的频率准确度

由于数字电路的飞速发展和数字集成电路的普及，电子计数器的应用十分普遍，利用电子计数器测量频率具有准确度高、使用方便、测量迅速以及便于实现测量的自动化等突出优点，已成为现代频率测量的重要手段。在实际应用当中，经常会对信号进行频率的测量，最简单的方法就是用电子计数器进行测量。那么，你会用电子计数器对函数信号发生器进行频率准确度的测量吗？本章就来给大家介绍能对频率和时间进行测量的仪器——电子计数器。

主要内容：

1）电子计数器的分类、基本组成、主要技术指标。

2）通用电子计数器、测量频率、周期、频率比、累加计数、自检（自校）。

3）通用电子计数器的校准、测试及误差分析。

学习目标：

了解电子计数器的基本组成和主要技术性能，掌握通用电子计数器的工作原理，掌握电子计数器测量频率、周期、频率比、时间和自校准的工作原理并能画出相应的原理框图。能正确使用电子计数器测量信号的频率、周期等基本参数。

4.1　电子计数器的组成及工作原理

电子计数器是利用数字电路技术数出给定时间内所通过的脉冲数并显示计数结果的数字化仪器。电子计数器是其他数字化仪器的基础，在它的输入通道接入各种模-数转换器，再利用相应的换能器便可制成各种数字化仪器。电子计数器的优点是测量准确度高、量程宽、功能多、操作简单、测量速度快、直接显示数字，而且易于实现测量过程自动化，在工业生产和科学实验中得到了广泛的应用。

4.1.1　电子计数器的组成

1. 电子计数器的分类

（1）按功能分类　电子计数器按功能可分为以下几大类：

①通用计数器，可测量频率、频率比、周期、时间间隔、累加计数等，其测量功能可扩展。

②频率计数器，其功能只限于测频和计数，但测频范围往往很宽。

③时间计数器，以时间测量为基础，可测量周期、脉冲参数等，其测量分辨率和准确度很高。

④特种计数器，是指具有特殊功能的计数器，包括可逆计数器、序列计数器、预置计数

器等，一般用于工业测控方面。

（2）按用途分类　电子计数器按用途可分为测量用计数器和控制用计数器两大类。

（3）按测频范围分类　电子计数器按测频范围可分为以下几大类：

①低速计数器：测量频率低于10MHz。

②中速计数器：测量频率为10～100MHz。

③高速计数器：测量频率高于100MHz。

④微波计数器：测量频率为1～80GHz。

2. 通用电子计数器的组成

（1）组成框图　图4-1所示为通用电子计数器的组成框图，主要由输入通道、计数显示电路、标准时间产生电路和逻辑控制电路组成。

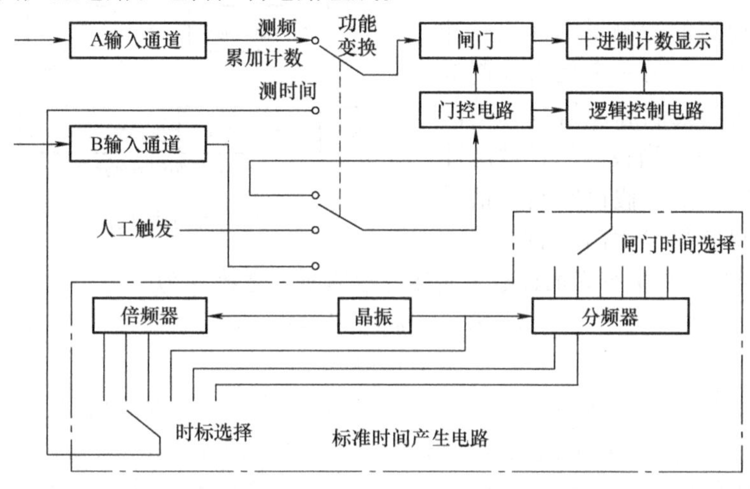

图4-1　电子计数器的基本组成框图

（2）各部分作用

1）输入通道。输入通道即输入电路，用于接收被测信号并对其进行放大整形，然后送入闸门（即主门）。输入通道通常包括A、B两个独立的单元电路。

A通道是计数脉冲信号的通道。它对输入信号进行放大整形、变换，输出计数脉冲信号。计数脉冲信号经过闸门进入十进制计数器。

B通道是闸门时间信号的通道，用于控制闸门的开启和关闭。输入信号经整形后用来触发门控电路（双稳态触发器）使其状态翻转，以一个脉冲上升沿开启闸门，而以脉冲下降沿关闭闸门，脉冲的时间为闸门时间。在此期间，十进制计数器对经过A通道的计数脉冲进行计数。

2）计数显示电路。计数显示电路是一个十进制计数显示电路，用于对通过闸门的计数脉冲进行计数，并以十进制方式显示计数结果。

3）标准时间产生电路。标准时间信号由石英晶体振荡器提供，作为电子计数器的内部时间基准。测量周期时，标准时间信号经过放大整形和倍频（或分频），用作测量周期或时间的计数脉冲，称为时标信号；测量频率时，标准时间信号经过放大整形和分频，用作控制门控电路的时基信号，其经过门控电路形成门控信号。

4）逻辑控制电路。逻辑控制电路产生各种控制信号，用于控制电子计数器各单元电路的协调工作。

4.1.2 电子计数器的工作原理

1. 原理框图

电子计数器采用的是电子计数测频法，尽管电子计数器种类很多，但其基本工作原理相同，即通过在标准时间内对被测信号进行计数，并将计数结果显示出来。可用图4-2所示的框图来说明。

2. 工作原理

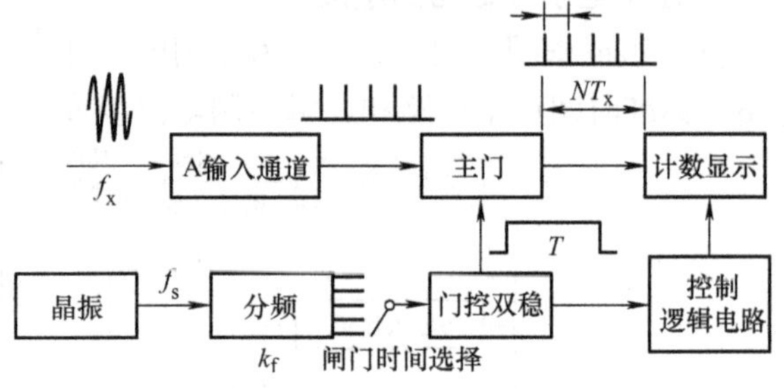

图4-2 电子计数器的原理框图

图4-2中，主门的两个输入端，一个是送入A输入通道的待测量的计数脉冲信号，其周期为T_x；另一个是由控制双稳送入的开门时间控制脉冲信号（闸门信号），其宽度为T。当被测的计数脉冲信号送入“主门”后，假设在闸门信号的整个宽度期间控制“主门”打开，计数器对输入的脉冲信号进行累加计数，显然计数器所计之数N为

$$N = T/T_x = k_f T_s/T_x = f_x k_f/f_s \tag{4-1}$$

$$f_x = N/(k_f T_s) \tag{4-2}$$

式中，T为闸门时间；f_x为被测信号频率；f_s为晶振频率；T_s为晶振周期；k_f为分频系数。

此计数结果经计数显示电路以数字形式显示出来，即为频率比，若使$k_f T_s$为10的整数次幂，则直接可显示出频率。从式（4-1）和式（4-2）不难看出，从“主门”的两个输入端加入不同的脉冲信号和闸门信号，就可以实现对频率、周期、频率比等多种参数的测量。

另外，对A、B通道做某些选择，电子计数器可具有以下三种基本功能。

（1）频率测量　被测信号从A通道输入，若T为1s，则读数N即为以赫兹为单位的频率f_A。由晶体振荡器输出的标准频率信号经时基电路适当分频后形成闸门时间信号而确定T的值。

（2）周期或时间间隔测量　被测信号由B信道输入，控制闸门电路，而A通路的输入信号是由时基电路提供的时钟脉冲信号。计数器计入之数为闸门开放时间，亦即被测信号的周期或时间间隔。

（3）累加计数　由人工触发开放闸门，计数器对A通道信号进行累加计数。

在这些功能的基础上再增加某些辅助电路或装置，计数器还可完成多周期平均、时间间隔平均、频率比值和频率扩展等功能。

4.1.3 电子计数器的主要技术指标

电子计数器的性能指标主要包括频率、周期、时间间隔测量范围、输入特性（灵敏度、输入阻抗和波形）、精度、分辨度和误差（计数误差、时基误差和触发误差）等。

（1）测试功能　仪器所具备的测试功能，如测量频率、测量周期等。

（2）测量范围　仪器的有效测量范围，如测频时的频率上限和下限，测周期时的周期最大值和最小值。测量范围为几兆赫兹至几十吉赫兹。

（3）输入特性

1）输入耦合方式有 AC 和 DC 两种方式：AC 耦合指的是选择输入端交流成分加到电子计数器；DC 耦合即直接耦合，输入端信号直接加到电子计数器上。

2）触发电平及其可调范围：B、C 通道用于控制门控电路的工作状态，只有被测信号达到一定的触发电平时，门控电路的状态才能翻转，闸门才能适时地开启、关闭，从而测出时间间隔等参量。因此，触发电平必须连续可调，要具备一定的可调范围。

3）输入灵敏度：指在仪器正常工作时输入的最小电压。

4）最高输入电压：即允许输入的最大电压，超过该电压仪器将不能正常工作，甚至损坏。

5）输入阻抗：包括输入电阻和输入电容。

（4）测量准确度　常用测量误差来表示。准确度：可达 10^{-9} 以上。测频时，主要由量化误差决定；测周期时，主要由量化误差和触发误差决定。

（5）晶振频率及稳定度　晶体振荡器是电子计数器的内部基准，一般要求高于所要求测量准确度一个数量级（10 倍）。输出频率为 1MHz、2.5MHz、5MHz、10MHz 等，普通晶振稳定度为 10^{-5}，恒温晶振可达 $10^{-7} \sim 10^{-9}$。

（6）闸门时间和时标　它由标准时间电路产生的信号决定，可提供的闸门时间和时标信号有多种。闸门时间（测频）有 1ms、10ms、100ms、1s、10s 等；时标（测周期）有 10ns、100ns、1ms、10ms 等。

（7）显示及工作方式

1）显示位数：可以显示的数字位数。

2）显示时间：两次测量之间显示结果的时间，一般可调。

3）显示器件：显示测量结果或测量状态的器件，如数码管、发光管、液晶显示器等。

4）显示方式：包括记忆显示和非记忆显示两种方式。记忆显示只显示最终结果，不显示正在计数的过程，实际显示的数字是刚结束的一次测量结果，显示的数字保留至下一次计数过程结束时再刷新。非记忆显示方式时，还可显示正在计数的过程。

（8）输出　仪器可输出的时标信号种类、输出数码的编码方式及输出电平。

测量准确度和频率上限是电子计数器的两个重要指标，电子计数器的发展体现了这两个指标的不断提高及功能的扩展和完善。

4.2　电子计数器的主要测量功能

电子计数器的主要测量功能有测量频率、测量周期、测量频率比、累加计数、测量时间间隔、自校准。

4.2.1　频率测量

1. 测量频率原理框图

电子计数器测量频率的原理框图如图 4-3 所示。

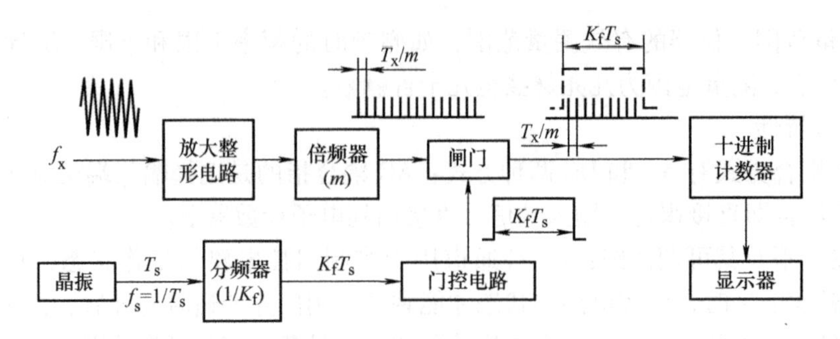

图 4-3 电子计数器测频原理框图

2. 测量频率原理

被测信号经过放大整形，经过 m 次倍频，形成重复频率为 mf_x 的计数脉冲，作为闸门的输入信号；门控电路输出的门控信号控制着闸门的启闭。闸门开启时间等于分频器输出信号周期 K_fT_s。只有当闸门开启时，计数脉冲才能通过闸门送入十进制计数器，设计数结果为 N，则存在如下关系：

$$N\frac{T_x}{m}=\frac{N}{mf_x}=K_fT_s$$

$$f_x=\frac{N}{mK_fT_s} \tag{4-3}$$

$$N=mK_fT_sf_x \tag{4-4}$$

式中，N 为闸门开启期间十进制计数器计出的计数脉冲个数；f_x 为被测信号频率，其倒数为周期 T_x；T_s 为晶振信号周期；m 为倍频次数；K_f 为分频次数，调节 K_f 的旋钮称为“闸门时间选择”（或“时基选择”）开关，K_f 与 T_s 的乘积等于闸门时间。

为了使 N 值能够直接表示 f_x，一般取 $mK_fT_s=1\text{ms}$、10ms、0.1s、1s、10s 等几种闸门时间。即当闸门时间为 1×10^ns（n 为整数），并且使闸门开启时间的改变与计数器显示屏上小数点位置的移动同步进行时，无须对计数结果进行换算，就可直接读出测量结果。

4.2.2 周期测量

1. 测量周期原理框图

频率的倒数就是周期，电子计数器测量周期的原理与测频原理相似，其原理框图如图 4-4 所示。

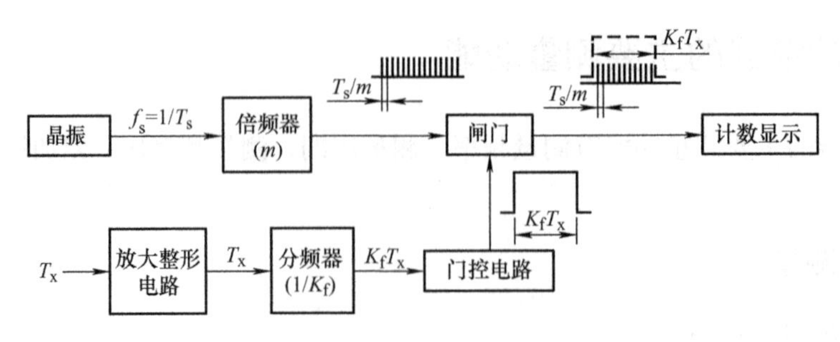

图 4-4 电子计数器测周期原理框图

2. 测量周期原理

被测信号经放大整形、分频后控制门控电路，计数脉冲是晶振信号经倍频后的时间标准信号（即时标信号）。存在如下关系：

$$K_fT_x = N\frac{T_s}{m} = N\frac{1}{mf_s}$$

$$T_x = N\frac{1}{mK_ff_s} = \frac{NT_s}{mK_f}$$

$$N = mK_fT_x/T_s \tag{4-5}$$

式中，T_x 与 K_f 的乘积等于闸门时间；K_f 为分频器分频次数，调节 K_f 的旋钮称为“周期倍乘选择”开关，通常选用 1×10^n，即为多周期测量法；T_s 为晶振信号周期；f_s 为晶振信号频率。T_s/m 通常选用 1ms、1μs、0.1μs、10ns 等，改变 T_s/m 大小的旋钮称为“时标选择”开关。T_s/m 的改变与计数器显示屏上小数点位置的移动同步进行时，无须对计数结果进行换算，就可直接读出测量结果。

4.2.3 频率比测量

1. 测量频率比原理框图

电子计数器测量频率比的原理框图如图 4-5 所示。

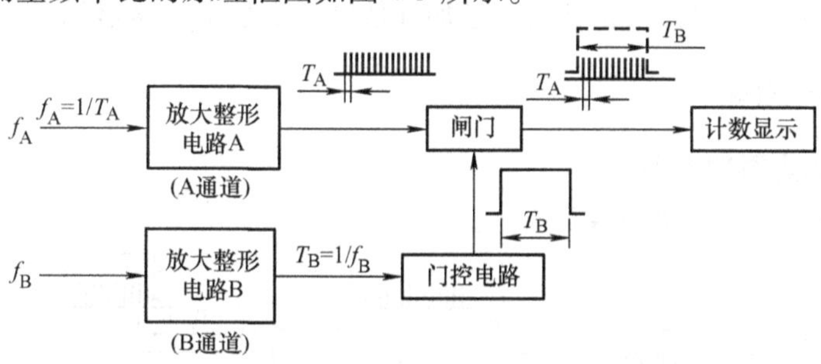

图 4-5　电子计数器测量频率比原理框图

2. 测量频率比原理

测量两个信号的频率比与测量频率的原理基本相同，不过此时有两个输入信号加到电子计数器输入端。若 $f_A>f_B$，就将频率为 f_B 的信号经 B 通道输入，去控制闸门的启闭，闸门开启时间等于 $T_B(=1/f_B)$；而把频率为 f_A 的信号从 A 通道输入，设十进制计数器计数值为 N，则存在关系：

$$T_B = NT_A$$

$$N = T_B/T_A = f_A/f_B \tag{4-6}$$

为了提高测量准确度，可以采用类似多周期测量的方法，在 B 通道增加分频器，对 f_B 进行 K_f 次分频，使闸门开启时间扩展 K_f 倍，则有

$$K_fT_B = NT_A$$

$$f_A/f_B = T_B/T_A = N/K_f$$

当对 f_A 进行 m 次倍频，用 mf_A 作为时标信号时，存在如下关系：

$$K_f T_B = N T_A / m$$

$$f_A / f_B = N / (m K_f) \tag{4-7}$$

4.2.4 累加计数

1. 累加计数原理框图

累加计数是指在限定时间内，对输入计数脉冲进行累加。其测量原理与测量频率相似，不过此时门控电路由人为控制，其电路原理框图如图 4-6 所示。

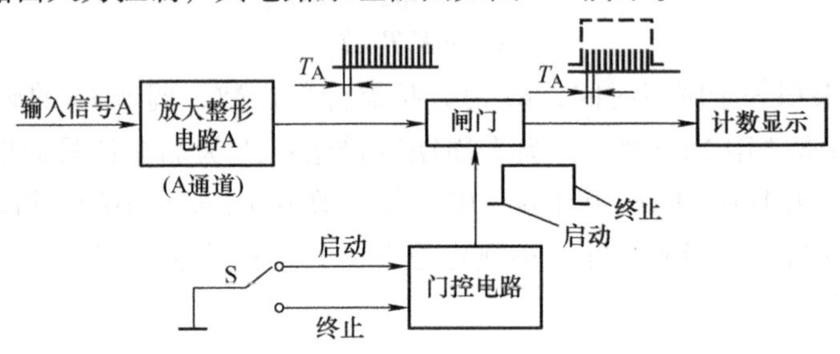

图 4-6 电子计数器累加计数原理框图

2. 累加计数原理

当开关 S 打在“启动”位置时，闸门开启，计数脉冲进入计数器计数；当开关 S 打在“终止”位置时，闸门关闭，终止计数，累加计数结果由显示电路显示。

4.2.5 时间间隔测量

1. 时间间隔测量原理框图

时间间隔测量原理框图如图 4-7 所示。

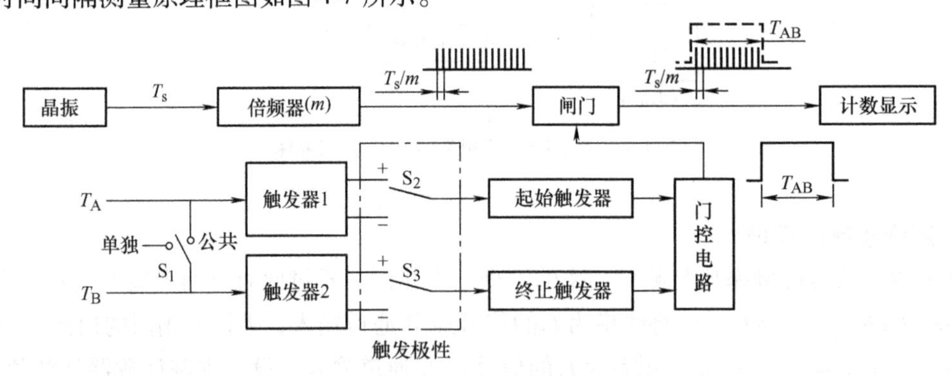

图 4-7 时间间隔测量原理框图

2. 时间间隔测量原理

测量时间间隔与测量周期的原理相似，不同的是控制闸门启闭的是两个（或单个）输入信号在不同点产生的触发脉冲。触发脉冲的产生由触发器的触发电平与触发极性选择开关决定。

4.2.6 自校准

1. 自校准原理框图

电子计数器的自检（即自校准）功能，就是对其内部时间基准信号进行测量，用以检查仪器自身的逻辑功能以及电路的工作是否正常，其原理框图如图 4-8 所示。

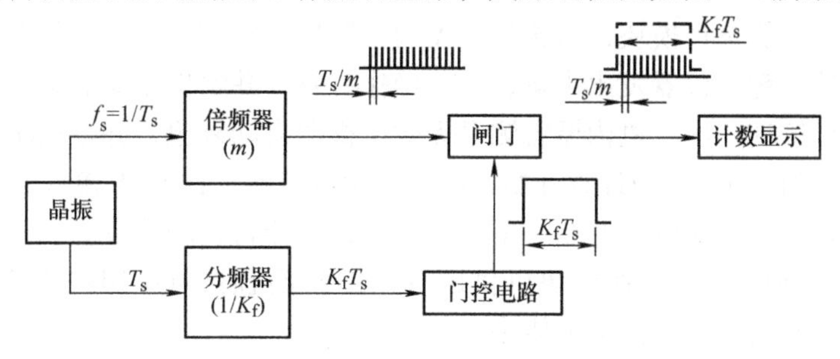

图 4-8　电子计数器自校准原理框图

2. 自校准原理

自检过程与测量频率的原理相似，不同的是自检时的计数脉冲不再是被测信号而是晶振信号经倍频后产生的时标信号。显然，只要满足如下关系：

$$NT_s/m = K_fT_s$$

$$N = mK_f \text{或} N = mK_f \pm 1 \tag{4-8}$$

则说明电子计数器及其电路等工作正常，之所以出现 ±1 是因为计数器中存在量化误差的原因。

4.3　典型仪器——SG3310 型多功能计数器

SG3310 型多功能计数器机箱体积小巧，色彩淡雅，美观大方。1GHz 通道放大器和晶振板都用锡焊固定于小屏幕盒内，以实现屏蔽及保温要求。

4.3.1　面板认识

SG3310 型多功能计数器面板图如图 4-9 所示。

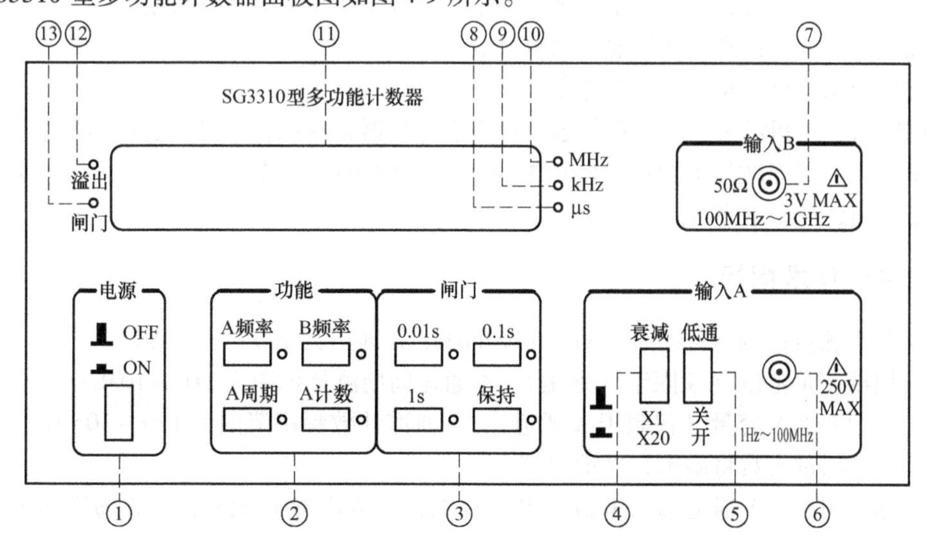

图 4-9　SG3310 型多功能计数器的面板图

①电源开关：按下按钮打开电源，仪器进入工作状态，再按一下则关闭整机电源。

②功能选择：功能选择模块，可选择“A 频率”“B 频率”“A 周期”“A 计数”测量方式，按一下所选功能键，仪器发出声响，认可操作有效，并给出相应的指示灯，以示选择的测量功能。所选键按动一次，机内原有测量无效，机器自动复原，并根据所选功能进行新的控制。“A 计数”键按动一次为计数开始，闸门指示灯点亮，此时 A 输入通道所输入的信号个数将被累计并显示至下次测量开始。下次测量时，仪器将自动清零。

③闸门时间：闸门时间选择模块可供四种闸门时间预选（0.01s、0.1s、1s 或保持）。闸门时间的选择不同将得到不同的分辨率。

“保持”键的操作：按动一下保持指示灯亮，仪器进入休眠状态，显示窗口保持当前显示的结果，功能选择键、闸门选择键均操作无效（仪器不给予响应）。重新按动一次“保持”键，保持指示灯灭，仪器进入正常工作状态（注：“A 计数”功能操作时，仪器置保持状态下，此时虽显示状态不变，但机内计数器仍然在进行正常累计。当“保持”键释放后，机器将立即把累计的实际值显示出来）。

④衰减：A 通道输入信号衰减开关，当按下时输入灵敏度被降低为原来的 1/20。

⑤低通滤波器：此键按下，输入信号经低通滤波器后进入测量（被测量信号频率大于 100kHz，将被衰减）。此键使用可提高低频测量的准确性和稳定性，提高抗干扰性能。

⑥A 通道输入端：标准 BNC 插座，被测信号频率为 1Hz ~ 100MHz，接入此通道进行测量。当输入信号幅度大于 3V 时，应按下衰减开关 ATT，降低输入信号幅度能提高测量值的准确度。

当信号频率 < 100kHz，应按下低通滤波器进行测量，可防止叠加在输入信号上的高频信号干扰低频主信号的测量，以提高测量值的准确度。

⑦B 通道输入端：标准 BNC 插座，被测信号频率大于 100MHz，接入此通道进行测量。

⑧“μs”显示灯：周期测量时自动点亮。

⑨“kHz”显示灯：频率测量时被测频率小于 1MHz 时自动点亮。

⑩“MHz”显示灯：频率测量时被测频率大于或等于 1MHz 时自动点亮。

⑪数据显示窗口：测量结果通过此窗口显示。

⑫溢出指示：显示超出八位时灯亮。

⑬闸门指示：指示机器的工作状态，灯亮表示机器正在测量，灯灭表示测量结束，等待下次测量（注：灯亮时显示窗口显示的数据为前次测量的结果，灯灭后，新的测量数据处理后将被立即送往显示窗口进行显示）。

4.3.2 主要技术指标

（1）频率测量范围　A 通道为 1Hz ~ 100MHz；B 通道为 100 ~ 1000MHz。

（2）周期测量范围（仅限于 A 通道）　A 通道周期测量范围为 1Hz ~ 10MHz。

（3）计数频率及容量（仅限于 A 通道）　A 通道计数频率范围为 1Hz ~ 10MHz；计数容量为 10^8-1，超过次数将溢出，显示“1”。

（4）输入阻抗　A 通道输入电阻为 $R_i \approx 1M\Omega$；输入电容 $C_i \leqslant 35pF$。B 通道输入电阻为 $R_i = 50\Omega$。

（5）输入灵敏度　在环境温度为 (25 ± 5)℃ 的测试条件下，A 通道工作频率在 1 ~

10Hz 时，输入灵敏度优于 50mV$_{rms}$；工作频率在 10Hz ~ 100MHz 时，输入灵敏度优于 30mV$_{rms}$；B 通道工作频率在 100 ~ 1000MHz 时，输入灵敏度优于 20mV$_{rms}$；环境温度在 0 ~ 40℃变化时，输入灵敏度指标不低于 10mV$_{rms}$。

（6）闸门时间预选　闸门时间可在 0.01s、0.1s、1s 中任选。

（7）输入衰减（仅限于 A 通道）　可在 ×1 或 ×20 两档中进行选择。

（8）输入低通滤波器（仅限于 A 通道）　截止频率为 100kHz，衰减为 3dB。

（9）最大安全电压　A 通道在输入衰减置于 ×20 档时直流和交流之和不大于 250V；B 通道为 3V。

（10）准确度　准确度 = | ±时基准确度 | ± | ±触发误差 × 被测频率（或被测周期）| ± | ±LSD |，其中，LSD = 100ns × 被测频率（或被测周期）/闸门时间。

（11）时基　标称频率为 12MHz，频率稳定度为 5×10^{-6}/d（天）。

（12）时基输出　输出标称频率为 12MHz，输出幅度在空载时，输出"0"电平在 0 ~ 0.8V 范围内，输出"1"电平在 3 ~ 5V 范围内。

（13）显示　数据显示为八位 0.4in(= 1.016cm) 发光数码管，并带有十进制小数点显示；闸门灯、溢出灯、MHz、kHz、μs 测量单位为发光二极管指示；功能选择、闸门选择、保持均有指示灯显示。

（14）工作条件　使用环境温度范围为 0 ~ 40℃；工作电源电压为交流电压幅度 220(1 ± 10%)V，频率为 50(1 ± 2%)Hz。

4.3.3　操作方法及注意事项

1. 频率测量

①根据所需测量信号的频率高低大致范围选择"A 频率"或"B 频率"进行测量。

②输入信号频率为 1Hz ~ 100MHz 时接至 A 输入通道口，按一下"A 频率"功能键。输入信号频率大于 100MHz 时接至 B 输入通道口，按一下"B 频率"功能键。

③"A 频率"测量时，根据输入信号的幅度大小决定衰减按键置 ×1 或 ×20 位置；输入幅度大于 3V 时，衰减开关应置 ×20 位置。

④"A 频率"测量时，根据输入信号的频率高低决定，低通滤波器按键置"开"或"关"位置。输入频率低于 100kHz，低通滤波器应置"开"位置。

⑤根据所需的分辨率选择适当的闸门预选时间（0.01s、0.1s 或 1s），闸门预选时间越长，分辨率越高。

2. 周期测量

①功能选择模块置"A 周期"位置，输入信号接入 A 输入通道口。

②根据输入信号频率高低和输入信号幅度大小，决定低通滤波器和衰减器所处的位置。

③根据所需的分辨率，选择适当的闸门预选时间（0.01s、0.1s 或 1s）。闸门预选时间越长，分辨率越高。

3. 累加计数

①功能选择模块置"A 计数"位置，输入信号接入 A 输入通道口，此时闸门指示灯亮，表示计数控制门已打开，计数开始。

②根据输入信号频率高低和输入信号幅度大小，决定低通滤波器和衰减器所处的位置。

③再按一次“A 计数”键则计数控制门关闭，计数停止。

④当计数值超过 10^8-1 后，则溢出指示灯亮，表示计数器已计满，显示已溢出，而显示的数值为计数器的累计尾数。

4. 仪器校正

本仪器使用一段时间后，为保证本仪器的测量的准确性和小信号的正常测量，应对其时基振荡器的频率和 A 通道的触发电平进行一次校正。

（1）维修设备要求

①石英晶振频率 f_0 为 10MHz，稳定度为 $\pm1\times10^{-8}$。

②正弦波发生器频率范围为 1kHz ~ 1GHz。

（2）时基频率校正

①环境温度要求在 22 ~ 25℃之间。

②预热时间大于 30min。

③将石英晶振的输出频率输入至 A 通道输入口。

④闸门预选时间置 1s，功能置“A 频率”位置进行测量。

⑤观察测量结果，读数应为 10.000000MHz ± 1Hz，如有偏差，应调整仪器下盖接近后面板处的孔内微调器件，以保证读数为 10.000000MHz ± 1Hz。

（3）触发电平校正

①置于正弦波信号发生器，使之输出频率为 10MHz，输出幅度为 $20\mathrm{mV}_{\mathrm{rms}}$。

②将信号接至 A 通道输入口。

③闸门预选时间置于 1s，功能选择置于“A 频率”位置进行测量。

④观察测量结果，应为一个稳定读数。如果读数不稳，则应打开仪器上盖，微调 A 通道输入板上的电位器，以达到读数稳定。

5. 维修注意事项

修理该仪器时，必须断开电源，切勿带电操作，否则会引起器件和电路损坏及影响人身安全。

实操训练 3　电子计数器测量信号源的频率和周期

1. 实训目的

1）熟悉电子计数器的面板各开关、按钮的作用。

2）掌握电子计数器的基本使用方法，会熟练使用电子计数器进行频率和时间的测量。

2. 实训设备与仪器

1）电子计数器 1 台。

2）函数信号发生器 1 台。

3）高频信号发生器 1 台。

4）双踪示波器 1 台。

3. 实训内容及步骤

用信号源作为待测信号，用示波器监视各信号的波形大小以及周期、频率，用电子计数器完成以下的测试任务。

（1）自校　打开电源开关，选择电子计数器的自校功能，按下“CHECK”键对电子计数器进行自检。改变闸门时间，观察计数器的显示值，检查整个计数器以及显示器功能是否正常。

（2）对函数信号发生器输出的信号进行频率测量　选择电子计数器的测频功能，功能键选择 AFREQ10MHz 频段，用信号源作为待测信号，将函数信号发生器的输出接至电子计数器的 A 输入端口。选择正弦波输出，调节输出信号频率为 1kHz，注意调节衰减器的大小，使计数器可靠触发。适当选择电子计数器的闸门时间，使显示器有效位数尽量多。电子计数器闸门时间选择 1s，不断调节输出频率，观察电子计数器显示屏所显示的数值；改变闸门时间，观察小数点的移动。改变输入信号频率，将计数器读数记录下来。

（3）测量信号的周期　选择电子计数器的测周期功能，用信号源作为待测信号，注意调节衰减器的大小，使计数器可靠触发。适当选择电子计数器的周期倍乘率，使显示器有效位数尽量多。改变输入信号频率，将计数器读数记录下来。

电子计数器功能键选择 APERI，不断调节函数信号发生器的输出频率，观察电子计数器显示屏所显示的数值；改变闸门时间，观察小数点的移动。

（4）累加计数测量　选择电子计数器的累加计数功能，利用任一信号源作为计数信号，观察计数功能。改变信号源频率，观察计数的速度变化。

按下电子计数器功能键 ATOT，开始计数，释放按键则停止计数。

（5）测量函数信号发生器的频率准确度　按上述测频方法将函数信号发生器的输出分别调至 1kHz、10kHz、100kHz、1MHz、10MHz，用电子计数器测量其读数，并以电子计数器为准计算各点的频率准确度，其中，$\alpha = (f_x - f_0)/f_0 = \Delta f/f_0$。将测量结果填在表 4-1 中。

表 4-1　函数信号发生器的频率准确度测量

函数信号发生器示值	电子计数器读数	频率准确度
1kHz		
10kHz		
100kHz		
1MHz		
10MHz		

4. 实训报告要求

1）整理实训数据，填写表格。

2）在实训中，为提高频率测量的准确度，应如何选择闸门时间？

归纳总结 4

本章介绍了电子计数器，主要内容有：

（1）电子计数器的组成、分类、工作原理和主要技术指标。通用电子计数器主要由输入通道、计数显示电路、标准时间产生电路和逻辑控制电路组成。

（2）电子计数器的主要测量功能有频率测量、周期测量、频率比测量、累加计数、时间间隔测量、自校准，介绍了其测量功能的测量原理框图及原理。

（3）典型仪器 SG3310 型多功能计数器的面板、主要技术指标、使用方法及注意事项。

练习巩固 4

4.1 目前常用的测频方法有哪些？各有何特点？

4.2 通用电子计数器主要由哪几部分组成？画出其组成框图。

4.3 测频误差主要由哪两部分组成？什么叫量化误差？使用电子计数器时，怎样减小量化误差？

4.4 测量周期误差由哪几部分组成？什么叫触发误差？测量周期时，如何减小触发误差的影响？

4.5 使用电子计数器测量频率时，如何选择闸门时间？

第5章　示波器测量技术与仪器应用

任务引领：用示波器对放大器进行参数的测量

示波器是直接把测量的信号波形显示在荧光屏上的电子测量仪器。放大器是把输入的小信号进行放大后，输出在一定频率范围的不失真的大信号，再送到后面电路或驱动扬声器发出声音。调幅收音机的功率放大器就是把通过解调、检波后的音频信号进行进一步放大，驱动扬声器发出声音。那么，如何用示波器对放大器的放大能力进行测量呢？我们可以在放大器的输入端加上不同频率的小信号，用示波器观察放大器输出端的信号波形，根据显示的不同频率的波形，读取显示波形的电压大小和频率大小，再将输出电压与输入电压进行比较，就得到在不同频率时放大器的放大倍数，从而也可以绘出放大器的幅频特性曲线。那么，如何正确使用示波器，怎样根据显示的波形测出信号的电压、频率等参数呢？本章就来为大家介绍信号示波测试技术及如何正确使用示波器。

主要内容：

1）波形测试的基本原理、阴极射线示波管、波形显示原理。

2）通用示波器的基本组成及技术指标。

3）示波器的多波形显示、双踪显示原理、双踪示波器的基本组成。

4）用示波器测量电压、时间、相位差、频率、调幅系数。

5）数字存储示波器的工作原理、工作方式、显示方式。

6）示波器的校准及主要性能指标的检验，波形参数的测量。

学习目标：

了解电子示波器的基本功能和分类，掌握波形测试的基本原理，掌握通用示波器的基本组成及技术指标，了解示波器的多波形显示，清楚示波器的选择和使用。掌握数字存储示波器的功能，熟练掌握正确使用示波器的方法。会使用双踪示波器对信号的幅值、频率、周期、相位及脉冲信号的上升时间进行测量。能正确使用数字存储示波器进行信号参数测量。

5.1　示波器测量原理

5.1.1　示波器测量技术

1. 示波器测量技术概述

示波器是时域分析的最典型仪器，也是当前电子测量领域中品种最多、数量最大、最常用的一种仪器，使用示波器可直观地看到电信号随时间变化的图形。更广泛地，只要能把两个有关系的变量转化为电参数，分别加至示波器的X、Y通道，就可以在其荧光屏上显示这两个变量之间的关系。

示波器利用阴极射线示波管（CRT）把人眼看不见的电信号转换成可见图像显示出来。在示波器屏幕上，X轴代表时间，Y轴代表电压，可以直接观测到被测信号瞬时电压随时间变化的规律。

示波器还是构成其他显示仪器的基础。例如，频率特性测试仪利用示波器显示幅频特性曲线；频谱分析仪利用示波器显示信号的频谱，可用于分析信号中的频率分量及各分量的幅度；在数据域测量中，逻辑分析仪采用示波器来显示多路信号的逻辑状态及各路信号之间的逻辑关系。

示波器除了用于直接测量被测信号的电压、频率、周期、时间、相位、调幅系数等参数外，还可间接观测电路的有关参数及元器件的伏安特性；利用传感器，示波器还可测量多种非电参量。因此示波器广泛应用于科学研究、工农业生产、医疗卫生、地质勘探、航空航天等许多领域。

2. 示波器的分类

随着数字电子技术的应用和发展，目前可将示波器简单地划分为模拟示波器和数字示波器两大类。

（1）模拟示波器　模拟示波器的种类、型号很多，根据其用途及特点，按其性能和结构，一般可分为通用示波器、多束示波器、取样示波器、记忆示波器及特种示波器等。

1）通用示波器是采用单束示波管的示波器，如单踪示波器、多踪示波器、高灵敏示波器、慢扫描示波器（超低频示波器）等。它们运用基本显示原理，可对电信号进行定性、定量测量。

2）多束示波器是采用多束示波管的示波器，屏幕上的每个波形均由独立的电子束产生，能同时观察和比较多个波形。

3）取样示波器通常采用取样技术把高频信号转换为低频信号，再运用通用示波器的基本原理观测信号。一般用于观测频率高、速度快的脉冲信号。

4）记忆示波器是具有记忆功能的示波器，以实现模拟信号的存储、记忆和反复显示。

5）特种示波器是指满足特殊用途或有特殊装置的示波器，如电视示波器、矢量示波器、晶体管特性图示仪及逻辑分析仪等。

（2）数字示波器　数字示波器将输入信号数字化后，经由数-模转换器再重建波形。它具有记忆、储存被观察信号的功能，可用来观测和比较单次过程和非周期现象、低频和慢速信号。数字示波器根据其结构可分为数字存储示波器、数字荧光示波器，此外，还有模拟数字混合示波器。

5.1.2　阴极射线示波管

示波管是示波器观察电信号波形的关键器件，通常采用具有静电偏转的阴极射线示波管（CRT）。示波管主要由电子枪、偏转系统和荧光屏三部分组成，其基本结构如图5-1所示。与电视机的显像管一样，示波管也是一种特殊的电子管。但显像管采用磁偏转方式，而示波管则采用静电偏转方式。其工作原理是：由电子枪产生的高速电子束轰击荧光屏产生荧光，在偏转系统的作用下使电子束产生偏转，从而改变荧光屏上光点的位置。

（1）电子枪　电子枪由灯丝F、阴极K、控制栅极G、第一阳极A_1、第二阳极A_2和后加速极A_3所组成，其作用是发射电子并形成很细的高速电子束，轰击荧光屏而发光。当电流经过灯丝时，灯丝对阴极加热，使阴极产生大量的电子，在后续电场的作用下向荧光屏方向发射电子。控制栅极 G 成圆筒状，包围着阴极，只在面向荧光屏的方向开一个小孔，用来控制射向荧光屏的电子流密度，从而改变荧光屏亮点的辉度。调节电位器 RP_1 可改变控制栅极和阴极之间的电位差，即可改变荧光屏亮点的辉度，因此电位器 RP_1 称为辉度电位器。

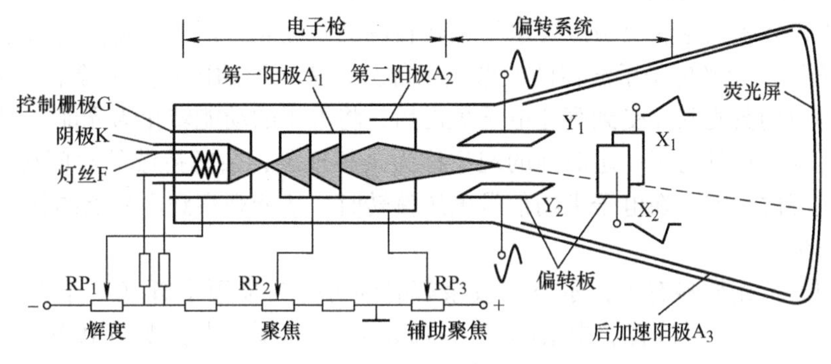

图 5-1　示波管的基本结构

第一阳极和第二阳极对电子束有加速作用，还同时和控制栅极构成对电子束的控制系统，起聚焦作用。调节 RP_2 可改变第一阳极的电位，调节 RP_3 可以改变第二阳极的电位。恰当调节 RP_2 和 RP_3，可将电子束在荧光屏上会聚成细小的点，保证显示波形清晰。因此把 RP_2 和 RP_3 分别称为聚焦电位器和辅助聚焦电位器。

后加速极 A_3 位于荧光屏与偏转板之间，其作用是：

1）对电子束作进一步加速，使其有足够能量轰击荧光屏，增加光迹亮度。

2）石墨涂在整个锥体上起到屏蔽作用。

3）电子束轰击荧光屏产生二次电子，处于高电位的 A_3 可吸收这些二次电子。

（2）偏转系统　从阴极发射出的电子，可在荧光屏中心产生一个静止的光点。若在电子束到达荧光屏前受到电场的作用，就会使电子束偏离中心轴线，即产生静电偏转。

示波管的偏转系统由两对相互垂直的平行金属板组成，包括垂直偏转板（Y_1、Y_2）和水平偏转板（X_1、X_2），垂直偏转板在前（靠近第二阳极）、水平偏转板在后。在这两对偏转板上分别加电压信号，形成互相垂直的静电场，分别控制电子束在垂直方向和水平方向的偏转。电子束在垂直偏转和水平偏转电场的共同作用下，产生偏转，射向荧光屏上的指定位置，并形成光点。如果在两对偏转板上各加一稳定的直流电压，光点会停留在荧光屏上的某一位置。如果都加交流电压，光点会随交流电压的变化而做上下左右的运动。

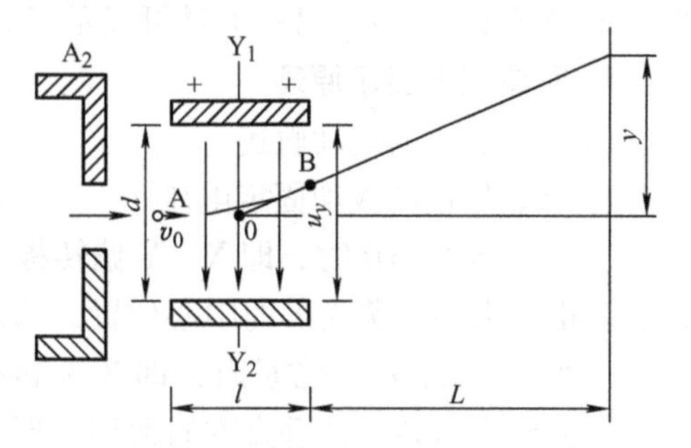

图 5-2　平行板偏转系统的工作原理

偏转系统的工作原理如图 5-2 所示，电子束在偏转电场作用下的运动规律可用图 5-2 进行分析。电子束在荧光屏上的垂直偏转距离为

$$y = S_y U_y \tag{5-1}$$

式中，S_y 为示波管的垂直偏转灵敏度（cm/V）；U_y 为加在两垂直偏转板上的电压（V）。S_y 表示加在垂直偏转板上的每伏电压所能引起的偏转距

离。对于确定的示波管，S_y 是常数，电子束在屏幕上的偏转距离与加到偏转板上的电压成正比，这是示波器观测电压波形的理论依据。通常，$D_y = 1/S_y$，D_y 称为示波管垂直偏转因数（V/cm），它表示光点在荧光屏垂直方向偏转 1cm 所需要加在垂直偏转板上的电压值（峰-峰值）。

水平偏转规律与垂直偏转规律相同。但由于垂直偏转板靠近电子枪，水平偏转板靠近荧光屏，故垂直偏转板的偏转灵敏度比水平偏转板的灵敏度高，便于观测微弱信号。

（3）荧光屏　荧光屏是示波器的波形显示部分，荧光屏的内管壁上涂有一层磷光物质，由磷光物质构成的荧光膜在受到高速电子轰击后，将电子的动能转化为光能，形成光点，并能持续一定时间，这种持续一定时间的现象称为余辉现象，余辉持续的时间称为余辉时间。正是利用荧光屏的余辉，在电子束随信号电压偏转时，才能观察到由光点的移动轨迹而形成的整个信号波形。

余辉时间与荧光材料有关，示波管按余辉时间可分为极短余辉（小于 10μs）示波管、短余辉（10μs ~ 1ms）示波管、中余辉（1 ~ 100ms）示波管、长余辉（100ms ~ 1s）示波管和极长余辉（大于 1s）示波管。观察高速信号时，一般使用短余辉示波管，如使用长余辉示波管反而会模糊不清。在医疗、生物及雷达方面，常使用长余辉示波管。一般通用的示波器上则采用中余辉示波管，长余辉示波管常被用于超低频示波器上。示波管发出的荧光和磷光的颜色大体相同，通常是绿色或蓝色。

当高速电子束轰击荧光屏时，其动能除转变为光外，也将产生热。若电子束长时间集中于屏幕同一点，将因过热而减弱磷光物质的发光效率，严重时能导致屏幕出现黑斑。所以在使用示波器时不应当使光点长时间停留于一个位置。

荧光屏中间平整部分称为有效面积。一般来说，矩形荧光屏较之圆形荧光屏平整，有效面积较大。使用示波器时，应尽量将波形呈现在有效面积内。

为了定量地进行电压大小和时间长短的测量，可以在荧光屏的外面加一块用有机玻璃制成的外刻度片，上面标有垂直和水平方向的刻度。近年来，又出现了将刻度标到荧光屏玻璃内侧的内刻度片，以消除波形与刻度片不在同一平面上造成的视觉误差。荧光屏显示窗的刻度一般为宽 10 个格、高 8 个格，每个格为 1cm，即 10div × 8div（1div = 1cm）。

5.1.3　波形显示原理

电子束在荧光屏上产生的亮点在屏幕上移动的轨迹就是加到偏转板上的电压信号的波形，根据这个原理，示波器显示波形基本上有两种类型：一类是可显示随时间变化的信号波形（时域波形显示），另一类是可显示任意两个变量 X 与 Y 的关系图形（X-Y 显示）。

1. 时域波形显示原理

（1）电子束的运动轨迹

1）X、Y 偏转板加固定电压。

①当 $U_x = U_y = 0$ 时，即 X、Y 偏转板都不外加电压，电子束在水平方向和垂直方向都不偏转，电子束打在荧光屏的中心位置，形成的光点如图 5-3a 所示。

②当 $U_x = 0$，U_y = 常量时，即 X 偏转板不外加电压，Y 偏转板外加一固定电压，电子束在水平方向不偏转、在垂直方向偏移，形成的光点如图 5-3b 所示。

③当 U_x = 常量，$U_y = 0$ 时，即 Y 偏转板不外加电压，X 偏转板外加一固定电压，电子

束在垂直方向不偏转、在水平方向偏移，形成的光点如图 5-3c 所示。

④当 U_x = 常量，U_y = 常量时，即 X、Y 偏转板都外加一固定电压，为两个电压的矢量合成，电子束在水平和垂直两个方向都偏移，形成的光点如图 5-3d 所示。

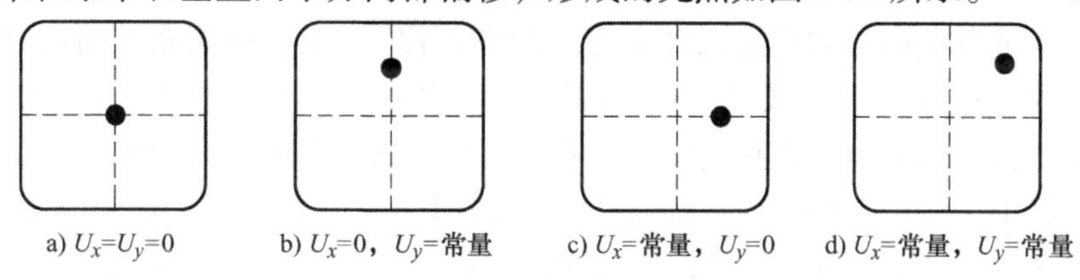

图 5-3　固定电压与光点偏移的关系

2）X、Y 偏转板分别加变化电压。

①当 $U_x=0$，$U_y=U_\mathrm{m}\sin\omega t$ 时，即 Y 偏转板加正弦波信号电压，X 偏转板不加电压，电子束在水平方向是不偏移的，只在垂直方向偏转，则荧光屏的光点在水平方向是不移动的，光点只在垂直方向上来回移动，形成一条垂直光迹，如图 5-4a 所示。

②当 $U_x=kt$，$U_y=0$ 时，即 X 偏转板加锯齿波信号电压，Y 偏转板不加电压，电子束在垂直方向是不偏移的，只在水平方向偏转，则荧光屏的光点在垂直方向是不移动的，光点只在荧光屏的水平方向上来回移动，形成一条水平光迹，如图 5-4b 所示。

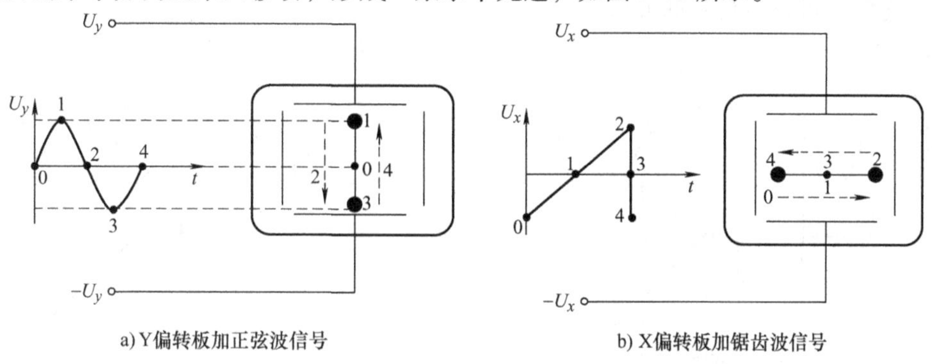

图 5-4　水平和垂直偏转板上分别加变化电压的光迹

3）X、Y 偏转板同时加变化电压。当 Y 偏转板加正弦波信号电压 $U_y=U_\mathrm{m}\sin\omega t$，X 偏转板加锯齿波信号电压 $U_x=kt$ 时，假设两个信号的周期相同，即 $T_x=T_y$，则电子束在两个电压的同时作用下，在水平方向和垂直方向同时产生偏移，荧光屏上将显示出被测信号随时间变化的一个周期的波形曲线，如图 5-5 所示。

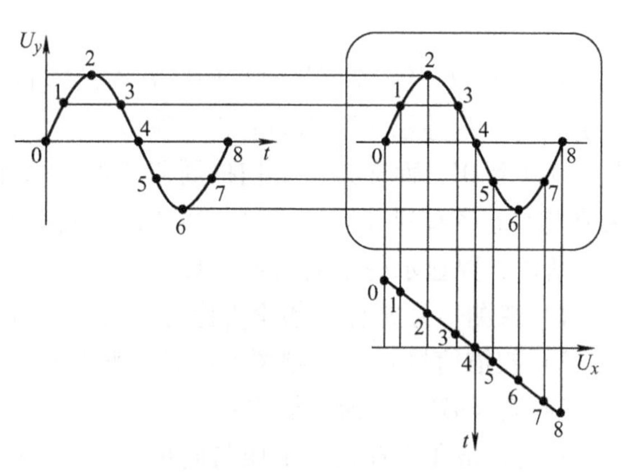

图 5-5　水平和垂直偏转板上同时加变化电压时光点的轨迹图

由于 X、Y 偏转板上加的是周期性信号，第二个周期、第三个周期等都将重复第一个周期的情形，电子束在荧光屏上形成的光迹也将和第一个周期的光迹一样，因此，荧光屏上显示的是被测信号随时间变化的稳定的波形。

（2）扫描的概念　光点在锯齿波作用下扫动的过程称为扫描。能实现扫描的锯齿波电压叫作扫描电压。当扫描电压达到最大值时，亮点即达到最大偏转，然后从该点返回到起始点。光点自荧光屏自左向右的连续扫动称为“扫描正程”，光点自荧光屏的右端迅速返回起始点的过程称为“扫描逆程”或“扫描回程”。理想情况下“扫描逆程”时间为0。

在水平偏转板有扫描电压作用的同时，在垂直偏转板上加被测信号电压，就可以将其波形显示在荧光屏上，如图5-6所示。被测电压U_y的周期为T_y，如果扫描电压的周期T_x正好等于T_y，则在U_y与U_x的共同作用下，亮点的光迹正好是一条与U_y相同的曲线。亮点从0点经1、2、3点至4点的移动为扫描正程，从4点迅速回到0点的移动为扫描回程。扫描回程的光迹为连接4点和0点的直线。为了使显示的波形清晰，需将回程光迹隐去。

由于扫描电压U_x随时间作线性变化，所以荧光屏的水平轴就成为时间轴。亮点在水平方向偏转的距离大小代表时间的长短，故称扫描线为时间基线。

（3）同步的概念　同步是指荧光屏上显示稳定的波形，即每个扫描周期显示曲线形状相同，并有同一个起始点。图5-6所示为$T_x = T_y$，若$T_x = 2T_y$，则在荧光屏上显示如图5-7所示的波形。由于波形多次重复出现，而且重叠在一起，因此同样可观察到一个稳定的波形。所以，当$T_x = nT_y$（n为正整数）时，T_x是T_y的正整数倍，称扫描电压与被测电压同步，在荧光屏上可显示稳定的波形。

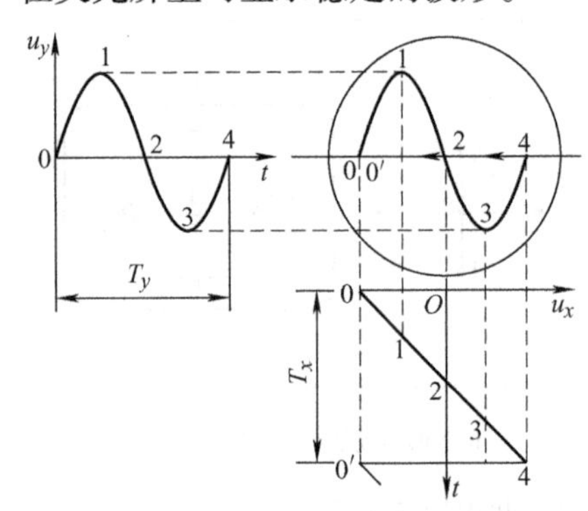

图5-6　被测信号的波形显示原理

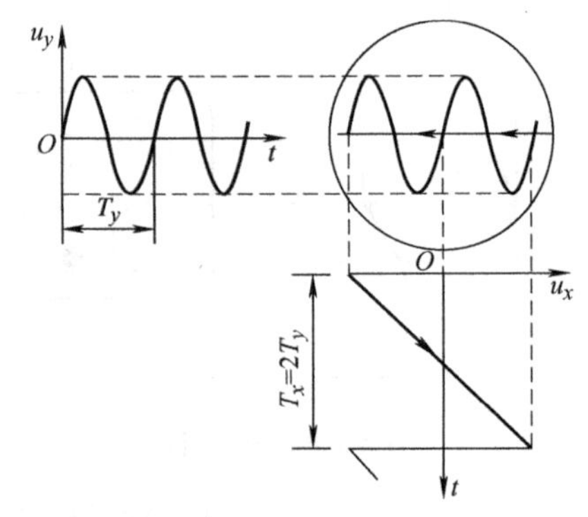

图5-7　$T_x = 2T_y$时的波形显示

若$T_x \neq nT_y$（n为正整数）时，T_x不是T_y的正整数倍，如T_x略大于T_y，于是在一个扫描周期T_x时间内显示一个周期的正弦波多一点，如图5-8所示。到第二个扫描周期T_x时，起始点从0跳到0′，而在第三个扫描周期T_x时，起始点从0′又跳到0，但是为负半周……如此，在荧光屏上将看到波形快速向左移动，形成不了一个稳定的波形。

所以，要显示稳定的波形（即同步），必须满足如下的条件：

1）待测信号u_y应为频率f_y稳定的周期性信号。

2）扫描信号u_x应为频率f_x稳定的锯齿波信号。

3）$T_x = nT_y$（n为正整数）。

总之，电子束在被测电压与同步扫描电压的共同作用下，亮点在荧光屏上描绘的多次重复而且稳定的图形反映了被测信号随时间的变化过程。

（4）连续扫描和触发扫描

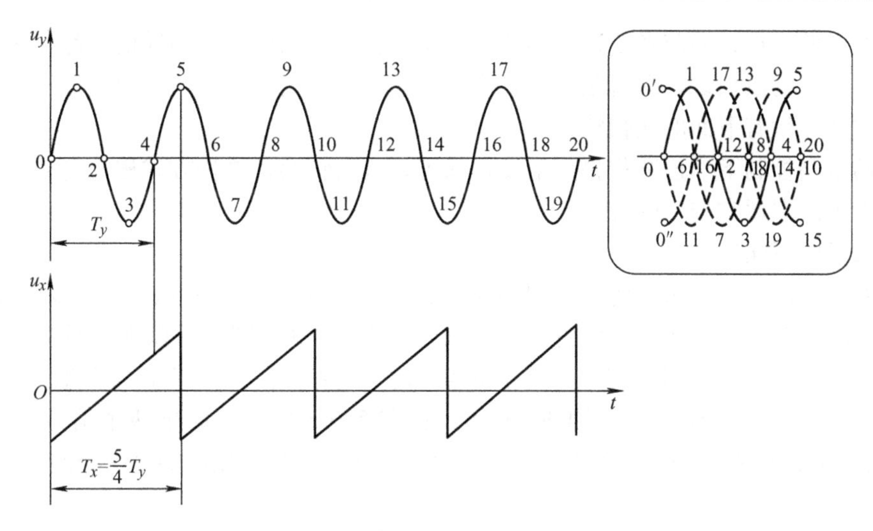

图 5-8　不同步时的波形显示

1）连续扫描：扫描正程紧跟着扫描逆程，扫描逆程结束又开始新的扫描正程，扫描是连续不间断的，这种扫描方式称为连续扫描。

2）触发扫描：示波器一般采用电平触发的方法获取被测信号的周期信息，从而实现扫描电压与被测信号的同步，这个过程称为触发同步，在这种状态下的扫描称为触发扫描。触发扫描是示波器优先选用的扫描方式。

连续扫描和触发扫描的比较如图 5-9 所示。图 5-9a 为被测信号，图 5-9b、c 都是连续扫描，由于扫描信号的周期不同，所以在荧光屏上显示的波形也不同。图 5-9c 和图 5-9d 虽然

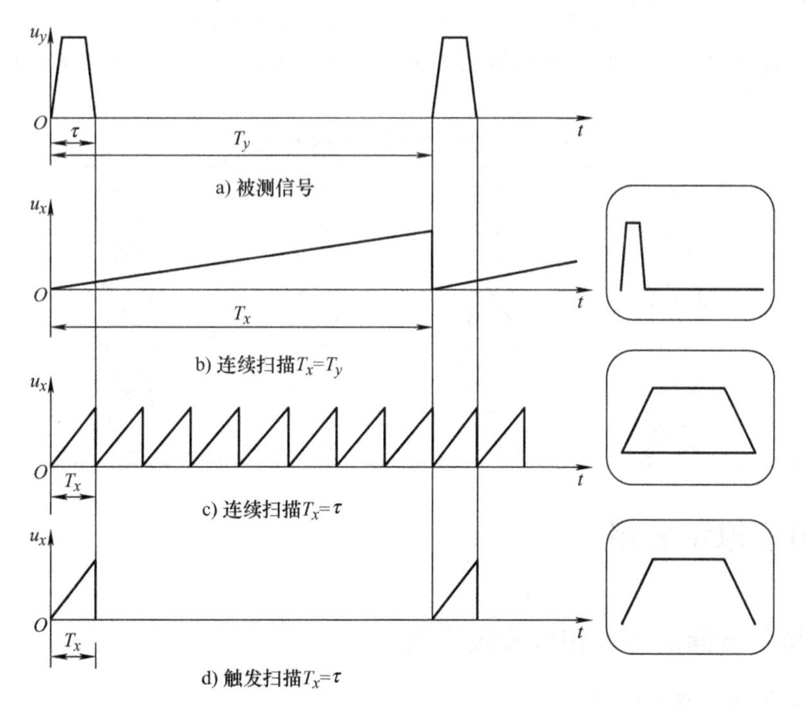

图 5-9　连续扫描和触发扫描的比较

扫描信号的周期一样，但前者是连续扫描，不管有没有被测信号，扫描信号都存在，因此显示的波形有下面的横扫线；后者是触发扫描，只有在被测信号出现时，扫描信号才产生，因此，显示的波形没有下面的横扫线。

在自动电路控制下，连续扫描和触发扫描可以自动转换，这种方式称为自动扫描。自动扫描是操作示波器通常选用的方式。

2. X-Y 显示原理

X-Y 方式为显示任意两个变量之间的关系，如图 5-10 所示。示波器两个偏转板上都加正弦波电压时，显示的图形为李沙育（Lissajous）图形。这种图形可以观测两个信号在频率和相位上的关系。若两个同频信号的初相位相同时，则在荧光屏上显示一条直线，当两个信号幅度一样时，这条直线与水平轴成 45°角，如图 5-10a 所示；如果两个信号初相位相差 90°，则在荧光屏上显示一个正椭圆，当两个信号幅度一样时，显示的是一个圆，如图 5-10b 所示。

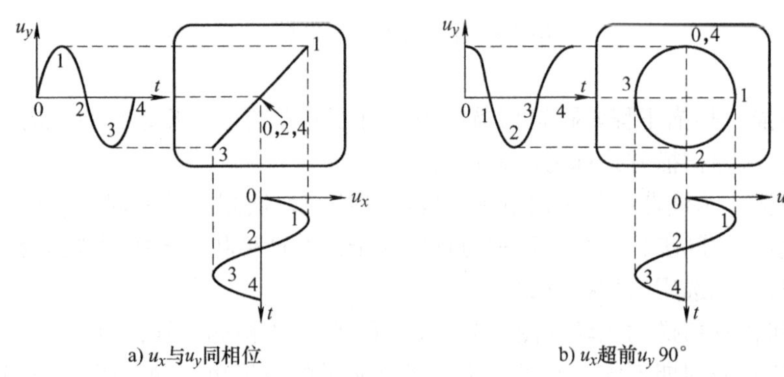

a) u_x与u_y同相位　　b) u_x超前u_y 90°

图 5-10　两个同频率信号构成的李沙育图形

利用李沙育图形可以知道两个信号的频率比和相位关系。李沙育图形表示的典型频率比和相位关系如表 5-1 所示。

表 5-1　典型的频率比和相位关系

φ/(°)	0	45	90	135	180
$\frac{f_y}{f_x}=1$					
$\frac{f_y}{f_x}=\frac{2}{1}$					
$\frac{f_y}{f_x}=\frac{3}{1}$					
$\frac{f_y}{f_x}=\frac{3}{2}$					

5.2　通用模拟示波器

5.2.1　模拟示波器的基本组成及技术指标

1. 模拟示波器的基本组成

通用模拟示波器的电路大致可分为 Y 通道（垂直系统）、X 通道（水平系统）及主机系统三大部分，其电路框图如图 5-11 所示。

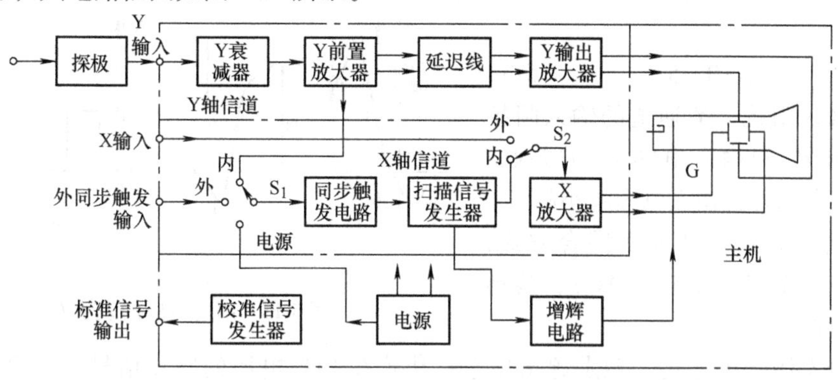

图 5-11　通用模拟示波器的电路框图

Y 通道又称为垂直通道，由 Y 衰减器、Y 前置放大器、延迟线及 Y 输出放大器组成。其主要作用是放大被测信号电压，使之达到适当幅度，以驱动电子束作垂直偏转。

X 通道又称为水平通道，也称为时基系统或扫描系统，主要由扫描信号发生器、同步触发电路、X 放大器组成。其主要作用是产生、放大一个随时间作连续性变化的锯齿波扫描电压，以驱动电子束进行水平扫描，并保证荧光屏上显示的波形稳定。

主机系统主要包括示波管、增辉电路、电源和校准信号发生器。增辉电路的作用是在扫描正程时使光迹加亮，在扫描逆程和扫描休止时使回扫线和休止线消隐，或在外加高频信号作用下，对显示波形进行亮度调制。电源电路将交流市电转换成多种高、低压电源，以满足示波管及其他电路的工作需要。校准信号发生器提供幅度、周期都很准确、稳定的方波信号，用于校准示波器的有关性能指标，以便对被测信号进行定量测试。

2. 示波器的主要技术指标

（1）扫描时间因数　扫描时间因数用来定量描述时间基线的线性刻度。表示荧光屏上的光点沿 X 轴方向移动单位长度所需的时间，单位是 t/div 或 t/cm，t 可取 μs、ms、s。

（2）触发性能　触发性能是指时基发生器触发所需的最小触发信号幅度，称为触发灵敏度，要求在此幅度下触发信号频率改变时能得到稳定的显示。

（3）垂直偏转因数　信号加至 Y 输入端，在无衰减的情况下，光点在荧光屏 Y 轴方向上偏转单位长度所需电压的峰-峰值，单位是 $V_{p\text{-}p}$/div 或 $V_{p\text{-}p}$/cm。

（4）频带宽度（频域响应）　频带宽度是指当示波器输入不同频率的等幅正弦信号时，屏幕上对应于基准频率的显示幅度随频率下跌 3dB 时的上限频率 f_H 与下限频率 f_L 之间的宽度，如图 5-12 所示。由于下限频率 f_L 一般接近于 0 频，因此频带宽度可表示为

$$B_Y = f_H - f_L \approx f_H \tag{5-2}$$

（5）瞬态响应（时域响应）　瞬态响应表示 Y 通道放大电路在匹配情况下对方波脉冲输入的瞬态响应，如图 5-13 所示。上升时间表示显示波形从稳定幅度的 10% 上升到 90% 所需的时间，它反映出示波器 Y 通道能否跟得上输入信号变化的性能。上升时间

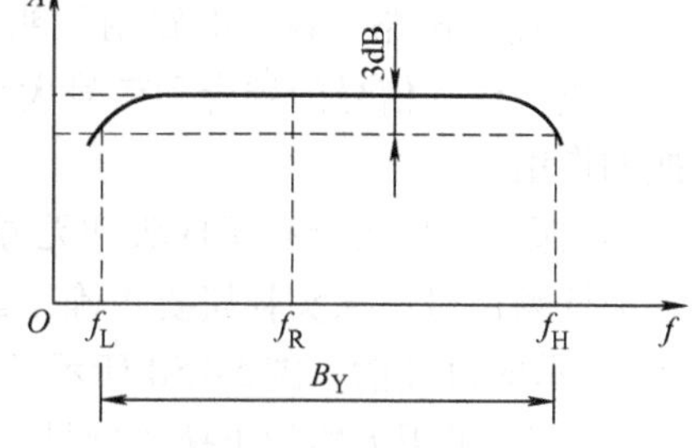

图 5-12　带宽的表示方法图

越短，示波器性能越好，可测信号的频率越高。示波器的f_H与其自身的上升时间t_r存在这样的关系：

$$f_H t_r \approx 0.35 \tag{5-3}$$

（6）输入阻抗　Y通道的输入阻抗指输入电阻R_{in}和输入电容C_{in}的并联。输入电阻越大越好，输入电容越小越好。

（7）输入方式　即输入耦合方式，一般有直流（DC）、交流（AC）、接地（GND）三种。

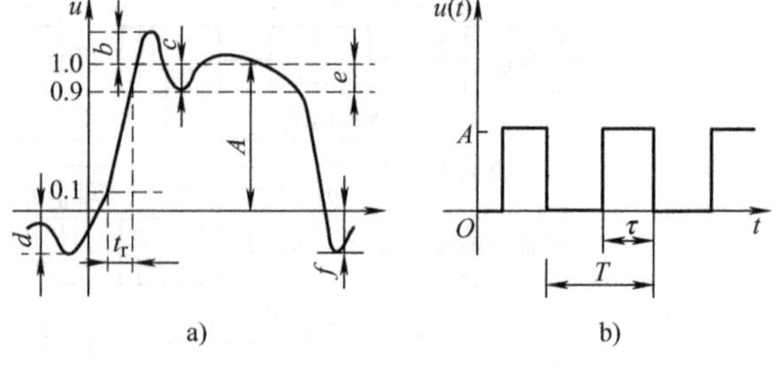

图5-13　瞬态响应的表示方法

（8）触发源选择方式　触发源指用于提供产生扫描电压的同步信号。一般有内触发、外触发和线触发。内触发是由机内垂直系统提供同步触发信号。外触发是由外部电路提供的信号来产生同步触发信号。线触发又称电源触发，是利用示波器内部工频电源来产生同步触发信号。

5.2.2　模拟示波器的垂直系统

1. 垂直系统的组成及作用

垂直系统又称垂直通路或Y通道，是被测信号的通道，垂直系统的基本组成如图5-14所示。

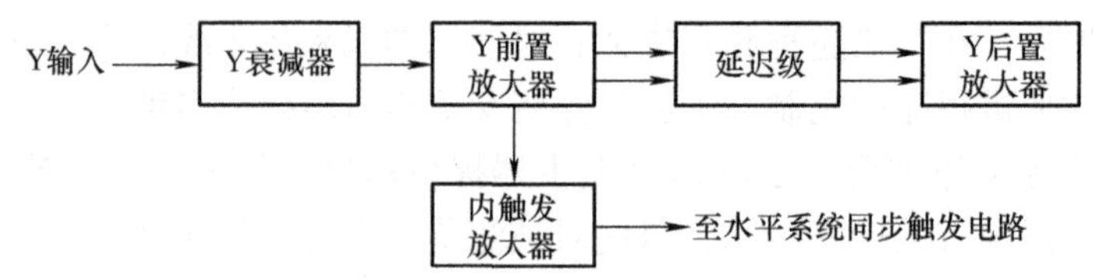

图5-14　垂直系统的基本组成

模拟示波器的垂直系统由输入电路、Y前置放大器、延迟级、Y后置放大器、内触发放大器组成。模拟示波器垂直系统的作用主要有：

1）把被测信号变换成大小合适的双极性对称信号后，加到Y偏转板上，使显示的波形适于观测。

2）向X通道提供内触发信号源。

3）补偿X通道的时间延迟，以观测到完整的波形。

2. 垂直系统各部分的功能

（1）输入电路　输入电路由探头、耦合方式变换开关、步进衰减器、阻抗变换器等组成。完成对输入信号的耦合和信号大小的粗调作用，并在输入信号与前置放大器之间起阻抗变换的作用。

1）探头。探头分有源探头和无源探头两种，有源探头用于探测高频信号，无源探头用于观测低频信号。探头补偿要正确，最佳补偿如图5-15b所示。探头如果补偿不佳，出现图5-15c所示的过补偿，图5-15d所示的欠补偿，则需要对标准探头进行调整，标准探头如图5-15a所示，可用无感的小螺钉旋具对探头上的可变电容进行调整，以达到最佳补偿。

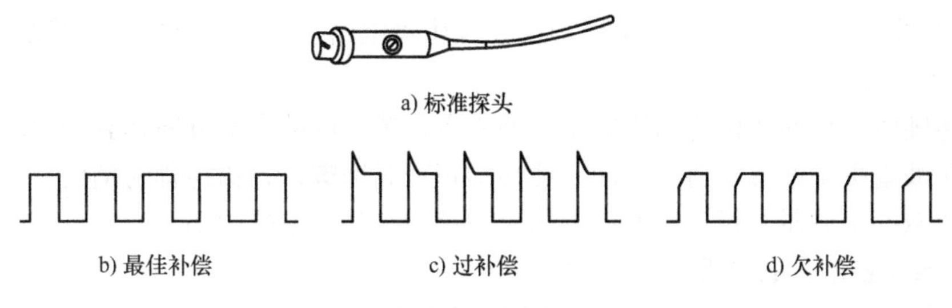

图 5-15　探头补偿

2）耦合方式变换开关。输入耦合方式有直流（DC）、交流（AC）和接地（GND）三种，如图 5-16 所示，测量信号时应根据需要选择不同的输入耦合方式。

3）步进衰减器。在图 5-16 中，当 $R_1C_1 = R_2C_2$ 时，衰减器的分压比为$\frac{u_o}{u_i}=\frac{Z_2}{Z_1+Z_2}=\frac{R_2}{R_1+R_2}$，改变分压比，即改变示波器的偏转灵敏度。改变分压比的开关即为示波器偏转因数（垂直灵敏度）粗调开关，在面板上常用 V/div 标记。

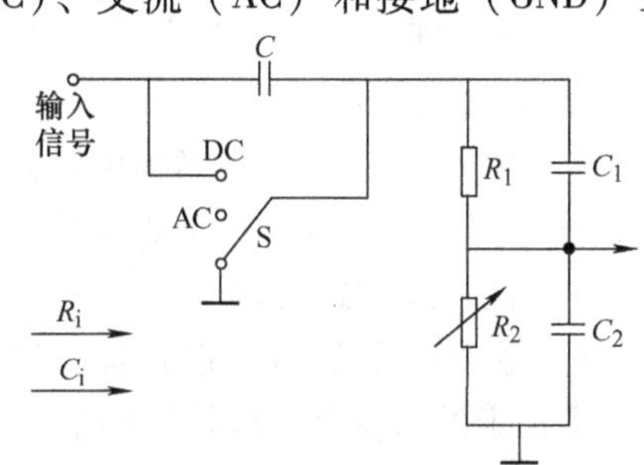

图 5-16　耦合电路和衰减器

4）阻抗变换器。用于阻抗变换，输入电路要求高阻抗。

（2）Y 前置放大器　Y 前置放大器将信号适当放大，并从中取出内触发信号，具有灵敏度调节、校正、Y 轴移位等控制作用。

（3）延迟级　延迟级也称延迟线，由垂直系统分离出的内触发信号到扫描发生器真正自动产生扫描电压，会有一定的时间，延迟级就是来补偿这个时间延迟的。

（4）Y 后置放大器　Y 后置放大器也称 Y 输出放大器，是 Y 通道的主放大器，它的功能是将延迟线传输来的被测信号放大到足够的幅度，用以驱动示波管的垂直偏转系统，使电子束获得 Y 方向的满偏转。

（5）内触发放大器　内触发信号用于启动水平扫描电路，从 Y 前置放大器取出，经内触发放大器放大，至水平系统触发整形电路。

5.2.3　模拟示波器的水平系统

1. 水平系统的组成及作用

水平系统又称水平通路或 X 通道，是扫描信号的通道，水平系统的基本组成如图 5-17 所示。

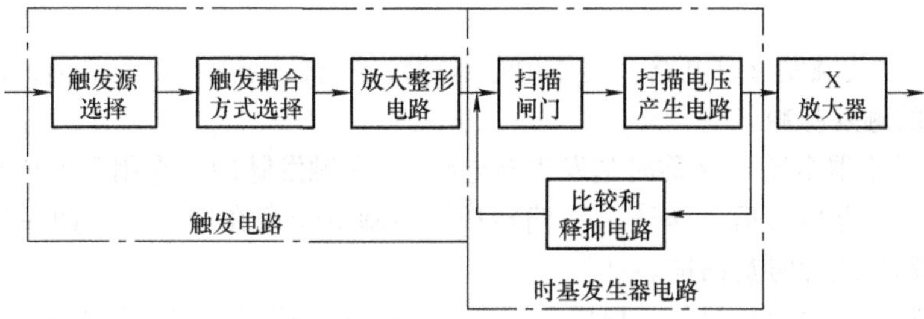

图 5-17　水平系统总框图

模拟示波器的水平系统由触发电路、扫描发生器电路、X 放大器组成。模拟示波器水平系统的作用主要有：

1）产生随时间线性变化的扫描电压，使光点在荧光屏的水平方向达到满偏转。

2）给示波管提供增辉、消隐脉冲，使扫描正程时增辉，扫描逆程时消隐。

3）提供双踪示波器交替显示的控制信号，控制交替显示的频率。

2. 水平系统各部分的作用

（1）触发电路　为扫描发生器提供符合要求的触发脉冲。

1）触发源选择：有内触发（INT）、外触发（EXT）、线（电源）触发（LINE）。

2）触发耦合方式：如图 5-18 所示，有“DC”直流耦合、“AC”交流耦合、“AC”（H）高频交流耦合。

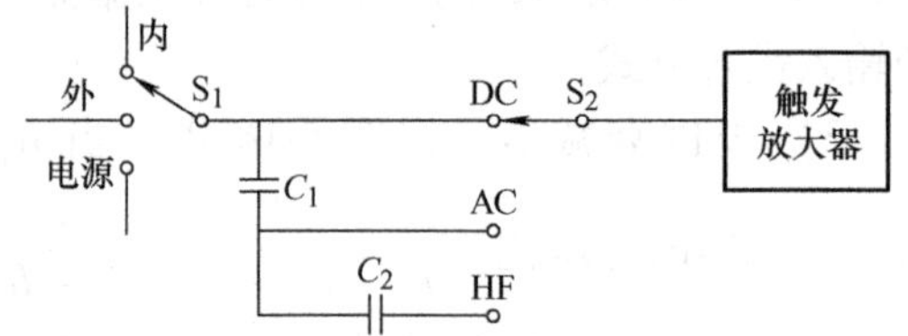

图 5-18　触发耦合方式

3）触发方式（TRIG MODE）选择：有常态触发方式（NORM）、自动触发方式（AUTO）、电视触发方式（TV）。

4）触发电平及斜率选择器：其作用是选择合适稳定的触发点，以控制扫描起始时刻。

触发电平（LEVEL）：触发点位于被测信号的电平位置。有正电平、负电平和零电平触发。

触发斜率（SLOPE）：触发点位于被测信号电平的上升趋势还是下降趋势。上升趋势为正极性触发，下降趋势为负极性触发。如图 5-19 所示，有零电平正极性触发、零电平负极性触发、正电平正极性触发、正电平负极性触发、负电平正极性触发、负电平负极性触发。

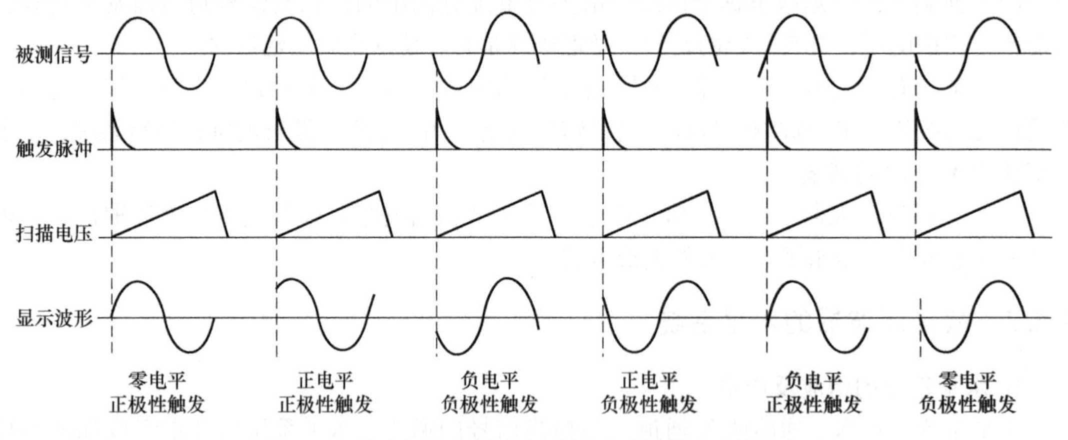

图 5-19　触发极性和触发电平不同对波形显示的影响

5）触发放大及触发形成电路：其作用是对前级输出信号进行放大整形，以产生稳定可靠、前沿陡峭的触发脉冲。

（2）扫描发生器电路（又称时基发生器电路）　在触发脉冲的作用下产生周期性锯齿波电压，经水平放大器放大后，送至水平偏转板，控制电子束在荧光屏上由左向右的水平扫描，这种扫描称为线性时基扫描。

扫描发生器电路由扫描闸门、扫描电压产生电路、比较和释抑电路组成，如图 5-20a 所示。扫描发生器电路的一般工作过程如图 5-20b 所示。

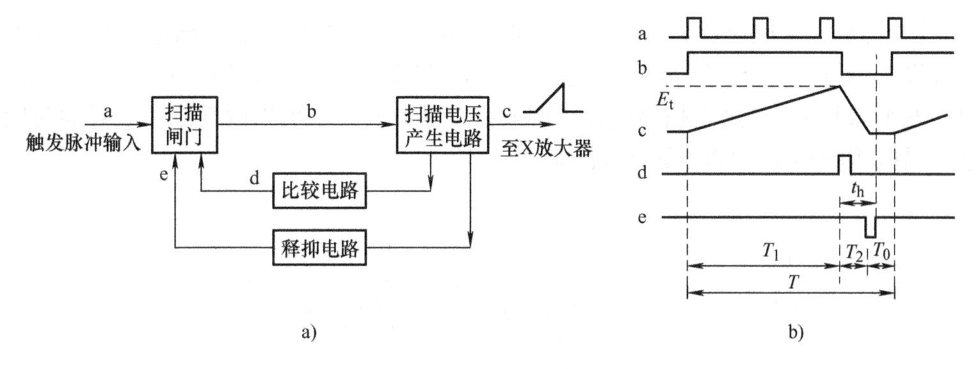

图 5-20　扫描发生器的组成及工作波形

1）扫描闸门：一般为施密特触发器电路，其作用是产生闸门脉冲。闸门脉冲控制积分器工作可产生扫描电压，并提供增辉、消隐信号，还为双踪示波器提供交替显示的控制信号。扫描闸门电路如图 5-21 所示。

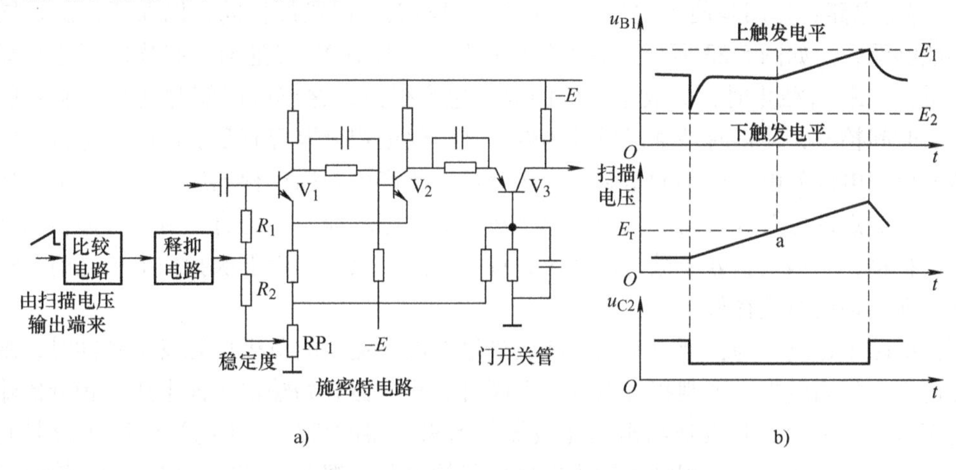

图 5-21　用施密特电路构成的扫描闸门电路

2）扫描电压产生电路（又称扫描电压发生器）：一般为密勒积分器电路，扫描锯齿波产生电路如图 5-22 所示。图 5-22a 所示电路的工作原理是：S 断开时，积分器开始积分，产生扫描正程电压；S 闭合时，积分电容放电，产生扫描逆程电压。改变积分电阻、积分电容，即可调整“时基因数（s/div）”。实际电路如图 5-22b 所示。

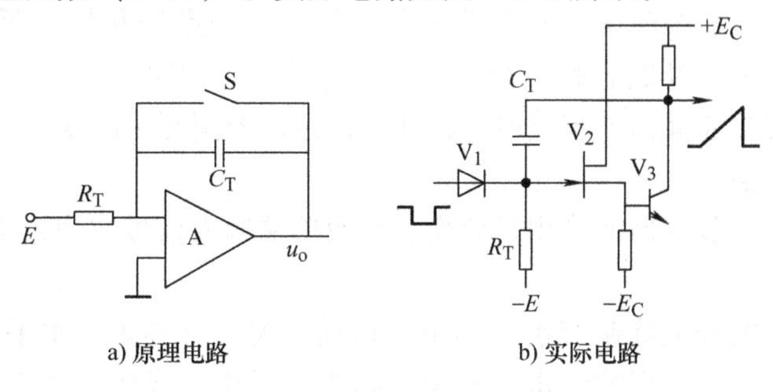

图 5-22　密勒扫描电路原理

3）比较电路：为电压比较器，如图 5-23 所示。其工作原理是扫描电压高于参考电压时，二极管 V_2 导通，输出信号经释抑电路送给时基闸门，以结束时基闸门脉冲，从而闭合扫描电压发生器开关 S，进入扫描逆程。调节参考电压的大小可以改变二极管导通时间，从而调节扫描电压的幅度，即改变扫描长度。

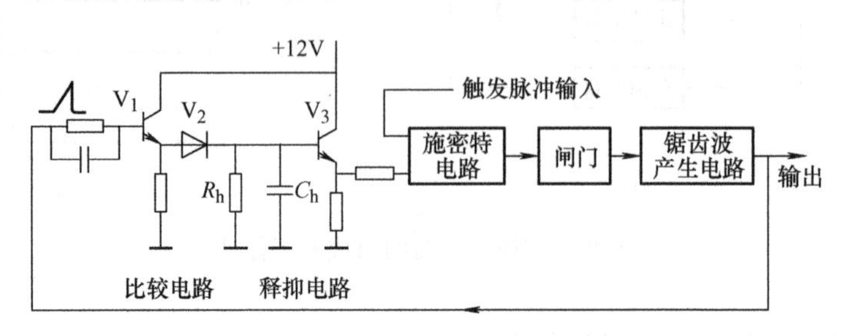

图 5-23　比较电路和释抑电路

4）释抑电路：作用是使每次扫描水平方向起始点的位置都相同，以保证每次扫描得到的波形能够重合。如图 5-23 所示，其工作原理是：二极管 V_2 导通时，扫描电压还对释抑电容 C_h 充电。二极管截止时，C_h 放电，C_h 的放电速度很慢，这样可以使时基闸门输入信号的电平被长时间抬升，使得时基闸门脉冲为低电平，保证积分电容有足够的时间进行放电。在积分电容放完电或放电至很小的基础上，积分器才能产生扫描正程电压，从而保证每次扫描水平方向起始点的位置都相同。C_h 放电至很小或放完电之前，无论有无触发脉冲，始终不能产生下次扫描，扫描电路处于被抑制状态；抑制状态结束至产生下次扫描电压之前，释抑电路失效，即扫描电路被释放。

扫描电路工作过程为：当时基闸门接收到触发电路输出的负极性触发尖脉冲时，闸门脉冲由低电平变为高电平，控制积分器开关 S 断开，积分器开始输出正向电压。积分器输出电压除送至 X 放大器外，还要送给电压比较器。当积分器的输出电压超过电压比较器的参考电压时，电压比较器导通，积分器输出电压经释抑电路反馈至时基闸门输入端，使时基闸门输入电平线性增大。当时基闸门输入电平增大达到触发电平时，闸门脉冲状态翻转，积分器开关 S 闭合，积分器输出电压迅速减小，电压比较器断开，释抑电容开始慢慢放去在电压比较器导通时充上的电荷，并反馈至时基闸门输入端，使时基闸门输入电平开始缓慢减小，直至释抑电容放电至很小或放完电，从而保证积分电容放完电之前，时基闸门不被触发脉冲触发，即第二次扫描必须是在前次扫描进行完毕的情况下才开始。

由上述分析可知，扫描实际过程分为扫描正程、扫描逆程和扫描等待三个过程。手动“单次扫描（SGL）”开关切断释抑电容 C_h 的放电回路，可实现单次扫描，如果要进行下次扫描，只需通过开关接通释抑电容放电回路即可；通过控制开关改变时基闸门输入信号直流电平可以实现连续扫描。

（3）X 放大器　X 放大器的作用是放大、变换单端输入信号成为大小合适、极性相反的对称信号。

与水平系统有关的开关旋钮有水平移位、扫描扩展、寻迹等。水平移位用于改变 X 板叠加对称直流电压大小，实现波形水平移位。扫描扩展用于成倍增大 X 放大器增益，实现波形扩展。寻迹是将 X 放大器输入端接地，实现水平寻迹。

通用模拟示波器的总框图及其工作过程的主要波形如图 5-24 所示。由图可看出加在水平偏转板和垂直偏转板上的都是双极性对称信号。

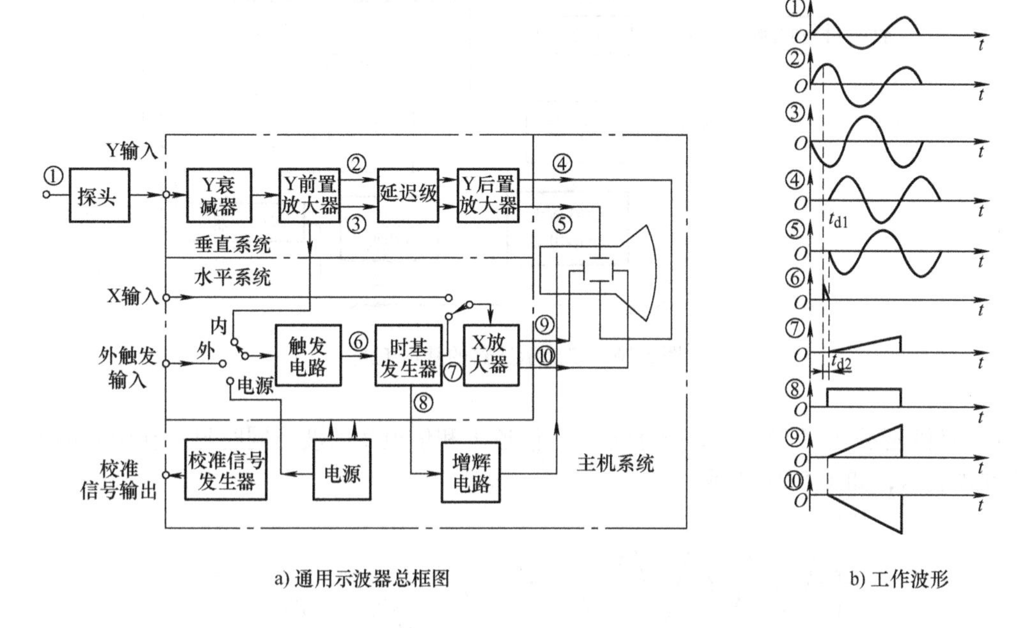

a) 通用示波器总框图　　b) 工作波形

图 5-24　通用模拟示波器总框图及其工作过程

5. 2. 4　示波器的多波形显示

示波器荧光屏上同时显示几个信号波形的显示方式，称为示波器的多波形显示。常见的方法有多线显示、多踪显示和双扫描显示等。

1. 多线显示

示波器是由多束示波管构成的多线示波器。多束示波管是指内装两个或两个以上电子枪，每个电子枪能同时发出一条电子束。多线（双线）示波器的基本组成原理框图如图 5-25 所示。

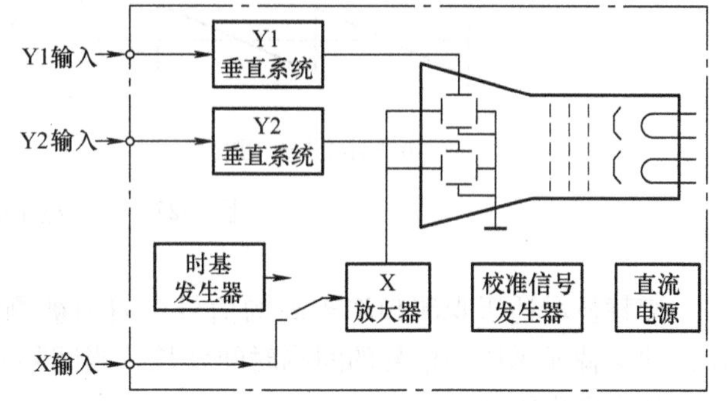

图 5-25　双线示波器的基本组成原理框图

2. 多踪显示

示波器是由单束示波管构成的多踪示波器。单束示波管是指只有一个电子枪、一套 Y 偏转板。其原理是利用时分复用技术，在 Y 通道增设电子开关。双踪示波器的基本组成如图 5-26 所示。

双踪示波器的工作状态有以下五种：

1）信道 1（Y1 或 CH1）：单独的信道 1 显示。

2）信道 2（Y2 或 CH2）：单独的信道 2 显示。

3）叠加（Y1 ± Y2 或 CH1 ± CH2）：信道 1 和信道 2 叠加，既可以信道 1 加上信道 2，也可以信道 1 减去信道 2（信道 2 的垂直位移旋钮拔出）。

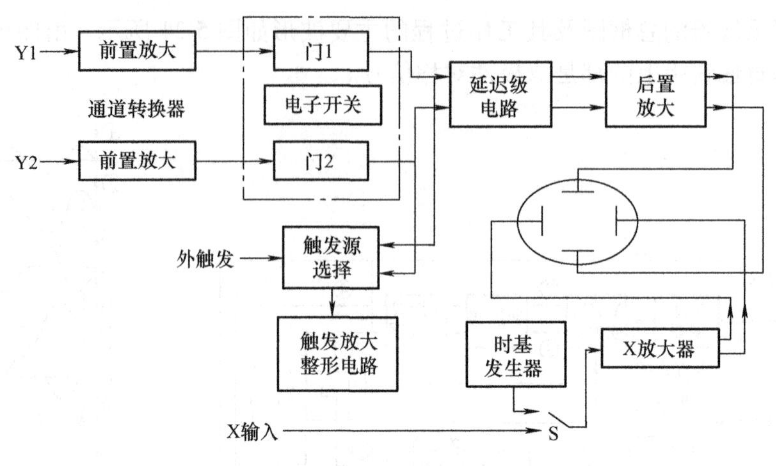

图 5-26　双踪示波器的基本组成

4）交替显示（ALT）：双踪显示方式，信道 1 和信道 2 的波形同时显示在荧光屏上，呈交替方式显示，如图 5-27 所示。

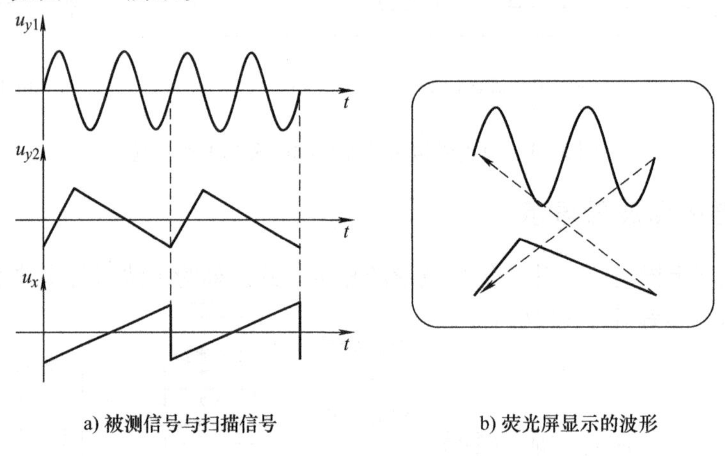

图 5-27　交替显示的波形

交替显示适于观测频率较高的信号。因为被测信号频率较低时，所需扫描电压周期延长，即交替显示同一信号的间隔时间延长，当间隔时间接近或超过人眼视觉暂留时间时，显示波形会产生闪烁。

5）断续显示（CHOP）：双踪显示方式，信道 1 和信道 2 的波形同时显示在荧光屏上，呈断续方式显示，如图 5-28 所示。

断续显示适于观测频率较低的信号。因为被测信号频率较高时，所需扫描电压的周期短，亦即电子束水平移动速度快，但显示每一线段的时间是相等（断续器频率不变）的，这样显示的波形的断续感比较明显，不便于观测；另外，当被测信号频率很高时，要求断续器的振荡频率也很高，但断续器的频率一般是不可调的，因此断续方式不适于观测高频信号。

3. 双扫描显示

示波器是双扫描示波器，由两个独立的触发、扫描电路（时基电路）构成。A 扫描又称为主扫描（MTB），扫描速度较慢；B扫描又称为延迟扫描（DTB），扫描速度较快。在水平电子开关的控制下，A、B扫描配合以实现双扫描显示。

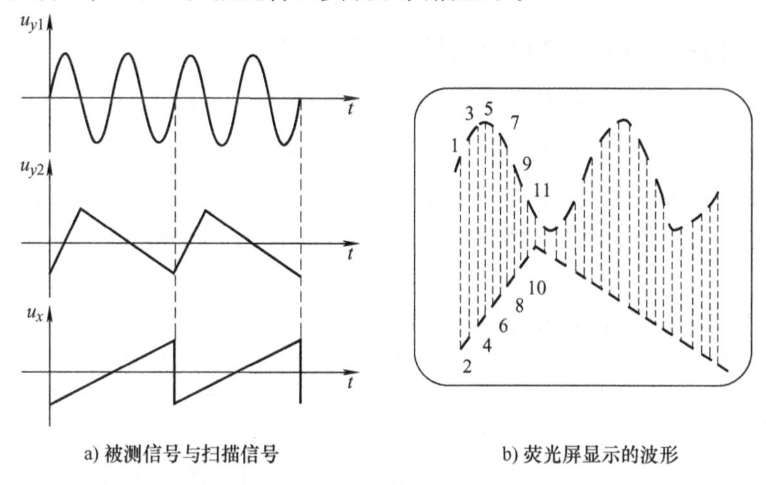

a) 被测信号与扫描信号　　b) 荧光屏显示的波形

图5-28　断续显示的波形

双扫描显示分为A扫描、B加亮A扫描、A延迟B扫描、自动交替扫描、混合扫描等几类。

（1）A扫描　A扫描时只有A扫描电路（A触发和A扫描）工作，显示波形的全部或局部。

（2）B加亮A扫描　A门打开、B门关闭，A扫描电压加至X放大器、电压比较器，产生脉冲作B触发输入信号。A扫描电压超过参考电压时，B扫描产生的B增辉脉冲与A增辉脉冲合成，使A扫描显示波形局部被B增辉脉冲加亮，即B加亮A扫描。调整参考电压可以改变延迟时间，延迟触发电平。

（3）A延迟B扫描　A门关闭，B门开启，只有B扫描电压加至X放大器，显示与B扫描电压正程对应波形的细节。

（4）自动交替扫描　其工作原理是在水平电子开关的控制下，以A扫描的周期为间隔，交替进行B加亮A扫描、A延迟B扫描。Y线分离器的作用是在水平电子开关的控制下，交替地使Y放大器的输出叠加极性或大小不同的直流电压，使显示波形整体和局部能够在垂直方向上分隔开来，如图5-29所示。

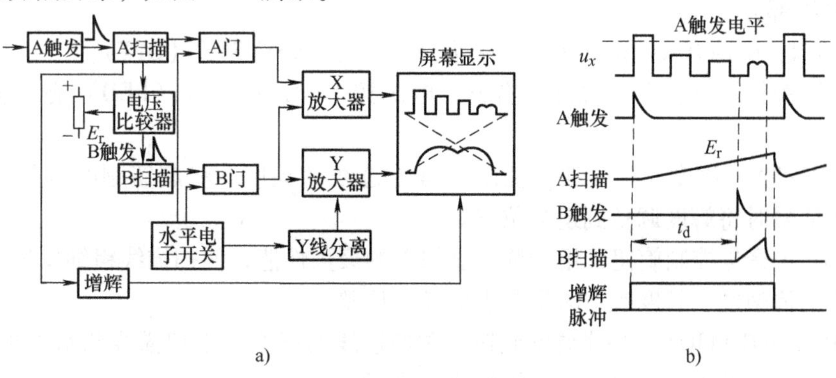

a)　　b)

图5-29　AB交替扫描方式

（5）混合扫描 与 B 加亮 A 扫描的区别是 A 扫描电压和 B 扫描电压均被加至 X 放大器进行叠加。

5.2.5 典型仪器——VP-5220A-1 型双踪示波器

VP-5220A-1 型双踪示波器是一种通用型示波器，具有许多特殊的功能作用，其中“AUTOFIX”功能可使信号很容易地同步触发，同时利用触发稳定电路可以进行清晰的观测；由复合触发方式可以获得各种信号的稳定显示；垂直方式开关允许“断续-交替”独立选择，X-Y 可独立操作；平均无故障工作时间（MTBF）为 15000h。

1. 面板图

VP-5220A-1 型双踪示波器的前面板图如图 5-30 所示。

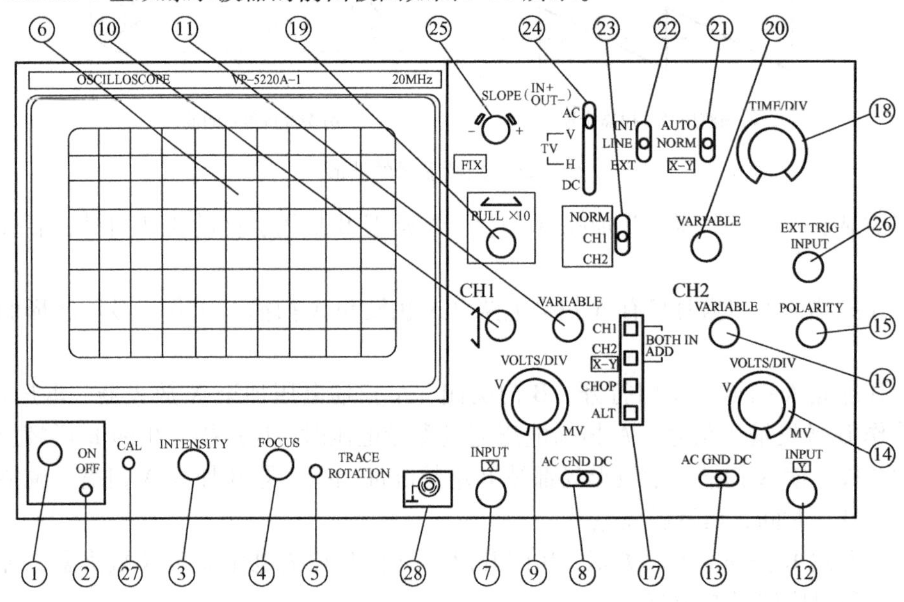

图 5-30 VP-5220A-1 型双踪示波器的前面板图

2. 各部分功能

VP-5220A-1 型双踪示波器面板上各个部件的功能如下：

（1）电源部分

①POWER：电源开关，该开关按下去为开（ON），释放为关（OFF）。

②电源开关指示灯：在电源开关右方，电源按下时，指示灯（LED）亮，表示电源接通。

③INTENSITY：辉度控制旋钮，控制屏幕上迹线的亮度，将旋钮顺时针转动，亮度增加，在观测信号时将辉度调整到适当位置。

④FOCUS：聚焦控制旋钮，用于调节显像管的聚焦性能，使扫描线粗细发生变化，控制屏幕上迹线的清晰度，辉度改变时聚焦也要随之调整。

⑤TRACE ROTATION：基线调整旋钮，调整迹线的斜率，使扫描线和水平刻度线平行，补偿地磁对于迹线的影响，可用一字螺钉旋具进行调整。

⑥CRT 显示屏：用于显示信号的波形。

（2）垂直系统部分

⑦CH1/X INPUT：1通道输入信号插座，由BNC电缆或探头将信号输入到通道1。当在X-Y方式时，输入信号作为X轴信号输入。

⑧CH1 AC-GND-DC开关：是CH1输入耦合方式选择开关，用于选择输入信号输入到Y轴放大器的耦合方式，以保证顺利观测。

当开关拨到AC位置：在信号源与放大器间串接一只电容，以抑制直流成分，只耦合输入信号的交流分量，使显示屏上显示的信号不受直流分量的影响。

当开关拨到GND位置：输入信号接地，使垂直放大器输入端接地，为此提供零电平基线，在进行DC分量测量时，此基线作为参考基线。

当开关拨到DC位置：输入信号直接送至Y轴放大器，其中既有交流分量，也有直流分量。

⑨CH1 VOLTS/DIV：1通道垂直衰减开关旋钮，将输入信号衰减到一定幅度观测。可选择5V、2V、1 V、0.5 V、0.2 V、0.1 V、50mV、20mV、10mV、5mV、2mV和1mV档位，分别表示Y轴的1个大格对应的电压值。观测时将微调旋钮CAL顺时针旋到底为校准位置。

⑩CH1垂直位移调整旋钮：调整通道1扫描线垂直位移。

⑪CH1 VARIABLE微调旋钮：供垂直灵敏度细调，顺时针旋到底为校准位置。

⑫CH2/Y INPUT：2通道输入信号插座，由BNC电缆或探头将信号输入到通道2。当在X-Y方式时，输入信号作为Y轴信号输入。

⑬CH2 AC-GND-DC开关：是CH2输入耦合方式选择开关，如⑧所述。

⑭CH2 VOLTS/DIV：2通道垂直衰减开关旋钮，如⑨所述。

⑮CH2垂直位移及极性转换旋钮：调整通道2扫描线位移，当旋钮拉出时，CH2信号极性变反。

⑯CH2 VARIABLE微调旋钮：如⑪所述。

⑰VERT MODE（CH1、CH2、ADD、ALT、CHOP）：垂直方式选择开关。

按下CH1：显示CH1通道信号。

按下CH2：显示CH2通道信号。

同时按下CH1、CH2：CH1、CH2输入信号叠加（ADD），波形以单踪代数和显示CH1+CH2，当CH2垂直位移旋钮拉出时，则以两信号的代数差显示CH1-CH2。

按下ALT：CH1、CH2通道信号交替显示。

按下CHOP：断续显示CH1和CH2通道信号的波形。

（3）水平系统部分

⑱TIME/DIV旋钮：水平扫描时间因数旋钮，调节扫描时间，从0.5s/div至0.2μs/div，共有20个档位。

⑲水平位移及×10扩展旋钮：用于水平移动显示波形的位置，当旋钮拉出时，扫描时间是TIME/DIV旋钮指示值的1/10，可以使显示波形扩展10倍。

⑳VARIABLE：水平扫描时间因数微调旋钮。顺时针旋尽为校准位置，逆时针旋转，扫描在TIME/DIV开关各档间连续变化。

㉑AUTO-NORM-X-Y开关：扫描方式选择开关。

AUTO（自动）：在触发信号不足以触发工作时，自动扫描，触发信号频率超过100Hz，触发扫描开始。

NORM（常态）：当有足够大频率信号提供给扫描电路时，触发扫描，若信号频率不足则无基线显示。

X-Y：当打在 X-Y 方式时，VERT MODE 设定失效，将 CH1 变为 X 轴，CH2 变为 Y 轴。

（4）触发系统部分

㉒触发源选择开关：

INT：内触发，用 CH1 或 CH2 信号作为触发源。

LINE：线触发，或电源触发，用电网频率信号作为触发源。

EXT：外触发，从外触发输入端子输入信号作为触发源。

㉓内触发源选择开关：当触发源开关置于“INT”时，可选择如下信号作为触发信号。

NORM：屏幕上所显示的信号用作触发信号。

CH1：CH1 信号作为触发源。

CH2：CH2 信号作为触发源。

㉔触发耦合开关：

AC：触发信号通过一个电容接到触发电路，以隔离 DC 成分。

TV-V：从视频信号中分离出垂直同步信号作为触发源。

TV-H：从视频信号中分离出水平同步信号作为触发源。

DC：将触发信号直接反馈至触发电路。

㉕SLOPE LEVEL：触发极性与触发电平调节旋钮，用于调节触发电平，可在信号波形上设定触发点作为扫描起始点，使信号稳定触发。旋钮逆时针旋到底为锁紧位置，触发电平被固定在最佳电平位置，为全自动触发；触发极性旋钮置于 IN + 时触发极性为正，用触发信号的上升沿触发；旋钮拉出置于 OUT - 时触发极性为负，用触发信号的下降沿触发。

㉖EXT TRIG INPUT：外部触发信号输入端，用于输入外加的触发信号。

（5）其他部分

㉗CAL 校准：该端输出校准信号，用于探头电容补偿及 5mV/div 灵敏度调整。该信号为方波，频率为 1kHz，幅度约为 0.3V。

㉘GND 接地端子：用于连接其他仪器的地线，以便仪器间有共同的地线。该端将内部电路地接到机壳，在测试低频信号≤50kHz 时，探头接地端不接到这个端子上。

3. 操作方法及注意事项

使用仪器之前，要仔细阅读技术说明书，认真分析总结面板上有关符号与标注的意义。

示波器的使用规律：测量前，调整辉度和聚焦旋钮使图形清晰、明亮。检查探极是否补偿合适。选择输入耦合方式、Y 通道工作方式、触发源。调整垂直、水平移位使图形处于荧光屏中间位置。调整偏转灵敏度和时基因数旋钮使波形幅度合适。调整触发电平旋钮直到触发指示灯亮。继续调整偏转灵敏度或时基因数旋钮，以及有关开关旋钮，直到波形符合要求为止。

（1）操作方法

1）基线调整。由于电子束末级易受到地磁的影响，所以它就有可能与水平轴构成一定倾斜角度，基线调整可以校正基线位置。调整过程如下：

①先固定好示波器。

②通过水平、垂直位移旋钮调整基线调整电位器校正基线位置。

③用螺钉旋具调整基线调整电位器校正基线位置。

2）调整探头补偿电容器。使用×10衰减探头时，常需要对探头给予补偿调整，这样就不会因为示波器的输入阻抗和探头的分布电容而导致被测波形产生失真。调整过程如下：

①完成信号测量简化，将探头接到CH1/X INPUT，另一端接CAL。

②AC-GND-DC开关置于DC。

③将波形调整在屏幕中央位置，用心细致地调整微调电容器，使波形为较好的方波。

④对CH2通道重复上述过程。

（2）注意事项

1）选择合适的电源，电源应在额定电压的±10%范围内，否则会造成测量上的误差。并注意机壳必须接地，用前预热。

2）熔丝的正确使用，熔丝必须按指定规格使用，该仪器电源电压的改变是由内部连接的改变实现的，所以熔丝的规格必须随之改变。

3）不要超过最大输入电压，最大输入电压是由每个端口规定的，施加信号超过规定的最大值就可能损坏电路元器件。

4）显示屏亮度要适中，不宜过亮，以防止示波管损坏。辉度很强的亮点不能长时间停留在同一点上。在慢扫描电子束不做运动时应最大限度地降低辉度。在示波器不使用时，最好将辉度和聚焦旋钮逆时针旋尽。尽量避免在阳光直射或明亮环境下使用。

5）在示波器工作时，周围不要有较高频率。连接示波器与被测电路时，如果被测信号为几百kHz以下的连续信号，可用一般导线连接；若信号幅度较小，可以使用屏蔽线连接；测量脉冲信号或高频信号时，必须用高频同轴电缆连接，应尽量使用探极连接。探极要专用，用前要校正，要正确使用探极衰减器。

6）预防触电，为了避免触电，应将电源线插入具有接地保护的插座，这对安全操作很是重要。在没有外壳、面板和旋钮的情况下不能工作。

7）注意示波器的使用环境，该示波器采用空气对流方式散热，所以应在空气流通的环境中使用。若仪器周围存在强烈的电磁场，将影响示波管的电子束，基线调整电位器可对其调整。

8）根据需要，选择合适的输入耦合方式。要注意调节“轴线校正”，使水平刻度线与波形水平轴线平行。测试前，应先估算被测信号的幅度值，若不能确定，应将示波器的Y轴灵敏度选择旋钮置于最大档位，以避免因电压过大损坏示波器。

9）直接测量电压（或时间量）时，偏转灵敏度（V/div）“细调”或时基因数（t/div）“细调”旋钮务必置于“校准”位置；否则，将产生误差。所测量信号的频率应在示波器的量程内，以免出现较大的测量误差。

10）波形不稳定时，按“触发源”“触发电平”“触发耦合方式”“触发方式”“扫描速度”顺序调节。

5.3　示波器的基本测量技术

示波器可以测量信号的电压幅度、频率、周期（时间）、相位差、调幅系数等电参数，下面以 VP-5520A-1 型双踪示波器为例来说明示波器的使用方法。

5.3.1　用示波器测量电压

用示波器可以方便地对信号电压进行测量。测量时，把垂直偏转因数微调旋钮 VARIABLE 调至校准位置（向右旋尽锁死），这样可按 VOLTS/DIV 指标值直接对被测信号的电压值进行计算。

1. 直流电压测量

（1）测量基本原理　示波器测量直流电压时，垂直系统加的是一个常量，在扫描电压的共同作用下，在屏幕上呈现一条水平直线，因为直线偏离时基线（零参考电平线）的距离与被测电压的大小成正比，可以对直流电压进行测量。水平直线向上偏离则被测电压为正，向下偏离则被测电压为负。被测直流电压值为时基线移动的格数 H（div）和垂直偏转因数 D_y（V/div）的乘积，即

$$U_{DC}=D_yH \tag{5-4}$$

若探头使用×100 衰减档，则还要把探头衰减量计算在内，直流电压值应为

$$U_{DC}=100D_yH \tag{5-5}$$

（2）测量方法　首先确保示波器的垂直偏转因数微调旋钮置于校准位置，选择自动触发方式，触发源选择内触发。把被测信号送至示波器的垂直输入端 CH1 或 CH2，将通道输入耦合开关置于 GND 位置，使屏幕出现扫描线，调节垂直位移旋钮，将荧光屏上的扫描基线（零参考电平线）光迹在垂直方向移动到荧光屏的中间位置，即确定零参考电平线，之后保持垂直位移旋钮不动。然后将通道输入耦合开关拨向“DC”档，适当调整垂直偏转因数旋钮，读出被测直流电压偏离零参考电平线的距离 H（div），根据上述公式计算被测直流电压值。

2. 交流电压测量

（1）纯交流电压的测量　对于不含直流分量的正弦波电压测试时，首先应使示波器输入耦合开关置于 GND 位置，示波器置于自动触发方式，使屏幕上出现一条水平扫描基线。将示波器的输入耦合开关放在 AC 位置。若被测信号的频率较低，则放在 DC 位置，否则受电路频率响应的限制，会产生较大的测量误差。

选择通道 CH1（或 CH2）接入被测信号，工作方式选择 CH1（或 CH2），触发方式置于 AUTO，触发源选择 INT，则高于 50Hz 的大多数周期性信号可通过调节触发电平旋钮得到同步信号。对于低于 50Hz 的信号，触发方式须置于 NORM 位置。

调节垂直偏转因数旋钮 VOLTS/DIV，以使荧光屏上显示的波形幅度适当，如图 5-31 所示。通过观察显示波形，读出波峰至波谷之间的垂直高度占的格数，可以计算出信号的峰-峰值 U_{p-p}、有效值 U_{rms}、幅度值 U_m。按如下方法计算：

$$U_{p-p}=D_y(\text{V/div})\times H(\text{div})\times 1(\text{或}100) \tag{5-6}$$

式中，D_y 为垂直偏转因数；H 为波峰与波谷间的垂直格数；100 为探头使用×100 衰减时的衰减倍数。

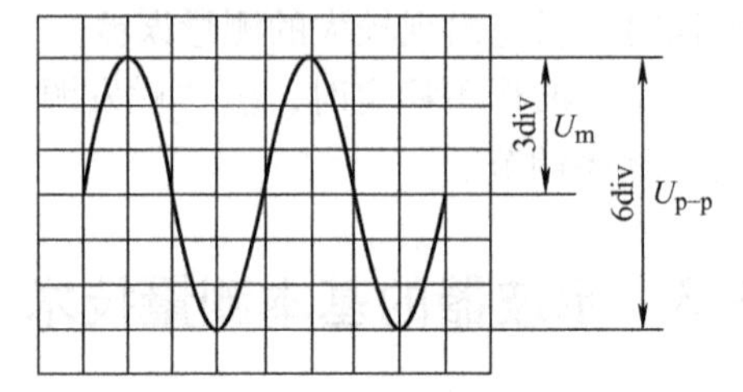

图 5-31　正弦波电压测量

（2）含有直流分量的交流电压的测量　测量含有直流分量的正弦波电压时，先将输入耦合开关置

于DC位置，设定零参考电平基线。接入被测信号，保持垂直位移旋钮不动，根据屏幕上显示的波形，测量任意点相对于零参考电平基线的电压值，即可得到任意点瞬时的电压值。其中交流电压的测量同上面纯交流电压的测量。要测量含有的直流成分的电压，还可以将输入耦合开关再置于AC位置，测量DC耦合和AC耦合时对应波形同一点的高度差 h，一般取波峰或波谷的高度差，则直流电压可测出。

【例5-1】 用示波器观测某含有直流分量的正弦波电压信号，显示的波形如图5-32所示。aa'线为零参考电平基线，bb'相对于aa'的高度为3div，正弦波峰点相对于aa'的高度为4.5div，峰-峰值所占高度为3div，垂直偏转因数 D_y（V/div）为0.1V/div，试计算直流分量 U_o、峰点电压的瞬时值 U_p、峰-峰值 U_{p-p}、振幅值 U_m、有效值 U_{rms}。

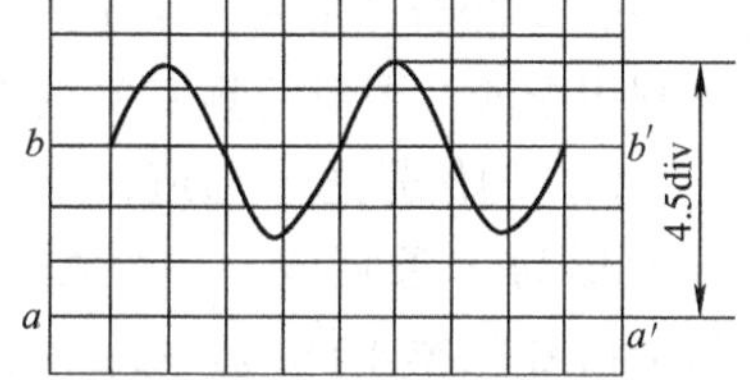

图5-32　含有直流分量的正弦波电压测量

解： $U_o=3\text{div}\times0.1\text{V/div}=0.3\text{V}$

$U_p=4.5\text{div}\times0.1\text{V/div}=0.45\text{V}$

$U_{p-p}=3\text{div}\times0.1\text{V/div}=0.3\text{V}$

$U_m=U_{p-p}/2=0.3\text{V}/2=0.15\text{V}$

$U_{rms}=U_{p-p}/(2\sqrt{2})=0.3\text{V}/(2\sqrt{2})=0.106\text{V}$

5.3.2 用示波器测量时间和频率

把扫描时间因数微调旋钮VARIABLE调至校准位置，这样可按t/div指示值直接计算被测两点的时间。

1. 测量时间和周期

示波器水平方向加的是扫描电压，与时间成线性正比关系，因此，时间测量指信号波形中任意两点间水平间隔的测量。测量时，接入被测信号，适当调节垂直偏转因数旋钮和扫描时间因数旋钮，使荧光屏显示稳定的被测波形，如图5-33所示。根据待测两点间水平距离所占的水平格数 L（div）与扫描时间因数 D_x（t/div），可计算出被测时间间隔 Δt。

$$\Delta t=D_xL \tag{5-7}$$

当 L 是某一波形一个周期所占的水平格数时，计算出的 Δt 为被测信号的周期 T。当 L 是某一脉冲宽度所占的水平格数时，计算出的 T 为该脉冲的脉宽。

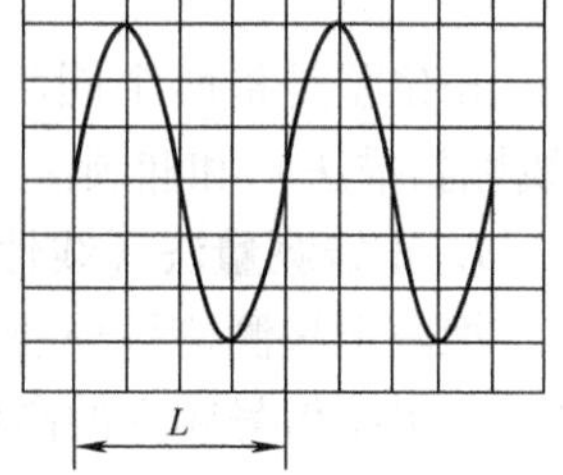

图5-33　时间测量

一般多周期波形测量周期比较准确。如 L 为一个信号 N 个周期所占的水平格数，则

$$T=D_xL/N \tag{5-8}$$

如果信号频率较高，测量时可进行水平扩展，则周期 T 还要除以水平扩展倍数（一般为10）。

2. 测量频率

用示波器测量频率常用的方法有直接测量法（线性扫描法）和李沙育图形法。

（1）直接测量法（线性扫描法）　按照时间测量方法将被测信号送入Y输入端，通过调节有关旋钮使显示波形稳定，显示多个周期的波形，先进行周期 T 测量，通过周期与频率的关系换算出频率。被测信号的频率为 $f=1/T$。

【例 5-2】 被测信号波形显示如图 5-33 所示，已知示波器的垂直偏转因数为 0.5V/div，扫描时间因数为 0.1ms/div。求被测信号的周期 T 和频率 f 为多少？振幅 U_m 为多少？有效值 U_{rms} 为多少？

解： $T=0.1\text{ms/div}\times 8\text{div}/2=0.4\text{ms}$

$f=1/T=1/0.4\text{ms}=2500\text{Hz}$

$U_{p\text{-}p}=6\text{div}\times 0.5\text{V/div}=3\text{V}$

$U_m=U_{p\text{-}p}/2=3\text{V}/2=1.5\text{V}$

$U_{rms}=U_{p\text{-}p}/(2\sqrt{2})=3\text{V}/(2\sqrt{2})=1.06\text{V}$

（2）李沙育图形法　由于李沙育图形的形状反映了 X、Y 通道输入信号的频率关系，因此可利用李沙育图形的频率关系来进行准确的频率测量。示波器工作在 X-Y 方式，将已知频率（f_x）的信号送 X 通道，未知频率（f_y）的信号送 Y 通道。当两个信号频率相同时，李沙育图形为一条直线、一个圆或椭圆。当两个信号频率不同时，可产生不同的图形，如图 5-34 所示。如果频率比不是简单的整数比时，屏幕上不能形成一个简单清楚的图形。

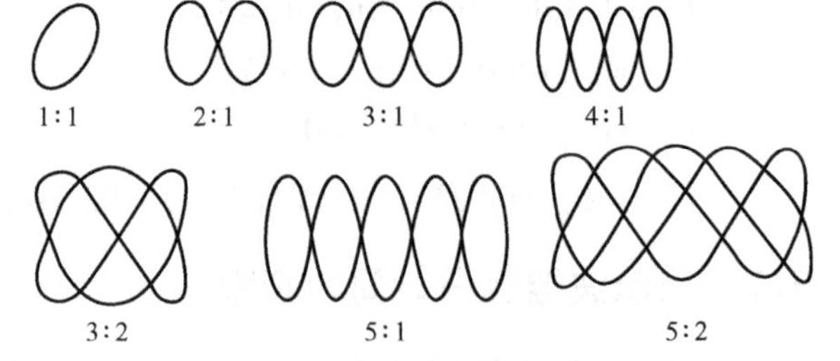

图 5-34　李沙育图形

李沙育图形法的测频方法是在李沙育图形的水平和垂直方向上各作一条成互相垂直的直线，这两条线都不通过李沙育图形的任何一个交点。水平线与李沙育图形的交点数为 m，垂直线与李沙育图形的交点数为 n，则待测信号的频率可用关系式 $f_y/f_x=m/n$ 求得。例如 $m=4$，$n=2$，则 $f_y=2f_x$，李沙育图形法只适用于测量频率稳定度较高的低频频率。

5.3.3　用示波器测量相位差

相位差是指两个同频信号的相位差，用示波器测量相位差的常用方法有直接测量法（线性扫描法）和椭圆法（李沙育图形法）。

1. 直接测量法（线性扫描法）

把两个被测信号分别加在双踪示波器 Y 通道的两个输入端，将两个信号同时显示在屏幕上，根据信号频率的高低，选择交替或断续显示方式。为了观测两者之间的相位关系，需要把其中一个信号作为触发信号，如图 5-35a 所示。由于两个信号的波形是在同一个扫描电压作用下，因此可以根据波形测得它们之间的相位关系。两个被测信号的幅度可能不同，为了便于观测、计算，可通过改变通道的垂直偏转因数值，使屏幕上显示的两个信号的幅度相等，而且把两个信号的瞬时零值都移动到屏幕中间的水平刻度上，即零参考电平一致，如图 5-35b 所示。图中，线段 ac 对应于被测信号的周期 T，线段

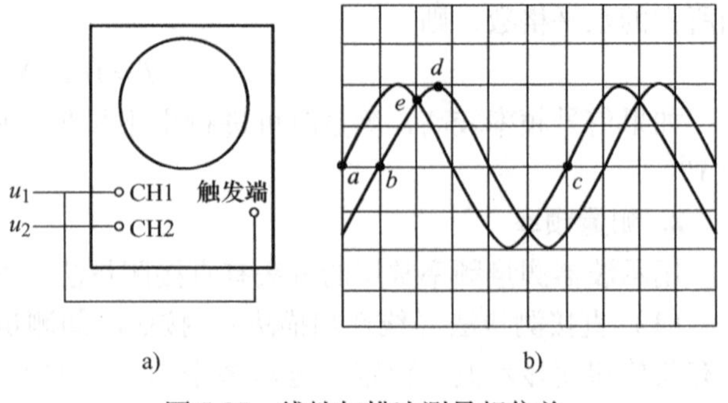

图 5-35　线性扫描法测量相位差

ab 对应于两个信号相位差 $\Delta\varphi$ 所对应的时间，这时，可计算出相位差为

$$\Delta\varphi = (ab/ac) \times 360°(2\pi) \tag{5-9}$$

直接测量法测量相位差方法虽简单，但精度却较低，其误差主要来源于两个通道相移不一致、图形分辨率和视差等。为了减小两通道相移不一致产生的系统误差，可先把一个信号送入两个通道，测量出系统误差，然后对测量结果进行修正。也可用置换法减小这个系统误差。

2. 椭圆法（李沙育图形法）

按照图 5-36a 连接同频、等幅、不同相位的两个信号，其李沙育图形如图 5-36b 所示。两个信号的电压分别为 u_x、u_y，相位差为 $\Delta\varphi$，则表达式分别为

$$u_x = U_{mx}\sin\omega t$$

$$u_y = U_{my}\sin(\omega t + \varphi)$$

$$\Delta\varphi = \arcsin(a/b) \tag{5-10}$$

式中，a 为李沙育图形与通过图形中心的 Y 轴的两个交点间的距离；b 为李沙育图形的最大高度。

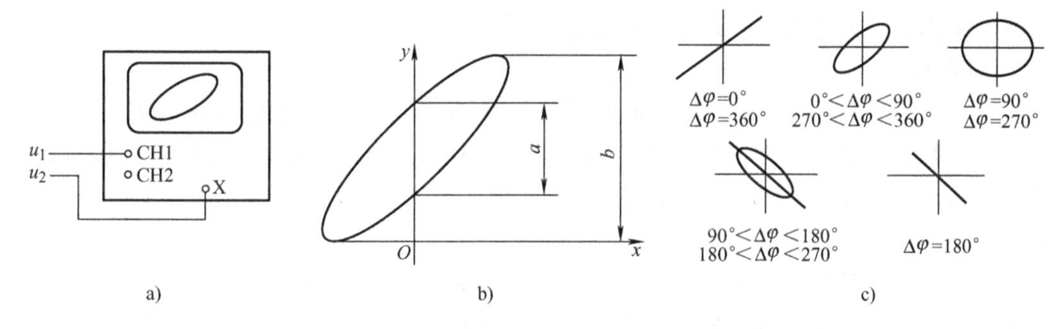

图 5-36　李沙育图形法测量相位差

操作方法：按下 X-Y 方式按钮，将一个正弦波信号送入 Y 输入端，而另一个正弦波信号接到 X 输入端，适当调节扫描时间因数旋钮 TIME/DIV、两通道的垂直偏转因数旋钮 VOLTS/DIV，即可在屏幕上得到大小合适的李沙育图形。

$\Delta\varphi$ 所在象限可这样确定：直线段在 1、3 象限内，则 $\Delta\varphi$ 为 0°或 360°；直线段在 2、4 象限内，则 $\Delta\varphi$ 为 180°；圆或椭圆长轴在轴上，则 $\Delta\varphi$ 为 90°或 270°；椭圆长轴在 1、3 象限内，则 $\Delta\varphi$ 在 ±（0 ~ 90°）范围内；椭圆长轴在 2、4 象限内，则 $\Delta\varphi$ 在 ±（90° ~ 180°）范围内。若电子射线是顺时针扫描，则 $\Delta\varphi$ 在 0 ~ 180°范围内；若电子射线是逆时针扫描，则 $\Delta\varphi$ 在 180° ~ 360°范围内，如图 5-36c 所示。

5.3.4　用示波器测量调幅系数

1. 调幅系数

调幅系数即调幅波的调幅度，一般用单音调制时的调幅系数来进行测量。单音调制时，调幅波信号可表示为

$$u = U_m(1 + m\sin\Omega t)\sin\omega t$$

式中，U_m 为载波的振幅；ω 为载波的角频率；Ω 为调制信号的角频率；m 为调幅系数。

将调幅波信号直接加至示波器进行观察，调幅波信号的波形如图5-37所示。调幅系数m可按下式计算：

$$m = \Delta U/U_{\mathrm{m}} = (A-B)/(A+B) \times 100\% \tag{5-11}$$

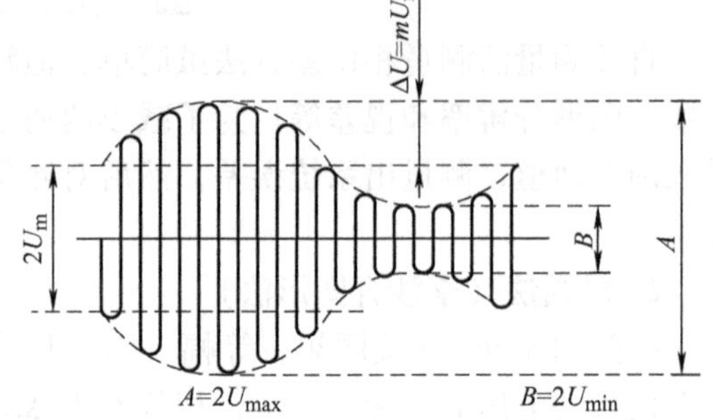

图5-37　调幅波信号的波形

理想的调制应是无失真的调制，即包络没有失真，上、下幅的系数相同。实际由于低频调制信号本身存在失真，而调制器又不可能做到完全线性，因而调幅波信号的波形会产生失真。随着失真的增加，上、下峰值的差别将增大。当存在失真时，应分别测量上、下调幅系数。上、下调幅系数$m_{上}$、$m_{下}$可按下式计算：

$$m_{上} = |U_{上} - U|/U = \Delta U_{上}/U \times 100\%$$

$$m_{下} = |U_{下} - U|/U = \Delta U_{下}/U \times 100\%$$

式中，$U_{上}$、$U_{下}$、U、$\Delta U_{上}$、$\Delta U_{下}$分别为调幅波信号的上峰值、下峰值、平均值、上峰值与平均值的偏移量、下峰值与平均值的偏移量。

2. 测量方法

在观察调幅波信号时，信号接入示波器的方法有两种：线性扫描法和梯形法。

（1）线性扫描法　线性扫描法是将调幅波加至Y轴，利用示波器本身的时基信号扫描，屏幕上显示调幅信号的时域波形，如图5-38a所示。测出A、B的长度，代入上述调幅系数计算公式即可得到调幅系数。

（2）梯形法　梯形法是工作于X-Y方式，将调幅波加至Y轴，X轴接入调制信号，采用X-Y显示方式，在荧光屏上显示的波形如图5-38b所示。波形的上、下包络线呈一条斜直线，图形为梯形，因而这种测量方法也称为梯形法。测出A、B的长度，代入上述调幅系数计算公式即可得到调幅系数。

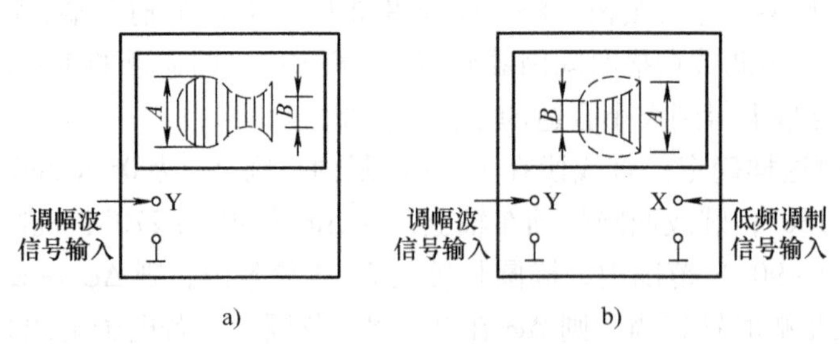

图5-38　调幅系数的测量方法

5.4　数字存储示波技术

数字存储示波器（Digital Storage Oscilloscope，DSO）是将捕捉到的波形通过A-D转换进行数字化，而后存入示波管外的数字存储器中。

数字存储示波器是20世纪70年代初发展起来的新型示波器，它用A-D转换器将模拟波形转换成数字信号，然后长时间存储在半导体存储器RAM中，需要时利用机内微处理器系统再将 RAM 中存储的内容信息调出，通过相应的 D-A 转换器，再将数字信号恢复为模拟量，显示在示波管屏幕上。在该类示波器中，信号处理功能和信号显示功能是分开的，其性能指标完全取决于进行信号处理的 A-D、D-A 转换器和半导体存储器。数字存储示波器的出现使传统示波器的功能发生了重大变革。

5.4.1　数字存储示波器的基本组成原理及特点

1. 数字存储示波器的基本组成原理

数字存储示波器的基本组成框图如图 5-39 所示。它由取样存储部分、控制部分及读出显示三大部分组成，它们通过数据总线、地址总线和控制线互相联系及交换信息。数字存储示波器有实时和存储两种工作模式。

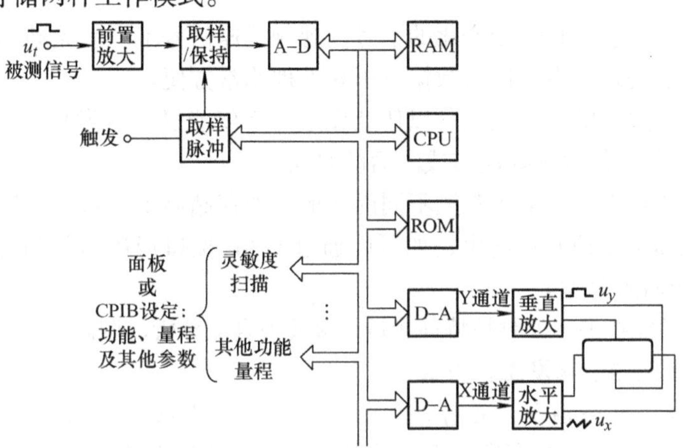

图 5-39　数字存储示波器的基本组成框图

取样存储部分主要由取样/保持电路、A-D 转换器和 RAM 组成。模拟输入信号经过适当的放大或衰减，然后再经过“取样”“量化”和“编码”的数字化处理，将模拟信号转换成二进制数字化信号，在此过程中，取样脉冲形成电路受触发信号控制，也受 CPU 控制。通常采用取样/保持电路，使模拟输入信号在足够的时间内保持稳定，以便 A-D 转换器完成转换动作，并可降低 A-D 转换的时间。最后，数字化信号在逻辑控制电路的控制下依次写入到 RAM 中。

控制部分主要由微处理器（CPU）和只读存储器（ROM）等组成。CPU 控制所有的接口、随机存取存储器（RAM）的读写及地址总线和数据总线的使用。在 ROM 中，存有示波器的全部操作功能指令。工作时，CPU 根据面板上各按钮的设置，调出并执行 ROM 中的对应指令。

读出显示部分主要由 X 通道、Y 通道及显示器组成。X 通道和 Y 通道有各自的 D-A 转换器。当需要显示时，通过 CPU 将存储于 RAM 中的数字化信号调出，送往 X 通道和 Y 通道进行 D-A 转换，转换为模拟信号。在 Y 通道得到模拟电压，经垂直放大器放大后加到示波管的垂直偏转板，从而驱动垂直偏转板，与此同时，CPU 的读地址信号加至 D-A 转换器，得到一阶梯波电压，在 X 通道得到扫描电压，经水平放大器放大后加到示波管的水平偏转板，从而驱动水平偏转板。这样在屏幕上就以一排细密的光点重现出了模拟输入信号。现在的许多数字示波器已不再使用阴极射线示波管作为显示器件，取而代之的是液晶显示器（LCD）。使用液晶显示器显示波形时不需将存储的数字信号再转换为模拟信号，而是将存储器中的波形数据和读地址信号送入 LCD 驱动器，驱动 LCD 显示波形。

数字存储示波器的取样存储和读出显示的速度是可以选择的。即可以高速存入、低速读出，也可以低速存入、高速读出，即使观测甚低频信号波形，也不会出现通用示波器因屏幕余辉时间不够而导致的波形闪烁现象。

2. 数字存储示波器的特点

与模拟示波器相比，数字存储示波器具有以下特点：

1）能长期存储信号。这对于观察单次出现的瞬变信号尤其有用，利用此特性可进行波形比较。

2）便于观测单次过程和缓慢变化的信号。观测慢速信号不产生晃动和闪烁。

3）具有很强的处理能力，波形数据分析和处理非常方便。

4）多种触发方式，触发点位置可以任意设定。不仅能显示触发后的信号，也能显示触发前的信号，并且可以任意选择超前或滞后的时间。

5）具有多种显示方式，适于观测不同的波形，如存储显示、自动抹迹、卷动显示。

6）便于程控和用多种方式输出，如可以通过 GPIB 接口或串行接口与打印机、绘图仪连接，也可以直接插入 U 盘。

7）便于进行功能扩展，如频域特性测量、谐波失真度分析、调制特性分析等多种分析。

3. 数字存储示波器的触发工作方式

（1）常态触发　常态触发是在存储工作方式下自动形成的，同模拟示波器基本一样，可通过面板设置触发电平的幅度和极性，触发点可处于复现波形的任何位置及存储波形的末端。触发点位置通常用加亮的亮点来表示。

（2）预置触发　预置触发是人为设置触发点在复现波形上的位置，是在进行预置之后通过微处理器的控制和计算功能来实现的。由于触发点位置不同，可以观测到触发点前后不同时间段的波形。

4. 数字存储示波器的测量工作方式

数字存储示波器的测量分为自动测量和手动测量。一般参数的测量为自动测量，即示波器自动完成测量工作，并将测量结果以数字形式显示在荧光屏上。特殊值的测量使用手动光标进行测量，即光标测量。光标测量是指在荧光屏上设置两条水平光标线和两条垂直光标线，这四条光标线可在面板按键的控制下移动，光标与波形的交点对应于信号存储器中的相应数据。

5. 数字存储示波器的面板按键操作方式

数字存储示波器的面板按键分为立即执行键和菜单键两种。按下立即执行键后，示波器立即执行该项操作。当按下菜单键时，在荧光屏下方显示一排菜单，然后按菜单中所对应的软键执行菜单中该项的操作。

6. 数字存储示波器的显示方式

（1）存储显示　存储显示是数字存储示波器的基本显示方式，适用于一般信号的观测。在一次触发形成并完成信号数据的存储后，经过显示前的缓冲存储，并控制缓冲存储器的地址顺序，依次将欲显示的数据读出并进行 D-A 转换，然后将信号稳定地显示在荧光屏上。

（2）抹迹显示　抹迹显示适于观测一长串波形中在一定条件下才会发生的瞬态信号。抹迹显示时，应先根据预期的瞬态信号设置触发电平和极性。观测开始后仪器工作在末端触发和预置触发相结合的方式下，当信号数据存储器被装满但瞬态信号未出现时，实现末端触发，在荧光屏上显示一个画面，保持一段时间后，被新存入的数据更新。若瞬态信号仍未出现，再利用末端触发显示一个画面。一旦出现预期的瞬态信号则立即实现预置触发，将捕捉到的瞬态信号波形稳定地显示在荧光屏上，并存入参考波形存储器中。

（3）卷动显示　卷动显示其中一种是用新波形逐渐代替旧波形，变化点自左向右移动，如图 5-40a 所示；另一种是波形从右端推出向左移动，在左端消失，如图 5-40b 所示。当异常波形出现时，可按下存储键，将此波形存储在荧光屏上或存入参考波形存储器中，以便作更细致的观测与分析。

（4）放大显示　放大显示方式适于观测信号波形细节，此方式是利用延迟扫描方法实现的，如图 5-40c 所示。此时荧光屏一分为二，上半部分显示原波形，下半部分显示放大了的部分，其放大位置可用光标控制，放大比例也可调节，还可以用光标测量放大部分的参数。

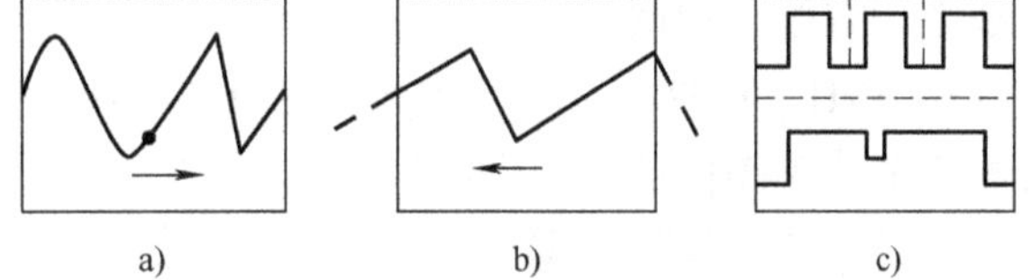

图 5-40　卷动显示方式和延迟扫描放大显示方式

（5）X-Y 显示　X-Y 显示方式与通用示波器的显示方法基本相同，一般用于显示李沙育图形。

5.4.2　典型仪器——TDS2024B 型数字存储示波器

1. 面板图

TDS2024B 型数字存储示波器的前面板如图 5-41 所示。从图中可看出，其前面板上许多控制部件的名称与模拟示波器相同，如位移旋钮（POSITION）、触发电平旋钮（LEVEL）、垂直偏转因数旋钮（VOLTS/DIV）等。面板可大致分为垂直调节区、水平调节区、触发控制区、常用菜单控制区和显示区几大部分。

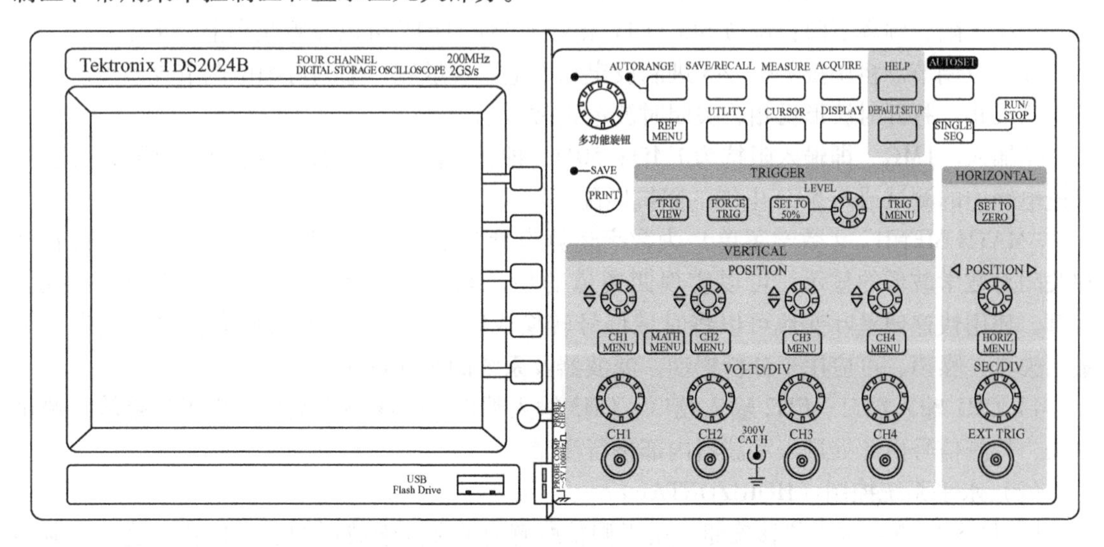

图 5-41　TDS2024B 型数字存储示波器的前面板

2. 面板各部件功能

面板各部件主要用于选择各种不同的功能菜单和运行控制。数字存储示波器的用户界面设计用于通过菜单结构方便地访问特殊功能。按下前面板按钮，示波器将在屏幕的右侧显示相应的菜单。该菜单显示直接按下屏幕右侧未标记的选项按钮时可用的选项。

（1）垂直系统控制（VERTICAL） 在垂直调节区有一系列的按键、旋钮，控制垂直系统的调节。

1）POSITION：垂直位移旋钮，用于波形的上下移动，可垂直定位波形，使波形在窗口中合适位置显示。

2）VOLTS/DIV：垂直偏转因数旋钮，选择垂直刻度系数。用于改变垂直放大器的电压灵敏度，有粗、细调两档。

3）CH1、CH2、CH3、CH4、MATH：菜单选择键，用于调取相应的菜单，并由显示屏右侧5个菜单操作键作相应操作。

“CH1”“CH2”“CH3”和“CH4”菜单为通道操作菜单，显示“垂直”菜单选择项，并打开或关闭对通道波形的显示，分上下两页，共7种选择，功能如下：

①耦合，分为交流、直流、接地，相应标志分别为～、⎓和⊥。

交流用于观测无直流分量的信号波形，如观察直流电源上的纹波。直流用于观测含直流分量的信号波形，可测量波形的直流电平。接地用于断开输入信号。

②带宽限制。打开时，带宽限制在20MHz，在观察频率较低的信号时，可抑制掉高频噪声，使波形清晰稳定。

③探头衰减，有1×、10×、100×、1000×几档，根据探头衰减档选取衰减倍率，以保证测量电压的正确性。

④数字滤波，即接入数字滤波器。打开数字滤波功能，屏幕将显示数字滤波功能菜单，调节水平POSITION可以设置频率的上限或下限。

菜单功能：数字滤波（关闭、打开）。

滤波类型：低通滤波器、高通滤波器、带通滤波器和带阻滤波器。

频率上限、频率下限：调节SEC/DIV和水平POSITION可以设置频率上、下限。

⑤档位调节。粗调按1—2—5进制设定垂直电压灵敏度，细调可细微调节灵敏度。

⑥反相。打开时波形反相，关闭时波形正常显示。

⑦输入。1MΩ，即输入阻抗为1MΩ；50Ω，即输入阻抗为50Ω。设置50Ω便于在高频、快速电路中的测试或与50Ω电缆的阻抗匹配。

“MATH MENU”（数学菜单）为数字运算设置菜单，显示波形数学运算菜单，并打开和关闭对数学波形的显示，可以实现四通道的加、减、乘、除及FFT（快速傅里叶变换）运算。使用快速傅里叶变换可以将时域信号转换成频谱信号，因此可研究信号中的谐波分量、失真、噪声，可应用于分析振动、滤波器及系统的脉冲响应。

4）CH1输入端口、CH2输入端口、CH3输入端口、CH4输入端口：用于外接输入测试探头，待测信号由此处进入示波器内部进行测量。

（2）水平系统控制（HORIZONTAL）

1）POSITION：水平位移旋钮，用于调整所有通道和数学波形的水平位置。这一控制的分辨率随时基设置的不同而改变。

2）SEC/DIV：扫描时间因数旋钮，为主时基或视窗时基选择水平的时间/格（刻度系数）。用于调节扫描时间，调节范围为2ns～50s。如果“视窗设定”已启用，则通过更改视窗时基可以改变视窗宽度。

3）HORIZ MENU（水平菜单）：水平控制菜单键，显示水平菜单。按下此键可选择延迟扫描、X-Y等工作方式。

4）SET TO ZERO：设置为零，将水平位置设置为零。

（3）触发系统控制（TRIGGER）　触发是示波器采集和显示波形的定位点。在模拟示波器中只能显示触发点（满足触发条件）以后的波形。在数字示波器开始波形数据采集后，一旦出现满足触发条件的触发点，将继续采集足够的数据，也就是说数字示波器中采集的数据包括触发点前后的数据。触发前的数据显示在触发点的左方，触发后的数据显示在触发点的右方。

触发系统控制区的各功能键：

1）LEVEL：触发电平旋钮，用于调节触发信号的电平。使用边沿触发或脉冲触发时，“电平”旋钮设置采集波形时信号所必须越过的幅值电平。

2）SET TO 50%：设为50%触发电平键，用于将触发电平设置为触发信号峰值的垂直中点，即一半。

3）FORCE TRIG：强制触发键，不管触发信号是否适当，都完成采集。如采集已停止，则该按钮不产生影响。

4）TRIG VIEW（触发视图）：按下TRIG VIEW（触发视图）按钮时，显示触发波形而不是通道波形。可用此按钮查看诸如触发耦合之类的触发设置对触发信号的影响。

5）TRIG MENU：触发控制菜单键。按下该键，显示下拉菜单TRIGGER，该菜单包括触发方式、信源选择、边沿类型、触发工作方式、耦合等子菜单。

①触发方式：可选择边沿触发、视频触发及脉宽触发。

②信源选择：可选择CH1、CH2、CH3、CH4、EXT（外触发输入）、EXT/5（外触发输入信号衰减为原来的1/5）、EXT（50Ω）（外触发输入，其输入阻抗设置为50Ω）、市电作为触发源。在外触发时，触发信号从面板的EXT TRIG输入端输入。

③边沿类型：在选择边沿触发时，可对触发信号边沿类型进行选择，可选择的类型为上升沿和下降沿。

④触发工作方式：可选择自动、普通和单次。

自动：没有检测到触发条件时，也能采集波形。

普通：只有满足触发条件时才能采集波形。

单次：一次触发，采样一个波形，然后停止。

⑤耦合：可选择的触发耦合方式有直流、交流、低频抑制和高频抑制4种。

直流：允许信号所有频率分量通过。

交流：阻止直流分量和低于5Hz以下的信号分量通过。

低频抑制：只允许信号的高频分量通过，衰减8kHz以下的信号。

高频抑制：只允许信号的低频分量通过，衰减150kHz以上的信号。

6）EXT TRIG输入端口：用于输入外部触发信号。

（4）常用菜单和控制按钮

1）AUTORANGE：显示“自动量程”菜单，并激活或禁用自动量程功能。自动量程激活时，相邻的LED变亮。

2）SAVE/RECALL：保存/调出，保存与调出功能键，按下SAVE/RECALL（保存/调出）键，可进入保存/调出菜单。该菜单用于保存、调出信号波形及设置存储类型等。

3）MEASURE：自动测量功能菜单。按下自动测量功能键MEASURE，出现自动测量菜单。在该菜单下，可以设置自动测量方式。该菜单主要包括信源选择、电压测量、时间测量、全部测量参数显示或关闭、清除测量数据等子菜单。其中，电压测量子菜单具有10种测量功能，如峰-峰值、最大值、最小值、平均值、幅度、顶端值、底端值、方均根值、过冲及预冲等；时间测量子菜单也具有10种测量功能，如频率、周期、上升时间、下降时间、正脉宽、负脉宽、正占空比及负占空比等。

4）ACQUIRE：采集功能菜单。按下采集控制键ACQUIRE，进入采集菜单。该菜单包括获取方式、采样方式等子菜单。

5）REF MENU：参考功能菜单。以快速显示或隐藏存储在示波器存储器中的参考波形。按下参考功能键REF，显示参考菜单。该菜单包括信源选择、保存和反相三个子菜单，用于选择一个通道波形作为参考波形，并保存、显示参考波形以供比较。

6）UTLITY：辅助功能键，按下辅助功能键UTLITY，显示进入辅助功能菜单。该菜单可用于接口设置、声音设置、语言设置、波形录制、自校正及自测试。其中，自校正功能较为常用。自校正方法是在UTLITY菜单中选择自校正功能，进入自校正工作界面，按RUN/STOP键开始自校正，结束后按RUN/STOP键退出。

7）CURSOR：光标测量键。按下光标测量控制键CURSOR，出现光标测量菜单。在该菜单下，可进行光标测量。离开光标菜单后，光标保持可见，但不可调整。

8）DISPLAY：显示控制键。按下显示控制键DISPLAY，出现显示菜单。在该菜单下，可设置示波器的显示类型、波形保持功能、菜单保持时间及屏幕显示模式。

9）HELP：帮助键。按下HELP键显示帮助菜单。

10）DEFAULT SETUP：默认设置键。按下DEFAULT SETUP键，可调出厂家设置。

11）AUTOSET：自动设置键。按下AUTOSET键，可自动设置示波器控制状态，用于自动设定仪器的各项档级及范围，以产生适宜观察的输入信号波形。

12）SINGLE SEQ：单次序列采集键。按下SINGLE SEQ键，采集单个波形，然后停止。

13）RUN/STOP：运行/停止键。按下RUN/STOP时进行连续采集波形或停止采集，用于执行/停止信号测量。

14）PRINT：打印按键。按下PRINT键，启动打印到PictBridge兼容打印机的操作，或执行“保存”到USB闪存驱动器。

15）SAVE：保存指示。当PRINT（打印）按钮配置为将数据存储到USB闪存驱动器时，LED指示灯闪亮。

16）多用途旋钮：通过显示的菜单或选定的菜单选项来确定功能。激活时，相邻的LED变亮，如在光标测量时移动光标。

17）选项按钮：在显示屏右边有选项按钮，选项按钮只在有菜单显示时才起作用，其作用由对应的菜单项决定。

18）PROBE CHECK：探头检测按钮。检查示波器“垂直”菜单中的“衰减”选项，设为与探头相匹配。

19）探头补偿：作为探头补偿用的信号源，为电压幅度5V（峰-峰值）、频率1kHz 的方波校准信号。

（5）显示区域　除显示波形外，显示屏上还含有很多关于波形和示波器控制设置的详细信息，如图 5-42 所示。

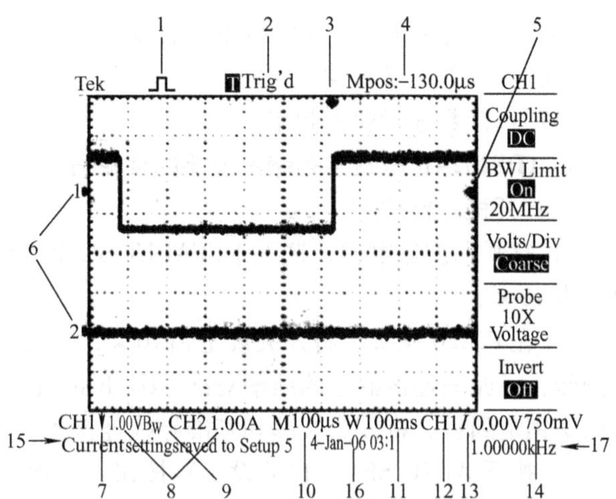

图 5-42　TDS2024B 型数字存储示波器显示区域图

“1”：显示图标表示获取方式，有采样方式、峰值检测方式、平均值方式三种方式。

“2”：触发状态显示，有 7 种触发状态显示。

□ Armed——示波器正在采集预触发数据，在此状态下忽略所有触发。

[R] Ready——示波器已采集所有预触发数据并准备接受触发。

[T] Trig'd——示波器已触发，并正在采集触发后的数据。

● Stop——示波器已停止采集波形数据。

● Acq. Complete——示波器已经完成“单次序列”采集。

[R] Auto——示波器处于自动方式并在无触发状态下采集波形。

□ Scan——在扫描模式下示波器连续采集并显示波形。

“3”：使用标记显示水平触发位置。旋转“水平位置”旋钮可以调整标记位置。

“4”：显示中心刻度处时间的读数。触发时间为零。

“5”：显示边沿或脉冲宽度触发电平的标记。

“6”：屏幕上的标记指明所显示波形的地线基准点。如没有标记，不会显示通道。

“7”：箭头图标表示波形是反相的。

“8”读数显示通道的垂直刻度系数。

“9”：AB_w 图标表示通道带宽受限制。

“10”：读数显示主时基设置。

“11”：如使用视窗时基，读数显示视窗时基设置。

“12”：读数显示触发使用的触发源。

“13”：采用图标显示选定的触发类型，即上升沿的边沿触发、下降沿的边沿触发、行同步的视频触发、场同步的视频触发、正极性脉冲宽度触发、负极性脉冲宽度触发。

“14”：读数显示边沿或脉冲宽度触发电平。

“15”：示波器的屏幕底部显示有用信息的区域，有些信息仅显示 3s。如果调出某个储存的波形，读数就显示基准波形的信息，如 RefA 1. 00V 500μs。

信息区域主要提供以下几种有用的信息：

①访问另一菜单的方法。例如按下 TRIG MENU（触发菜单）按钮时，利用水平菜单调

整触发释抑。

②建议可能要进行的下一步操作。例如按下 MEASURE（测量）按钮时，按显示屏按钮以改变测量。

③有关示波器所执行操作的信息。例如按下 DEFAULT SETUP（默认设置）按钮时，调出厂家设置。

④波形的有关信息。例如按下“自动设置”按钮时，在 CH1 上检测到正方形波或脉冲。

“16”：读数显示日期和时间。

“17”：读数显示触发频率。

3. TDS2024B 型数字存储示波器的使用方法

（1）开机功能检查

1）打开示波器电源，按下 DEFAULT SETUP（默认设置）按钮。探头选项默认的衰减设置为 10×。

2）在 P2220 探头上将开关设定到 10×，并将探头连接到示波器的通道 CH1 上。要进行此操作，将探头连接器上的插槽对准 CH1 BNC 上的凸键，按下去即可连接。然后向右转动将探头锁定到位，将探头端部和基准导线连接到“探头补偿”终端上。

3）按下 AUTO SET（自动设置）按钮，在数秒钟内，应当可以看到频率为 1kHz、电压峰-峰值为 5V 的方波，如图 5-43 所示。按两次前面板上的 CH1 MENU（CH1 菜单）按钮删除通道 CH1，按下 CH2 MENU（CH2 菜单）按钮显示通道 CH2，以同样的方法检查通道 CH2、CH3 和 CH4。

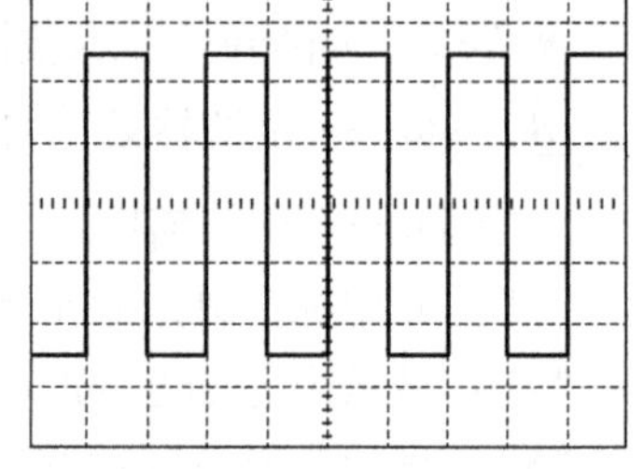

图 5-43　校准信号波形

（2）探头检查

1）电压探头检查向导。用于验证电压探头是否操作正常，该向导不支持电流探头。该向导可用于帮助用户调节电压探头的补偿（通常使用调节探头主体上的螺钉旋具或探头连接器实现），还可设置每个通道的衰减选项系数。

每次将电压探头连接到输入通道时，都应该使用探头检查向导。按下 PROBE CHECK 按钮。如果电压探头连接正确、补偿正确，而且示波器“垂直”菜单中的“衰减”选项设置与探头相匹配，示波器就会在屏幕的底部显示一条“合格”信息。否则，示波器会在屏幕上显示一些指示信息，指导纠正这些问题。探头检查向导适用于 1×、10×、20×、50× 和 100× 探头，不适用于 500× 和 1000× 探头，以及连接到 EXT TRIG（外部触发）BNC 的探头。该过程完成之后，探头检查向导将示波器设置恢复到按下 PROBE CHECK 按钮之前的设置（“探头”选项除外）。

2）手动探头补偿。作为探头检查向导的替代方法，手动执行此调整来匹配探头和输入通道。按下 CH1 MENU（CH1 菜单）键，通过“探头”“电压”“衰减”选项，选择 10×。在 P2220 探头上将开关设定为 10×，并将探头连接到示波器的通道 CH1 上。如果使用探头钩式端部，则要确保钩式端部牢固地插在探头上。将探头端部连接到探头补偿元件“~5V @1kHz”终端，将基准导线连接到探头补偿元件机箱接地终端。选择显示通道，然后按下 AUTO SET（自动设置）按钮，检查所显示波形的形状。探头补偿如图 5-44 所示，图 5-44b 为补偿正确，图 5-44a 为补偿过度，图 5-44c 为补偿不足，需要调整探头上的小螺钉旋具，直到达到正确补偿为止。

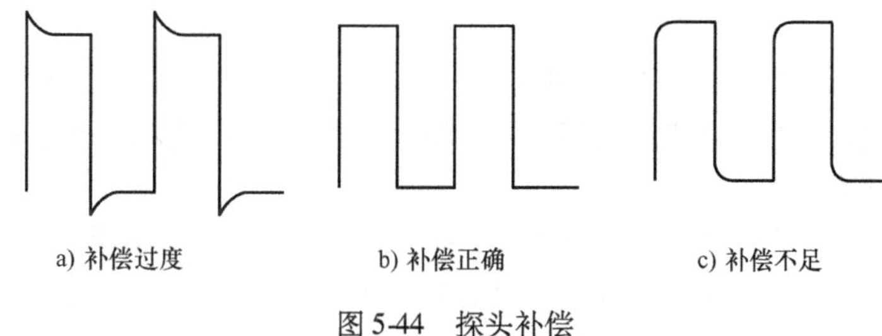

图5-44　探头补偿

（3）简单测量　当要测试电路中的某个信号，但又不了解该信号的幅值、频率时，可选择简单测量。

1）使用自动设置（AUTO SET）。按下CH1 MENU（CH1菜单）键，按下“探头”“电压”“衰减”选项，选择10×，将P2220探头上的开关设定为10×，将通道CH1的探头端部与信号连接，将基准导线连接到电路基准点，按下AUTO SET（自动设置）键，示波器自动设置垂直、水平和触发控制各项测量参数，并显示信号波形。如果要优化波形的显示，可手动进行调整。

2）进行自动测量。示波器可自动测量多数显示的信号。要测量信号的频率、周期、峰-峰值幅度、上升时间以及正频宽，步骤如下：

①按下MEASURE（测量）键，查看Measure（测量）菜单。

②按顶部选项按钮，显示Measure 1 Menu（测量1菜单）。单击“类型”子菜单，选择“频率”选项。屏幕将显示测量结果，按“返回”按钮回到Measure（测量）菜单。

③按顶部第二个选项按钮，显示Measure 2 Menu（测量2菜单）。单击“类型”子菜单，选择“周期”选项，屏幕将显示测量结果，按“返回”按钮回到Measure（测量）菜单。

④按中间的选项按钮，显示Measure 3 Menu（测量3菜单），单击“类型”子菜单，选择“峰-峰值”选项，屏幕将显示测量结果，按“返回”按钮回到Measure（测量）菜单。

⑤按底部倒数第二个选项按钮，显示Measure 4 Menu（测量4菜单）。单击“类型”子菜单，选择“上升时间”选项，屏幕将显示测量结果，按下“返回”按钮回到Measure（测量）菜单。

⑥按底部的选项按钮，显示Measure 5 Menu（测量5菜单）。单击“类型”子菜单，选择“正频宽”选项，屏幕将显示测量结果，按“返回”按钮回到Measure（测量）菜单。

3）两个信号的测量。如测试一台设备，需要测量音频放大器的增益，则需要一个音频发生器，将测试信号连接到放大器输入端。将示波器的两个通道分别与放大器的输入和输出端相连，测量两个信号的电平，计算增益。

将示波器通道CH1通过探头接到放大器输入端，将通道CH2通过探头接到放大器输出端。激活并显示连接到通道CH1和通道CH2的信号，选择两个通道进行测量，步骤如下：

①先按AUTO SET（自动设置）按钮，再按MEASURE（测量）按钮查看Measure（测量）菜单。

②按顶部选项按钮，显示Measure 1 Menu（测量1菜单），单击“信源”子菜单，选择CH1选项，单击“类型”子菜单，选择“峰-峰值”选项，然后按“返回”回到Measure

（测量）菜单。

③按顶部第二个选项按钮，显示 Measure 2 Menu（测量 2 菜单），单击“信源”子菜单，选择 CH2 选项，单击“类型”子菜单，选择“峰-峰值”选项，然后按“返回”回到 Measure（测量）菜单。

④调整 CH1 的 VOLTS/DIV 档级和 POSITION 旋钮使两个波形不重叠，读取两个通道的峰-峰值幅度。通道 CH1 和 CH2 信号的幅度分别为 U_1、U_2，计算放大器电压放大倍数：电压放大倍数 = 输出幅度/输入幅度，即 $A = U_2/U_1$，增益 $G(\mathrm{dB}) = 20\lg(U_2/U_1)$。

（4）光标测量　使用光标测量法可快速地对信号波形进行时间和振幅测量。如测量某个信号上升沿的振荡频率和振幅，还可以对脉冲宽度、脉冲上升时间、信号传输延迟时间进行测量。

1）时间测量。按下 CURSOR（光标）键查看 Cursor（光标）菜单。选择光标“类型”为“时间”，按下“信源”选择通道（对应输入通道端口），按下“光标 1”选项按钮，屏幕垂直方向上将出现一条光标 1 的亮线；旋转多用途旋钮，将光标 1 置于信号波形的第一个测量点上，然后按下“光标 2”选项按钮，屏幕垂直方向上将出现另一条光标 2 的亮线；旋转多用途旋钮，将光标 2 置于信号波形的第二个测量点上。此时，可在 Cursor（光标）菜单中查看时间和频率增量 Δt 和 $1/\Delta t$ 的值，Δt 为时间间隔，$1/\Delta t$ 为频率。如果两点正好为周期性信号的一个周期的间隔，则 Δt 和 $1/\Delta t$ 的值即为信号的周期和频率值。

2）幅度测量。按下 CURSOR（光标）键查看 Cursor（光标）菜单。选择光标“类型”为“幅度”，按下“信源”选择通道（对应输入通道端口），按下“光标 1”选项按钮，屏幕水平方向上将出现一条光标 1 的亮线，旋转多用途旋钮，将光标 1 置于信号波形的第一个测量点上；然后按下“光标 2”选项按钮，屏幕水平方向上将出现另一条光标 2 的亮线，旋转多用途旋钮，将光标 2 置于信号波形的第二个测量点上。此时，可在 Cursor（光标）菜单中查看幅度增量 ΔV 的值，ΔV 为电压幅度。如果两点正好为信号波形的波峰和波谷，则 ΔV 即为峰-峰电压值。

（5）分析信号的详细信息　当示波器上显示一个噪声信号时，此信号包含了许多无法从显示屏上观察到的信息，需要了解其详细信息。

1）观察噪声信号。按下 ACQUIRE（采集）按钮以查看 Acquire（采集）菜单，按下“峰值检测”选项按钮，进行噪声尖峰和干扰的测量。如有必要，可按下 DISPLAY（显示）按钮以查看 display（显示）菜单，使用“调节对比度”选项按钮，用多用途旋钮调节显示屏，以便更加清晰地查看噪声。

2）将信号从噪声中分离。为了更好地分析信号形状，减少显示屏中随机噪声的影响，可将信号从噪声中分离出来。在 ACQUIRE（采集）菜单下，按下“平均值”选项按钮，设置运行平均操作次数值，可查看其对显示波形的影响。平均噪声可降低随机噪声，并且更容易查看信号的详细信息。

（6）单次脉冲信号的捕获　捕获单次信号是数字示波器的优势，捕获后可稳定清晰地显示。要采集单次信号必须将垂直和水平方式、档级和触发方式设置妥当。单次信号捕获步骤如下：

1）设置好探头的衰减档位、示波器通道的衰减系数、垂直偏转因数档级和扫描时间因数档级。

2）按下 ACQUIRE（采集）按钮以查看 Acquire（采集）菜单，按下“峰值检测”选项按钮。

3）按下 TRIG MENU（触发菜单）按钮以查看触发菜单，进入触发菜单，选择“触发类型”为“边沿触发”，边沿触发类型为“上升沿触发”。

4）旋转 LEVEL（电平）旋钮，将触发电平调整至信号电平的合适位置上。

5）按下 SINGLE SEQ（单次序列）按钮以开始采集，一旦有符合触发条件的单次脉冲信号出现时，示波器触发并采集事件一次，并在屏幕上显示出来。

单次信号捕获功能对于有较大幅度突发性毛刺的捕获较为有效。只要让触发电平超过正常信号触发电平并在毛刺幅度之内，就可以捕获到毛刺及毛刺发生前后的信号波形。

实操训练 4　模拟示波器的校准与调整

1. 实训目的

1）掌握模拟示波器面板各按键、开关、旋钮的作用，会进行调整操作。

2）掌握模拟示波器校准的方法，会对探头进行正确补偿。

2. 实训设备与仪器

双踪示波器，型号：VP-5520A-1，指标：20MHz。

3. 实训内容及步骤

1）做好使用示波器前的辉度、聚焦、校正等准备工作。

①将两个通道的耦合方式置为地，调节“聚焦”旋钮。

②按下“CH1”按钮，调节 CH1 的“位移”旋钮，将通道 1 的扫描线调至中心位置。

③调节 CH2 的“位移”旋钮，将通道 2 的扫描线调至中心位置，按下“CH2”按钮，显示通道 2 的扫描线。

④示波器的校准。调节“灵敏度微调”“扫描微调”旋钮至校准位；调节“触发电平”旋钮至锁定位置，将校准用的标准方波 1kHz、0.3V_{p-p}信号接入通道 1，观测显示是否正确，判断示波器和探头是否需要校准。

2）了解面板上各种开关、按键、旋钮的作用并熟练操作调整。

耦合方式、触发方式、水平位移、垂直位移、触发极性、偏转因数旋钮、扫描时基因数旋钮等的调整，观察荧光屏上显示状态的变化。

4. 实训报告要求

1）当示波器上的波形（光点、时基线）消失时，一般的检查和调整顺序是什么?

2）示波器 Y 轴输入端的“AC⊥DC”选择开关有何作用? 何时选择“AC”档、“DC”档和“⊥”档。

实操训练 5　用示波器测量波形参数

1. 实训目的

1）掌握正确使用示波器测量周期性信号的幅值、频率、周期、相位及脉冲信号的上升时间的方法。

2）掌握用模拟示波器测量信号发生器频率准确度的方法。

2. 实训设备与仪器

1）函数信号发生器，指标：0.2Hz～2MHz，数量2台。

2）双踪示波器，型号：VP-5520A-1，指标：20MHz，数量1台。

3. 实训内容及步骤

1）做好使用示波器前的调亮、聚焦、校正等准备工作。

2）测量各种波形参数。

①方波：测量上升时间 t_r。信号源输出方波信号，调节示波器时基旋钮将波形展开，调节水平位移旋钮便于读数。

上升时间 t_r = 上升沿水平格数 × 扫描时基因数

t_r =

②正弦波：测量重复周期 T_0 及电压峰-峰值 $U_{p\text{-}p}$。

信号源输出正弦信号，调节 CH1 的垂直幅度旋钮并读数。

电压峰-峰值 $U_{p\text{-}p}$ = 波峰到波谷的格数 × 垂直幅度刻度

重复周期 T_0 = 多周期的格数 × 扫描时基因数 ÷ 周期数

$U_{p\text{-}p}$　　　　U =

T_0 =　　　　f_0 =

③三角波：测量波形对称度 T_a/T_b，信号源输出三角信号并读数。

上升时间 T_a = 上升沿横格数 × 扫描时基因数

下降时间 T_b = 下降沿横格数 × 扫描时基因数

T_a =　　　　T_b =

3）测量信号发生器的频率准确度。信号发生器输出1V频率为1000Hz的正弦波，用示波器作为标准仪器，通过读数，测试出信号发生器的频率准确度。

频率准确度 =（示波器显示频率 − 信号发生器指示频率）÷ 信号发生器指示频率

示波器显示频率：

信号发生器指示频率：

α =

4. 实训报告要求

1）整理实训数据，记录波形和数据。

2）当利用示波器观测某一直流信号时，示波器的输入耦合方式、触发耦合方式和扫描方式应如何选择？

实操训练6　数字存储示波器的使用

1. 实训目的

1）掌握用数字存储示波器测量电压、周期和频率的方法。

2）掌握用数字存储示波器测量非正弦信号频谱的方法。

2. 实训设备与仪器

数字存储示波器、函数信号发生器。

3. 实训内容及步骤

1）测量正弦交流信号、三角波、方波信号的电压、周期和频率。调节低频信号源，使其输出表 5-2 所示的正弦交流信号或方波信号，并送入示波器。观测、计算正弦交流信号或方波信号的峰-峰电压 $U_{p\text{-}p}$、幅度值 U_m、有效值 U_{rma}、周期 T 和频率 f，并将结果记录在表 5-2 中。

表 5-2　正弦交流信号和方波信号的观测结果

参数 待测信号	VOLTS/DIV	$U_{p\text{-}p}$	U_m	U_{rms}	SEC/DIV	T	f
1kHz、1V 正弦波							
200kHz、300mV 正弦波							
300kHz、2V 三角波							
1kHz、100mV 方波							

2）用光标法测量给定信号的周期、频率和电压值。用低频信号源输出表 5-3 所示的信号，用光标法测量这些信号的周期、频率和电压值，并将测量结果记录在表 5-3 中。

表 5-3　用光标法测量的结果

参数 待测信号	U			T			f
	光标 1	光标 2	ΔV	光标 1	光标 2	Δt	$1/\Delta t$
1kHz、1V 正弦波							
200kHz、300mV 正弦波							
300kHz、2V 三角波							
1kHz、100mV 方波							

3）测量放大电路的放大倍数和延迟。将 1Hz、10mV 的正弦波信号送到放大器的输入端，用数字示波器测量放大器的放大倍数和信号通过放大器产生的延迟，并将测量结果记录在表 5-4 中。

表 5-4　放大电路放大倍数和延迟的测量结果

待测量	输入电压	输出电压	放大倍数	延迟
测量值				

4）观察 1kHz、5V 校准方波信号的频谱。将数字示波器的校准方波送入示波器，按下 MATH 键，弹出 MATH 菜单，选择 FFT，即可观察到校准方波的频谱。

4. 实训报告要求

1）整理实训数据，记录波形和数据。

2）思考题：如何用数字存储示波器捕捉单次信号？

归纳总结 5

本章介绍了信号示波测试技术，主要内容有：

（1）示波测试技术的主要仪器是示波器，分为模拟示波器和数字示波器两大类。

（2）模拟示波测试的阴极射线示波管由电子枪、偏转系统、荧光屏组成，其作用是显示信号波形。

（3）模拟示波测试波形显示的时域波形显示原理在于被测信号加入垂直通道，扫描信号加入水平通道，保证两个通道的信号同步，才能显示稳定的波形；示波器的 X-Y 显示的是李沙育图形，两个信号分别加入垂直通道和水平通道，反映的是两个信号的频率和相位关系。

（4）通用模拟示波器的组成及技术指标。通用模拟示波器由 Y 通道（垂直系统）、X 通道（水平系统）和主机系统构成。

（5）垂直系统由输入电路、Y 前置放大器、延迟级、Y 输出放大器、内触发放大器组成。其作用是把被测信号变换成大小合适的双极性对称信号，加到 Y 偏转板上，使显示的波形适于观测；向 X 通道提供内触发信号源；补偿 X 通道的时间延迟，以观测到完整波形。

（6）水平系统由触发电路、扫描发生器电路、X 放大器组成。其作用是产生随时间线性变化的扫描电压，使光点在荧光屏的水平方向达到满偏转；给示波管提供增辉、消隐脉冲；提供双踪示波器交替显示的控制信号。

（7）主机系统主要包括示波管、增辉电路、电源和校准信号发生器。增辉电路的作用是在扫描正程时使光迹加亮，在扫描逆程或扫描休止时使休止线和回扫线消隐，或在外加高频信号作用下，对显示波形进行亮度调制。电源电路为各电路的工作提供稳定的工作电源。校准信号发生器则提供用于校准示波器的很准确、稳定的方波信号。

（8）示波器的多波形显示。示波器的多波形显示方法有多线显示、多踪显示和双扫描显示。双踪显示的方式有信道 1、信道 2、叠加、交替、断续显示。

（9）示波器面板由电源部分、垂直系统部分、水平系统部分、触发系统部分、其他部分组成。面板上有耦合方式、触发方式、水平位移、垂直位移、触发极性、偏转因数旋钮、时基因数旋钮的操作。

（10）示波器可以进行直流电压测量，交流电压测量，时间、周期测量，频率测量，相位测量，调幅系数测量。用示波器测量各种波形参数时各部件的操作，注意各旋钮、开关、按键的位置和调整。

（11）数字存储示波器由控制部分、取样存储部分及读出显示三大部分组成，数字存储示波器有存储时间长、慢扫描等功能特点，有存储显示、抹迹显示、卷动显示等多种显示方式。

（12）数字存储示波器各面板部件有菜单和功能的功用。数字存储示波器可以进行简单的测量，一般采用自动测量；数字存储示波器的光标测量法更准确方便；数字存储示波器可以捕捉单次信号进行显示。

练习巩固 5

5.1　示波管由哪几部分组成？各部分的作用是什么？

5.2　示波器显示稳定的信号波的条件有哪些？

5.3　比较触发扫描和连续扫描，它们各有什么特点？

5.4　通用示波器由哪几部分组成？各部分的作用是什么？

5.5　延迟线的作用是什么？内触发信号可否在延迟线以后的电路引出？

5.6　试说明触发电平、触发极性调节的意义。

5.7　根据图 5-45 显示出的波形判断出示波器的触发电平和触发极性。

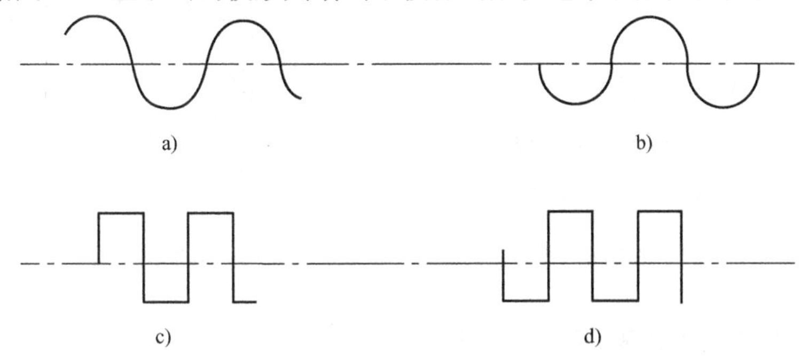

图 5-45　题 5.7 图

5.8　示波器的多波形显示有哪些方法？

5.9　什么是“交替”显示？什么是“断续”显示？对频率有何要求？

5.10　用示波器观测波形时，要达到如下要求，应调节哪些旋钮？

①波形清晰；②亮度适中；③波形稳定；④移动波形位置；⑤改变波形个数；⑥改变波形的高度。

5.11　有一正弦信号，使用垂直偏转因数为 10mV/div 的示波器进行测量，测量时信号经过 10∶1 的衰减探头加到示波器，测得荧光屏上波形的高度为 7.07div，问该信号的峰值、有效值各为多少？

5.12　已知示波器的 Y 偏转因数为 0.5V/div，荧光屏有效宽度为 10div，扫描时间因数为 0.1ms/div。显示的波形如图 5-46 所示。求被测信号的频率和周期为多少？振幅 U_m = ？有效值 U = ？

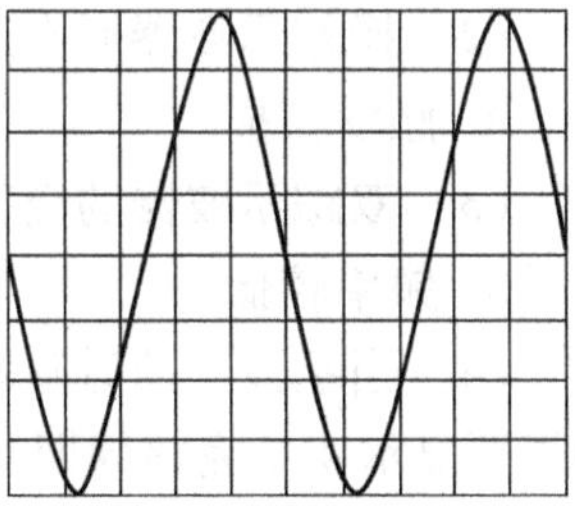

5.13　一示波器的荧光屏的水平长度为 10cm，要求显示 10MHz 的正弦信号两个周期，问示波器的扫描速度应为多少？

5.14　若示波器的垂直偏转因数为 10mV/div，扫描时间因数为 1ms/div，绘出下述的波形。

（1）有效值为 10mV、频率为 500Hz 的正弦信号。

（2）峰-峰值为 40mV、频率为 200Hz 的方波信号。

图 5-46　题 5.12 图

5.15　在通用示波器中调节下列开关、旋钮的作用是什么？

（1）辉度；（2）聚焦和辅助聚焦；（3）X 轴移位；（4）触发方式；（5）Y 轴移位；（6）触发电平；（7）触发极性；（8）偏转灵敏度粗调（V/div）；（9）偏转灵敏度细调；（10）扫描速度粗调（t/div）；（11）扫描速度微调。

5.16　被测信号 u_y 和扫描锯齿波 u_x 的波形如图 5-47 所示，若示波器的消隐电路失常，将显示何波形？

5.17　用示波器测量正弦波，根据图 5-48 所示波形，求出该波形的峰-峰值、有效值、平均值、周期、频率各是多少？已知测量时，垂直偏转因数旋钮打在 50mV/div，扫描时间

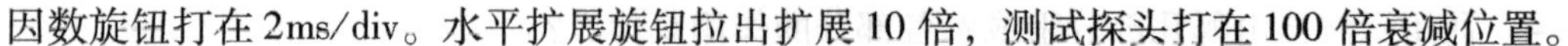

因数旋钮打在2ms/div。水平扩展旋钮拉出扩展10倍，测试探头打在100倍衰减位置。

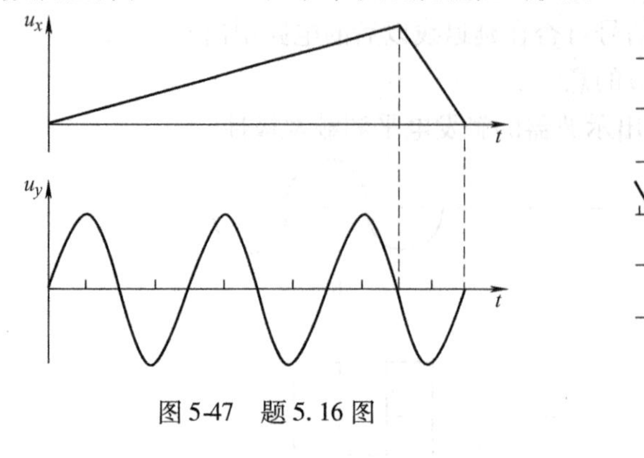

图5-47 题5.16图

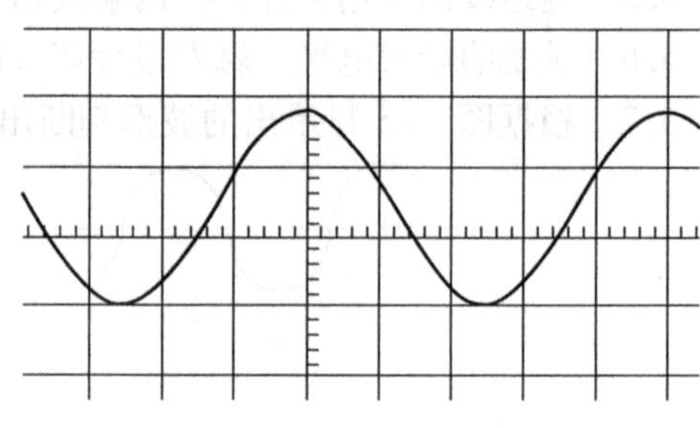

图5-48 题5.17图

5.18 数字存储示波器显示与模拟示波器相比有何特点？

5.19 简述用数字存储示波器的光标法测量信号的周期、频率和电压的过程。

5.20 数字存储示波器捕捉单次信号的方法是什么？

5.21 判断题

(1) 示波器荧光屏上光线的明亮程度取决于电子枪发射出来的电子数量和速度。( )

(2) 多踪示波器借助于电子开关的作用在示波管荧光屏上显示多个信号波形。( )

(3) 多线示波器只有一个示波管，借助于电子开关的作用在示波管荧光屏上显示多个信号波形。( )

(4) 示波器时域波形显示时垂直通道加扫描的锯齿波，水平通道加被测信号。( )

(5) 双踪示波器的交替显示方式适合测量频率较高的信号。( )

5.22 选择题

(1) 在示波器显示屏垂直方向上表示亮点在荧光屏上偏转1cm时，所加的电压数值的物理量是______。

A. 偏转灵敏度 B. 偏转因数 C. 扫描速度 D. 频带宽度

(2) 操作示波器通常选用的扫描方式是______。

A. 触发扫描 B. 自动扫描 C. 单次扫描

(3) 双踪示波器的交替显示方式适合测量______的信号。

A. 频率较低 B. 频率较高 C. 直流 D. 慢扫描

(4) 当示波器的时基因数为5ms/cm时，荧光屏上正好完整显示一个周期的正弦信号，如果要显示4个完整周期的信号，时基因数应选为______。

A. 10ms/cm B. 20ms/cm C. 40ms/cm D. 1ms/cm

(5) 双踪示波器的X-Y显示方式用于观测信号的______。

A. 瞬时波形 B. 幅频特性 C. 李沙育图形

第 6 章　电子元器件参数测量与仪器

任务引领：用万用电桥测量电阻、电容、电感的参数

在实际电路中使用的电路部件一般都和电能的消耗现象及电、磁能的储存现象有关，这些现象交织在一起，并在整个部件中存在。假定在理想条件下，这些现象可以分别研究，并且这些电磁过程都分别集中在各元件内部进行，这样的元件称为集中参数元件，简称为集中元件。如何对集中参数元件进行参数的测量呢？你会用万用电桥对电阻、电容和电感进行参数测量吗？如何进行操作呢？本章就来给大家介绍电子元器件参数的测量及仪器的使用。

主要内容：

1）集中参数元件中电阻、电感、电容的特性。

2）电桥法测量集中参数元件，万用电桥及使用。

3）谐振法测量集中参数元件，Q 表及使用。

4）晶体管特性图示仪及应用。

学习目标：

了解集中参数元件的特性，掌握电桥法测量集中参数元件的方法，掌握万用电桥测量的基本原理和功能。正确使用万用电桥测量电阻、电容及损耗因数 D、电感及品质因数 Q。了解谐振法测量的基本原理和功能，掌握谐振法测量集中参数元件的方法；了解晶体管特性图示仪的基本原理及功能，掌握晶体管特性图示仪测量晶体管的方法，会正确使用晶体管特性图示仪测量晶体管的特性。

6.1　集中参数元件的特性

在电子技术中，当元器件的几何尺寸远小于工作信号波长时，电阻器、电容器、电感器主要表现出与之名称相符的阻抗特性，把电子电路中的电阻器、电容器、电感器统称为集中参数元件。在电子测量技术中，对集中参数元件的测量是指对电阻、电容、电感、品质因数 Q、损耗因数 D 等参数的测量。

对集中参数测量的方法有伏安法、电桥法、谐振法。

1）伏安法即电压表-电流表法，测量的原理依据是欧姆定律，伏安法测量虽然方便，但由于电压表、电流表内阻的影响，使得测量准确度较差，只适合直流电阻的测量。

2）电桥法即示零法，测量的原理是依据电桥平衡时电桥的各个桥臂之间的对应平衡关系来确定被测量，电桥法工作频率较宽，测量准确度较高，可达 10^{-4}，比较适合低频阻抗元件的测量。

3）谐振法即 Q 表法，测量的原理是依据 LC 谐振回路的谐振特性来测量电路元件参数，可以用来测量电容、电感高频电路参数。由于高频电路使用的元件基本用于调谐回路、选频

电路，所以谐振法符合实际状态，谐振法在高频段的测量结果比较可靠。

6.1.1 电阻器的性质

电阻器在日常生活中一般直接简称为电阻，用 R 来表示。电阻在电路中对电流呈现阻力，是一个限流元件，它可限制通过它所连支路的电流大小。同时电阻是一个耗能元件，消耗的功率 $P=I^2R=U^2/R$。

理想的电阻器是线性的，即通过电阻器的瞬时电流与外加瞬时电压成正比，即不含电抗分量。由于构造上有线绕或刻槽，实际电阻器总存在着一定的引线寄生电感和分布电容，其高频等效电路如图 6-1 所示。电阻在低频工作状态下，由于 L_R 的感抗很小，C_R 的容抗很大，电抗部分可以忽略不计，电阻的分量起主要作用；但当电阻在高频工作状态下时，电阻的电抗分量就不能忽略不计。此外，工作于交流电路的电阻，由于趋肤效应、涡流损耗、绝缘损耗等原因，其电阻值随频率不同而不同。电阻的主要测量参数为电阻值。

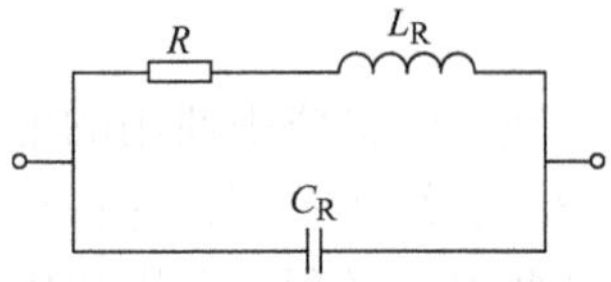

图 6-1 电阻的高频等效电路

6.1.2 电容器的性质

电容器通常简称电容，用 C 来表示。电容在电路中是一个储能元件，存储电场能量 $E=CU^2/2$，存储电荷量 $Q=CU$。电容在电路中多用来滤波、隔直、耦合交流、旁路交流及与电感元件构成振荡电路等。电容的主要参数有电容量、误差、额定电压、温度系数、损耗因数。

实际的电容器也不可能是理想的纯电容，还存在引线电感和损耗电阻（包括漏电阻及介质损耗等）。当电容的工作频率较低时，忽略引线电感的影响，电容的实际等效电路如图 6-2 所示。图 6-2a 为串联等效电路，R_{CS}为电容器的等效串联损耗电阻，与纯电容 C 串联；图 6-2b 为并联等效电路，R_{CP}为电容器的等效并联损耗电阻，与纯电容 C 并联。电容的主要测量参数为电容值 C 和电容器的损耗因数 D。电容器的损耗因数 D（损耗角的正切值 $\tan\delta$）表示电容器的损耗大小，D 越大表示电容器的损耗越大。

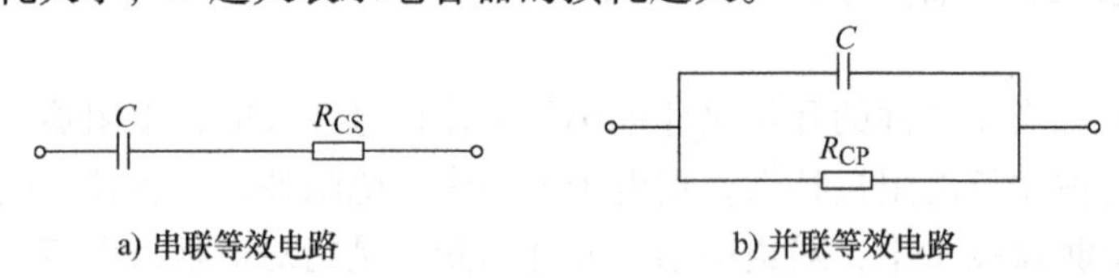

图 6-2 电容的实际等效电路

对于图 6-2a 所示的串联等效电路，有

$$D=\tan\delta=R_{CS}/X_C=\omega CR_{CS} \tag{6-1}$$

对于图 6-2b 所示的并联等效电路，有

$$D=\tan\delta=X_C/R_{CP}=1/(\omega CR_{CP}) \tag{6-2}$$

式中，X_C 为电容器的容抗；δ 为电容器的损耗角。

一般介质电容器的损耗因数较小，为 $10^{-4}\leqslant D\leqslant10^{-2}$；电解电容器的损耗因数较大，为 $10^{-2}\leqslant D\leqslant10^{-1}$。

任何电容都有一个谐振频率，当工作频率小于谐振频率时，电容呈正常的电容特性，但当工作频率大于谐振频率时，电容将等效为电感。

6.1.3 电感器的性质

电感器通常简称电感，用 L 表示。电感在电路中是一个储能元件，储存的磁能量 $E=LI^2/2$，形成的磁通链 $\psi=LI$。电感器在电路中是实现振荡、调谐、耦合、滤波、延迟、偏转的主要元件之一。为了增加电感量、提高 Q 值并缩小体积，常在线圈中插入磁心。电感的主要参数为电感量、误差、额定电流、温度系数、品质因数。

电感一般是用金属导线绕制而成的，存在绕线电阻，在电路中要消耗一定的能量，所以实际电感也存在损耗，其等效电路如图 6-3 所示。图 6-3a 为串联等效电路，R_{LS}为电感器的等效串联损耗电阻，与纯电感 L 串联；图 6-3b 为并联等效电路，R_{LP}为电感器的等效并联损耗电阻，与纯电感 L 并联。电感器的主要测量参数为电感量 L 和电感器的品质因数 Q，电感器的品质因数 Q 表示电感器的损耗大小，Q 值越大表示电感器的损耗越小，品质越高。

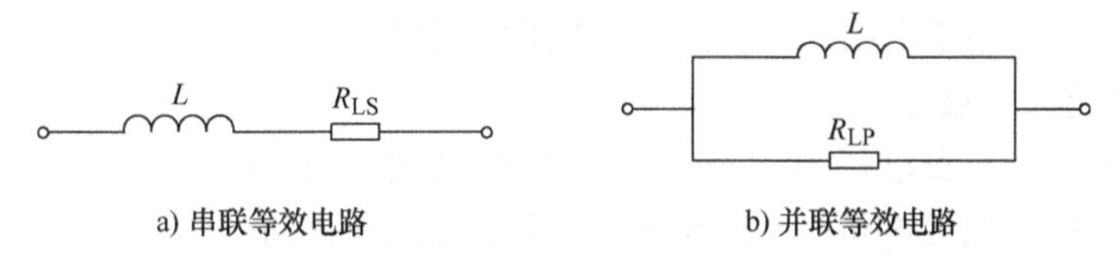

图 6-3　电感的实际等效电路

对于图 6-3a 所示的串联等效电路，有

$$Q=X_L/R_{LS}=\omega L/R_{LS} \tag{6-3}$$

对于图 6-3b 所示的并联等效电路，有

$$Q=R_{LP}/X_L=R_{LP}/(\omega L) \tag{6-4}$$

式中，X_L 为电感的感抗。

电感器品质因数的高低与线圈导线的直流电阻、线圈骨架的介质损耗及铁心、屏蔽罩等引起的损耗等有关。空心线圈及带高频磁心的小电感器 Q 值较高，一般为几十至二百多；带铁心的电感器 Q 值较低，一般在几十以内。

电感器的品质因数 Q 和电容器的损耗因数 D 可以看成是一个倒数关系，即 $Q=1/D$，电感器的品质因数 Q 值越大，表示损耗越小，品质好；反之则损耗越大，品质差。同理，电容器的损耗因数 D 值越大，表示损耗越大，品质差；反之则损耗越小，品质好。

6.2 低频电路元件参数的测量——电桥法

6.2.1 电桥的分类及平衡条件

由电阻、电容、电感等元件组成的四边形测量电路叫电桥，人们常把四条边称为桥臂。作为测量电路，在四边形的一条对角线两端接上电源，另一条对角线两端接指零仪器。调节桥臂上某些元件的参数值，使指零仪器的两端电压为零，此时电桥达到平衡，所以电桥法也称示零法。利用电桥平衡时四个桥臂的比例关系，即可根据桥臂中已知元件的数值求得被测元件的参数（如电阻、电感和电容）。

1. 电桥的分类

电桥按照不同的分类方式有不同的种类。

（1）按照使用的电源分

1）直流电桥：电桥电路使用直流电源。直流电桥主要用于电阻测量。

2）交流电桥：电桥电路使用交流电源，可以测量电阻、电感和电容。

（2）按照电桥的组成分

1）惠斯顿电桥：主要用于测量电阻器的电阻值。

2）麦克斯韦电桥：主要用于测量电感器的电感量和电阻值。

3）文氏电桥：主要用于测量电容器的电容量及电阻值。

（3）按照测量范围分

1）开尔文电桥：小电阻，用于 $10^{-3} \sim 1\Omega$ 范围的低值电阻的测量。

2）惠斯顿电桥：用于 $1 \sim 10^6\Omega$ 范围的中值电阻的测量。

3）高电阻电桥：用于 $10^6\Omega$ 以上的高值电阻的测量。

（4）按测量元件个数分

1）惠斯顿电桥（单臂电桥）：只有一个电阻是未知或变化的。

2）开尔文电桥（双臂电桥）：有两个电阻是未知或变化的。

2. 电桥的平衡条件

电桥平衡即通过调节比例臂与测量臂，使得电桥的桥臂平衡，此时桥两端电位相等，通过检流计的电流为0，桥臂间存在稳定的比例关系，从而计算出待测臂的阻抗。利用此比例平衡原理，可以测量电阻、电感、电容、复合阻抗等，如图6-4所示。低频四臂电桥中，$\dot{Z}_1$、$\dot{Z}_2$、$\dot{Z}_3$、$\dot{Z}_4$为复阻抗，电桥的平衡条件为

$$\dot{Z}_1\dot{Z}_3 = \dot{Z}_2\dot{Z}_4 \tag{6-5}$$

即相对两个桥臂的阻抗乘积相等。公式（6-5）的含义为

$$|Z_1||Z_3|e^{j(\varphi_1+\varphi_3)} = |Z_2||Z_4|e^{j(\varphi_2+\varphi_4)} \tag{6-6}$$

其中，$|Z_1||Z_3| = |Z_2||Z_4|$为振幅平衡条件，$\varphi_1+\varphi_3=\varphi_2+\varphi_4$为相位平衡条件。

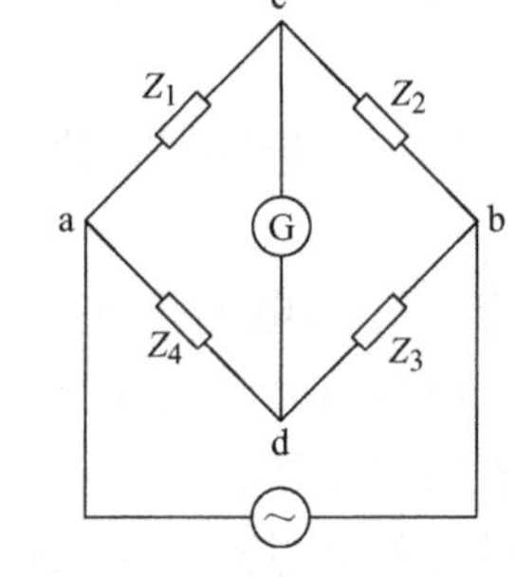

图6-4 交流平衡电桥

6.2.2 电桥法测量低频电路元件原理

1. 电桥法测量电阻

电桥法用来测量电阻值，是利用示零电路作测量指示器，根据电路的各个桥臂之间的平衡关系确定阻抗值的比较测量法。常用的单臂电桥由桥臂阻抗 R_1、R_2、R_n和 R_x组成，如图6-5所示。图中，R_1、R_2是固定电阻，称为比率臂，比例系数 $k=R_1/R_2$，可通过量程开关进行调节；R_n为标准电阻，称为标准臂；R_x为被测电阻；G为检流计。在a与b两点加上直流电压后，若电桥不平衡，则c、d两点有电位差，检流计G中有电流流过；若电桥处在平衡状态，则c、d两点电位差为零，检流计G中无电流流过。在平衡

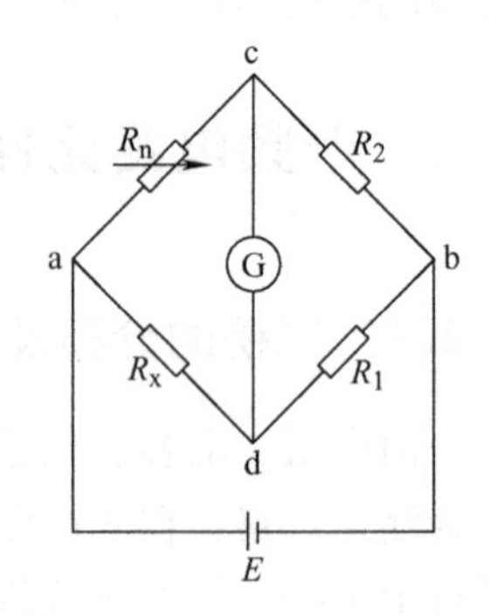

图6-5 单臂电桥测量电阻

状态时，相对两个桥臂电阻值的乘积相等。

电桥法的工作频率较宽，测量准确度较高，可达 $10^{-4}\Omega$，适用于低频阻抗元件的测量。按照所用电源的不同，电桥的形式分为直流电桥和交流电桥两大类。对于准确度要求很高的电阻，可用直流电桥法进行测量。图 6-5 中的单臂电桥即为直流电桥，常用来测量直流电阻。测量时，接上被测电阻 R_x，再接通直流电源，通过调节比例系数 k 和 R_n 使电桥平衡，即检流计指示 0，读出 k 和 R_n 的值，即可求得 $R_x = R_1R_n/R_2 = kR_n$。

2. 电桥法测量电容

交流电桥法可用来测量电容的电容量和损耗因数。交流电桥的工作原理与直流电桥基本相同。但交流电桥采用交流电源供电，平衡指示表为交流电压表，桥臂由电阻和电抗元件组成。交流电桥有串联和并联两种接法，其电路如图 6-6 所示。

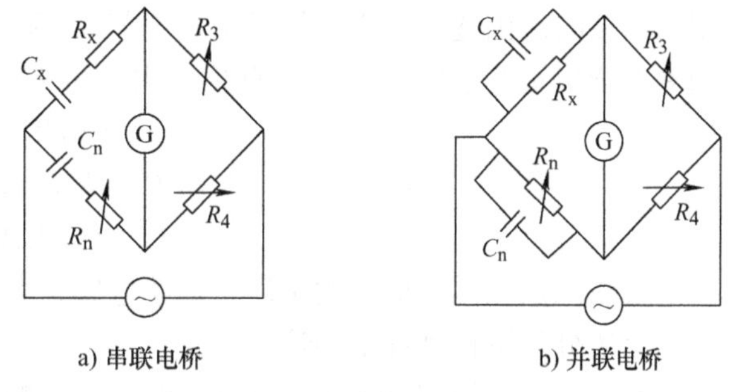

a) 串联电桥　b) 并联电桥

图 6-6　交流电桥测量电容的电路

(1) 串联电桥测量电容　在图 6-6a 所示的串联电桥中，C_x 为被测电容，R_x 为被测电容的等效串联损耗电阻，由电桥的平衡条件可得

$$C_x = R_4C_n/R_3 \tag{6-7}$$

$$R_x = R_3R_n/R_4 \tag{6-8}$$

$$D = 1/Q = \tan\sigma = 2\pi fR_nC_n \tag{6-9}$$

式中，C_n 为可调标准电容；R_n 为可调标准电阻；R_3、R_4 为固定电阻；D 为损耗因数；Q 为品质因数；σ 为电容的损耗角；f 为交流电源输出信号的频率。

测量时，先根据被测电容的电容量范围，调节桥臂上的阻抗。通过改变 R 来选取一定的量程，然后反复调节 R_4 和 R_n，使检流计指示为零，即让电桥处在平衡状态。从 R_4、R_n 的刻度值计算出 C_x 和 D 的值。串联电桥适用于测量损耗较小的电容。

(2) 并联电桥测量电容　在图 6-6b 所示的并联电桥中，C 为被测量电容，R_x 为被测电容的等效并联损耗电阻，调节 R_n 和 C_n 使电桥平衡。并联电桥适用于测量损耗较大的电容。由电桥的平衡条件可得

$$C_x = R_4C_n/R_3 \tag{6-10}$$

$$R_x = R_3R_n/R_4 \tag{6-11}$$

$$D = 1/Q = \tan\sigma = 1/(2\pi fR_nC_n) \tag{6-12}$$

3. 电桥法测量电感

电桥法用来测量电感的电感量和品质因数。测量电感的交流电桥有马氏电桥和海式电桥，分别适用于测量品质因数不同的电感。

(1) 马氏电桥　电路如图 6-7a 所示。马氏电桥适用于测量 $Q<10$ 的电感。L_x 为被测电感，R_x 为被测电感损耗电阻。一般

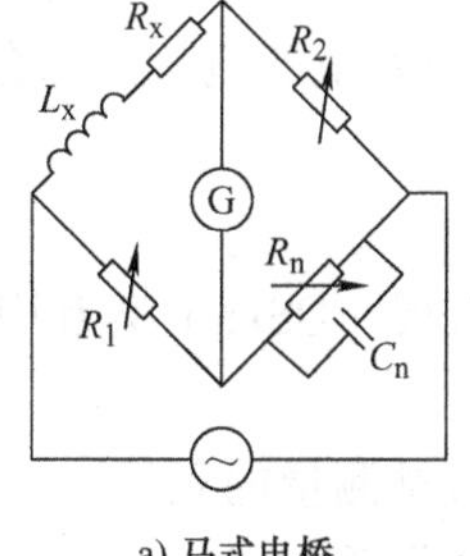

a) 马式电桥

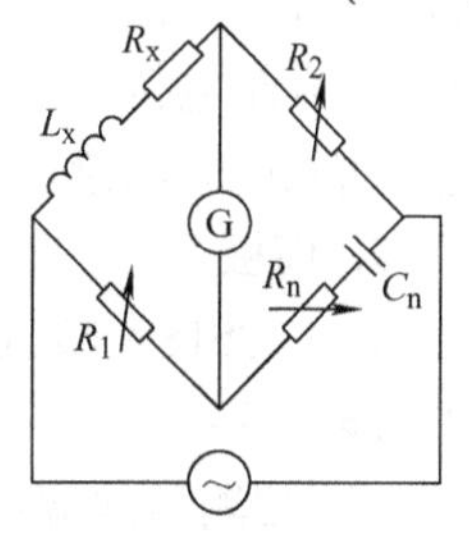

b) 海式电桥

图 6-7　交流电桥的电路

在马氏电桥中，R_2 用开关连接，可进行量程选择，R_1 和 R_n 为可调标准元件，当检流计指示为0时，从 R_1 的刻度可直接读出 L_x 的值，由 R_n 的刻度可直接读出 Q 的值。由电桥平衡条件得

$$L_x = R_1 R_2 C_n \tag{6-13}$$

$$R_x = R_1 R_2 / R_n \tag{6-14}$$

$$Q = \omega R_n C_n \tag{6-15}$$

（2）海氏电桥　电路如图 6-7b 所示。海氏电桥适用于测量 $Q > 10$ 的电感。海氏电桥与马氏电桥一样，由 R_2 选择量程，从 R_1 的刻度可直接读出 L_x 的值，由 R_n 的刻度可直接读出 Q 的值。用海氏电桥测量电感时，首先应估计被测电感的 Q 值以确定电桥的类型，再根据被测电感量的范围选择量程，然后反复调节 R_1 和 R_n，使检流计指示为0。这时即可从 R_1 和 R_n 的刻度读出被测电感的 L_x 值和 Q 值。由电桥平衡条件得

$$L_x = R_1 R_2 C_n \tag{6-16}$$

$$R_x = R_1 R_2 / R_n \tag{6-17}$$

$$Q = 1/(\omega R_n C_n) \tag{6-18}$$

电桥法测量电感一般适用于测量低频电感，尤其适用于有铁心的大电感。

由上述分析可得到如下结论：

①要使交流电桥完全平衡，必须同时满足振幅平衡条件和相位平衡条件。所以相邻两桥臂为纯电阻时，另两个桥臂应呈现同性电抗；相对桥臂为纯电阻时，另一相对桥臂应呈现异性电抗；两个桥臂由纯电阻构成时，呈现电抗特性的桥臂需由标准可调电阻和电抗件构成，该电抗件一般选用标准可调电容。

相邻桥臂为纯电阻的电桥为臂比电桥，适合测量电容；相对桥臂为纯电阻的电桥为臂乘电桥，适合测量电感。

②交流电桥的电源必须为纯正弦波交流电源；否则，会使电桥产生假平衡，从而产生很大误差。为了提高测量准确度，平衡时的电流要经过选频放大器放大、检波器检波后送入检流计。为了减小杂散耦合的影响，电桥各部分之间要良好屏蔽。即使采取以上措施，交流电桥也仅适合在音频或低射频段使用；否则，由于高频段所用的高频电源本身也是干扰源，而且高频段要求的屏蔽效果难以达到，所以交流电桥不适合在高频段测量。

6.2.3 典型仪器——QS18A 型万用电桥

QS18A 型万用电桥是一台携带方便、使用简单的音频交流电桥，其内部附有晶体管 1kHz 振荡器、选频放大器和指示电表，用来测量电容、电感和电阻等元件参数。QS18A 型万用电桥主要由电桥主体、信号源（1kHz）和指示电表等组成。电桥主体是电桥的核心部分，由直流电桥、交流电容电桥及电感电桥三部分组成。在使用时，可通过切换选择开关实现不同元件的测量。

1. 面板

（1）QS18A 型万用电桥面板　QS18A 型万用电桥面板如图 6-8 所示，其面板上各部件的功能如下：

1）被测接线端：用于连接被测量的元件。

2）内外选择开关：有“外”和“内”两个位置。当置于“外”位置时，使用由外接电源端提供的外部电源。当置于“内”位置时，使用仪器内部提供的 1kHz 交流电源。

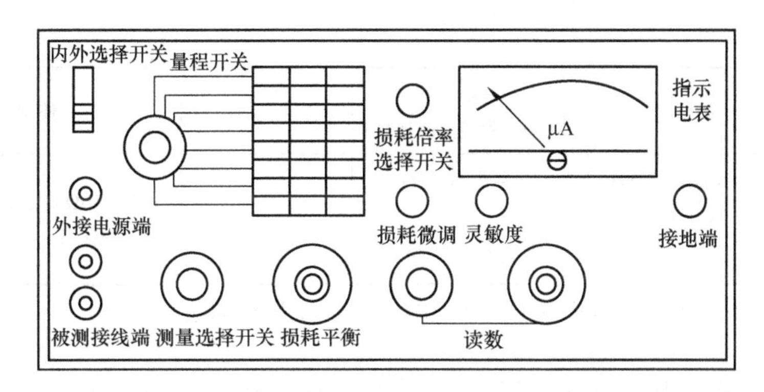

图 6-8　QS18A 型便携式万用电桥的面板

3）外接电源端：外部电源由此处进入仪器内部并作为电桥电源。

4）量程开关：确定测量范围。各示值是指测量电阻、电容、电感值所采用的倍率和单位。

5）损耗微调旋钮：用于精细调节平衡时的损耗，一般情况下置于零。

6）损耗倍率选择开关：分为 $Q\times1$、$D\times0.01$、$D\times1$ 三档。$Q\times1$ 档用于测量空心电感线圈，$D\times0.01$ 档用于测量高 Q 值电感线圈和小损耗电容，$D\times1$ 档用于测量带铁心线圈和大损耗电容。在测量电阻时，该开关无作用。

7）指示电表：用于指示电桥的平衡状态。当电桥平衡时，电表指针为零。

8）接地端：接地点与仪器的机壳相连。

9）灵敏度旋钮：用于调节电桥放大器的放大倍数。开始测量时，灵敏度旋钮应打在较小的位置，然后根据电桥平衡情况，慢慢增大灵敏度。

10）读数旋钮：用于调节电桥的平衡状态，由粗调和细调读数盘组成。

11）损耗平衡旋钮：用于指示被测元件（电容或电感）的损耗因数或品质因数。

12）测量选择开关：用来变换电桥线路，以便分别实现 R、L、C 等的测量，亦即确定电桥的测量内容。测量结束，此开关应置于“关”位置，以此来降低机内电池的损耗。

（2）QS18A 型万用电桥主要技术性能

1）仪器可以在 0 ~ +40℃、相对湿度不大于 80% 的环境下使用。当仪器工作在 +1 ~ +30℃、相对湿度不大于 80% 情况下时，参数测量范围应不超过表 6-1 的规定。

表 6-1　QS18A 型万用电桥测量电容、电感、电阻的测量范围

被测量	测量范围	基本误差（按量程最大值计算）	损耗范围	使用电源
电容	1.0 ~ 110pF 100pF ~ 110μF 100 ~ 1100μF	±2%（±0.5pF） ±1%（±Δ） ±2%（±Δ）	D 值 0 ~ 0.1 0 ~ 10	内部 1kHz
电感	1.0H ~ 11μH 10H ~ 110μH 100μH ~ 1.1H 1 ~ 11H 10 ~ 110H	±5%（±0.5μF） ±2%（±Δ） ±1%（±Δ） ±2%（±Δ） ±（5% ±Δ）	Q 值 0 ~ 10	内部 1kHz

（续）

被测量	测量范围	基本误差 （按量程最大值计算）	损耗范围	使用电源
电阻	10mΩ ~ 1.1Ω 1Ω ~ 1.1MΩ 1Ω ~ 11MΩ	±5%（±5mΩ） ±1%（±Δ） ±5%（±Δ）	—	10mΩ ~ 10Ω时，采用内部1kHz电源； 大于10Ω时，采用内部9V直流电源

注：表中Δ为滑线盘最小分格的1/2，Q值小于1的电感基本误差不予考核。

2）在使用内部1kHz电源的情况下，仪器的自身残余参量为电容$C_0 \leqslant 1.0$pF，电感$L_0 \leqslant 0.5\mu$H，电阻$R_0 \leqslant 0.005\Omega$。

3）仪器也能使用60Hz ~ 10kHz的外接音频振荡器信号来测量电容和电感元件。

2. 使用方法

QS18A型便携式万用电桥的使用方法如下：

第一步：将被测元件接于被测接线端，拨动内外选择开关至“内”位置。若使用外部电源，则将外部电源连接到外接电源端，并将内外选择开关拨至“外”位置。

第二步：根据被测的元件，将量程选择开关分别旋至C、L、$R \leqslant 10\Omega$、$R > 10\Omega$中的一处。

第三步：估计被测元件的大小，选择量程开关的位置。

第四步：根据被测元件情况，选择合适的损耗倍率开关档位。

第五步：根据电桥平衡情况，调节灵敏度旋钮使指示电表读数由小逐步变大。

第六步：反复调节电桥读数盘和损耗平衡旋钮，并在调整过程中逐步增大指示电表的灵敏度，直至电桥平衡。电桥平衡时存在如下关系：

$$被测量L_x（或C_x）=量程开关指示值 \times 电桥读数盘指示值$$

$$被测量Q（或D）=损耗倍率指示值 \times 损耗平衡盘指示值$$

（1）电阻的测量　估计被测电阻值的大小，将量程开关置于适当的档位上，把测量选择开关置于合适的档位。在$R<10$档位时，量程开关应在1Ω或10Ω；在$R>10$档位时，量程开关应置于100Ω ~ 10MΩ。调节电桥读数旋钮，使电桥达到平衡，即可得到被测电阻值R_x。

$$R_x = 量程开关指示值 \times 电桥读数盘指示值$$

（2）电容的测量　估计被测电容值的大小，将量程开关置于适当的档位上，把测量选择开关置于合适的档位（如测量500pF电容时，应置于100pF档位上）。将测量选择开关置于C档位上，损耗倍率开关置于$D \times 0.01$（测一般电容）或$D \times 1$（测电解电容）的位置上，反复调节读数旋钮和损耗平衡旋钮，使电表指示为零。在调节电桥平衡时，灵敏度要逐步增大。当电桥达到平衡时，即可得到被测电容值C_x和损耗因数D。

$$C_x = 量程开关指示值 \times 电桥读数盘指示值$$

$$D = 损耗倍率指示值 \times 损耗平衡盘指示值$$

（3）电感的测量　估计被测电感值的大小，将量程开关、测量选择开关分别置于适当的档位，将测量选择开关置于L档位，将损耗倍率开关置于合适档位（测空心线圈置于$Q \times 1$，测高Q值滤波线圈置于$D \times 0.01$，测量带铁心电感线圈时置于$D \times 1$），反复调节读数旋钮和损耗平衡旋钮，使电桥达到平衡。这时可得到电感值L_x和品质因数Q。

$$L_x = 量程开关指示值 \times 电桥的读数盘指示值$$

$$Q = \text{损耗倍率指示值} \times \text{损耗平衡盘指示值}$$

【**例 6-1**】 使用 QS18A 型万用电桥测量一高 Q 值电感线圈，量程为 100mH，试问：当电桥平衡时，若两个“读数”盘的指示值分别为 0.8 和 0.065，“损耗平衡”盘的指示值为 2.5，则 L_x 和 Q 各为多少？

解：$L_x = 100\text{mH} \times (0.8 + 0.065) = 86.5\text{mH}$

$Q = 2.5 \times 1/0.01 = 250$

6.3　高频电路元件参数的测量——谐振法

高频电路基本由有源器件、无源元件和无源网络组成。高频电路中的电阻、电容、电感、二极管、晶体管、场效应晶体管大多数是工作于调谐回路或选频电路。由于电路元件的工作频率范围不同，高频电路中的元件测量采用一种谐振回路的测量方法，称为谐振法。谐振法又称为 Q 表法，是以 LC 谐振回路的谐振特性为基础测量电路元件参数的方法，可以用来测量电容、电感、品质因数等高频电路参数。由于高频电路使用的元件基本用于调谐回路、选频电路，谐振法符合实际状态。以谐振法为基础构成的 Q 表，可用于测量电容、电感、有效电阻、品质因数、分布电容、高频回路等效电阻和传输线的阻抗等多种高频电路参数。

6.3.1　Q 表的组成及工作原理

高频 Q 表是一种通用的、多用途、多量程的高频阻抗测量仪器。它可测量高频电感器、高频电容器及各种谐振元件的品质因数 Q、电感、电容、分布电容、分布电感，也可测量高频电路组件的有效串/并联电阻、传输线的特征阻抗、电容器的损耗角正切值、电工材料的高频介质损耗、介质常数等。因而高频 Q 表不但广泛用于高频电子元件和材料的生产、科研、品质管理等部门，也是高频电子和通信实验室的常用仪器。

高频 Q 表虽然型号不少，但是它们除频率范围、测量范围、测量准确度等不完全一样外，其基本工作原理是相同的，都是将被测元件和另一个或数个已知元件组成串联或并联调谐回路，并将该回路耦合到一个高频振荡源上，将回路调到谐振，根据已知关系式和元件数值求出未知元件参数。

高频 Q 表的原理功能框图如图 6-9 所示。由图可见，高频 Q 表包括高频振荡电路、定位指示电路、测试电路、谐振指示电路和电源供给电路五个部分。

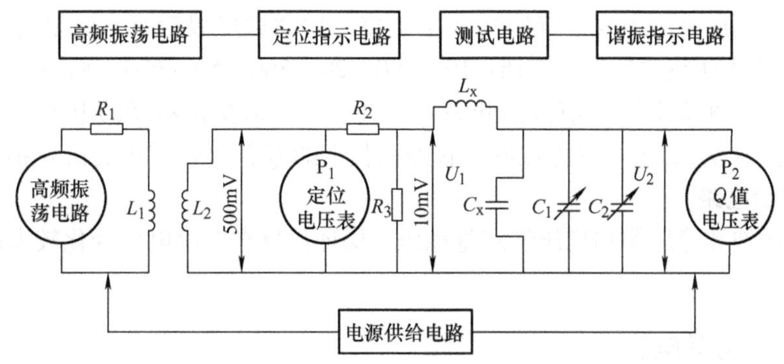

图 6-9　高频 Q 表的原理功能框图

1. 高频振荡电路

高频振荡电路通常是一个电感三点式振荡电路，一般产生频率为50kHz～50MHz的高频振荡信号。分若干个频段，由筒形波段开关（仪器面板的频段开关）控制变换，每个频段的频率由双联可变电容器（仪器面板的频率度盘）连续调节。高频振荡电路的输出信号通过电感耦合线圈馈送到宽频带低阻分压器（由1.96Ω、0.04Ω组成），借助调节电位器（仪器面板上的定位粗调和定位细调旋钮）改变高频振荡管的相关直流电压，可以控制一定大小的高频信号电压。

2. 定位指示电路

加在宽频带低阻分压器上的高频信号电压用定位指示用的电子电压表做测量，用以监视引入串联谐振回路的高频电压的大小。当调节高频振荡电路的输出信号电压，使定位指示器的指示在定位线"$Q\times1$"上时，宽频带低阻分压器的输入电压为500mV，通过分压，从0.04Ω电阻上取出的10mV的高频信号电压，加到测试回路（串联谐振回路）上。分压电阻是一个0.04Ω的小电阻，以实现低阻抗的高频信号源，减小电源内阻对测量电路的影响。作为定位指示用的电子电压表的零点调节（即起始电流补偿），由一只电位器（仪器面板上的定位校正旋钮）担当。

3. 测试电路

测试电路中有两个标准可变电容器：一个是主调电容器（2×250pF），另一个是微调电容器（5～13pF）；有两对接线柱："L_x"和"C_x"，"L_x"接被测线圈或辅助线圈（测量电容时），"C_x"接被测电容等。由被测线圈（或辅助线圈）与标准电容器（或包括被测电容器）组成一个串联谐振回路。当调节标准可变电容器的电容量或振荡电路的频率，使串联谐振回路谐振时，作谐振指示器的电子电压表指示最大。

4. 谐振指示电路

谐振指示电路是一个用作谐振指示和Q值读数的电子电压表，它并接在串联谐振回路中的可变电容器两端。当串联谐振回路达到谐振状态时，电容器两端的电压达最大值，电子电压表指示达最大。由于回路谐振时标准可变电容器两端的电压是测试电路的输入电压值U_1的Q倍，即$U_2=QU_1$，$Q=U_2/U_1$，这里的Q值是串联谐振回路的品质因数，但可以认为是串联谐振回路线圈的品质因数。在U_1为定值时（当定位指示器指示在"$Q\times1$"位置时），测试电路输入电压U_1等于10mV，所以Q值正比于U_2值（假设U_2为0.1V，则Q为10；假设U_2为0.5V，则Q为50；假设U_2为1V，则Q为100；……），因此可将作为谐振指示器用的电子电压表的表度盘直接按Q值刻度。这样刻度以后，在测量时便可以直接读出Q值。一般测量Q值的量程分三档：10～100、20～300、50～600，由电子电压表的灵敏度转换开关（仪器面板上的Q值范围开关）选择。作为谐振指示器的电子电压表的零点调节（即起始零点补偿），由一只电位器（仪器面板上的Q值零位校正旋钮）担当。

5. 电源供给电路

通常采用磁饱和稳压器和稳压管双重稳压，保证仪器在电源电压变化较大的情况下正常工作。

6.3.2 谐振法测量电容

用高频Q表测量电容时，采用方法有直测法和替代法。替代法又可分为并联替代法和串联替代法。并联替代法适用于测量电容量小的电容，串联替代法适用于测量电容量大的电容。

1. 直测法

用直接法测量电容的电路如图 6-10 所示。选用一适当的标准电感 L 与被测电容 C_x 组成谐振回路，调节交流信号源振荡频率，使之与回路产生谐振。当电压表的读数达到最大时，谐振回路达到谐振状态。这时，谐振回路的固有频率 f 将等于信号源振荡频率 f_0，即

$$f = f_0 = \frac{1}{2\pi\sqrt{LC}} \tag{6-19}$$

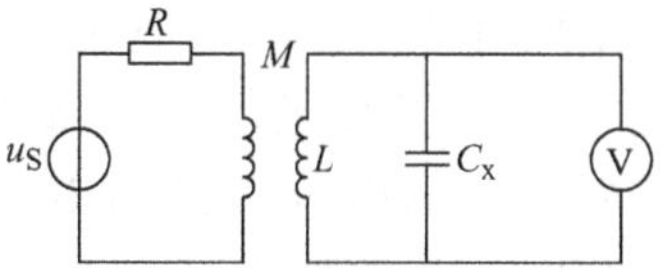

图 6-10　用直接法测量电容的电路

由此可求得被测电容 C_x 为

$$C_x = \frac{1}{4\pi^2 f_0^2 L} \tag{6-20}$$

式中，电容的单位是 F；频率的单位是 Hz；电感的单位是 H。若上述各量的单位分别用 pF、MHz、μH，则式（6-19）可写为

$$C_x = 2.53 \times 10^4 \times \frac{1}{f_0^2 L} \tag{6-21}$$

由于 f_0 可由振荡电路的度盘读得，电感线圈的电感量已知，可由上式计算被测电容量 C_x。

由于直接法测试中包含线圈的分布电容和引线电感，测得的电容量是有误差的。为了消除误差，可改用替代法。

2. 替代法

（1）并联替代法测量电容　用高频 Q 表测量较小的电容采用并联替代法，其简化电路如图 6-11 所示，将交流信号源、交流电压表、标准可变电容连接成并联电路。先不接被测电容 C_x，调节标准可变电容 C_S 达最大值，调节交流信号源频率使回路处于谐振状态，即让交流电压表读数达到最大值，此时 C_S 的电容值为 C_{S1}。然后将被测量电容 C_x 与标准可变电容并联，保持信号源信号频率不变，调小标准可变电容 C_S，使谐振回路重新谐振。此时，C_S 的电容值为 C_{S2}。至此，可得被测电容 C_x 为标准可变电容的电容变化量，即

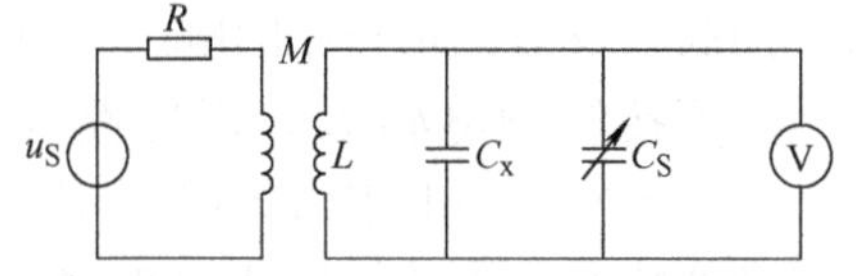

图 6-11　并联替代法测量电容的电路

$$C_x = C_{S1} - C_{S2} \tag{6-22}$$

并联替代法测量范围限定在标准电容的变化量之内。由于标准电容变化量范围的限制，测量范围较小。如要测量电容量大的电容，可选择已知电容 C_N 并联在 C_S 两端作为辅助元件，C_N 的电容量与标准可变电容量之和大于被测电容容量。这种情况下，被测电容 C_x 为

$$C_x = C_N + C_{S1} - C_{S2} \tag{6-23}$$

（2）串联替代法测量电容　用高频 Q 表测量较大的电容采用串联替代法，其简化电路如图 6-12 所示。先不接被测电容 C_x，用短路线连接 1、2 端，调节标准可变电容 C_S 到最小值，调节交流信号源的频率使谐振回路处于谐振状态，此时 C_S 的电容值为 C_{S1}。然后拆除短路线，连接被测量电容 C_x，保持信号源的频率

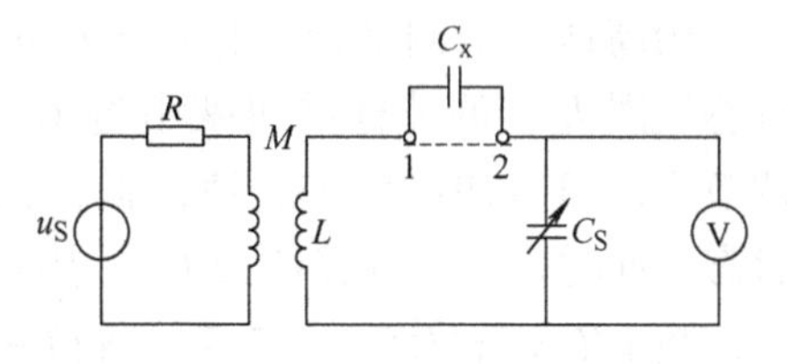

图 6-12　串联替代法测量电容的电路

不变，调节标准可变电容 C_S，使谐振回路重新谐振，此时 C_S 的电容值为 C_{S2}。至此，可得被测电容 C_x 为

$$C_x = C_{S1}C_{S2}/(C_{S2} - C_{S1}) \tag{6-24}$$

（3）测量电容损耗因数　高频 Q 表测量损耗因数的简化电路如图 6-13 所示。R_1 和 R_2 为宽频带低阻分压器，R_2 约为 0.04Ω。先不接被测电容 C_x，当交流信号源频率指在定位线上时，R_2 两端的电压 E 约为 10mV。电压表按 Q 值来刻度。C_S 为标准可变大电容，C_S' 为标准可变微调电容。在测量时，将 C_S 调到较大容量 C_{S1}（C_{S1} 最大值可调到 500pF），而 C_S' 调到零，取大于 1mH 的电感连接在 1、2 端。调节交流信号源频率 f_0 使回路谐振，测得回路品质因数为 Q_1。然后将被测电容 C_x 接在 3、4 端与 C_S 并联，调小 C_S 的电容值到 C_{S2}，调节信号源频率使电路重新谐振，测得回路品质因数为 Q_2。这时，可得被测电容的电容损耗电阻 R_{cx} 和电容损耗因数 $\tan\delta_x$。

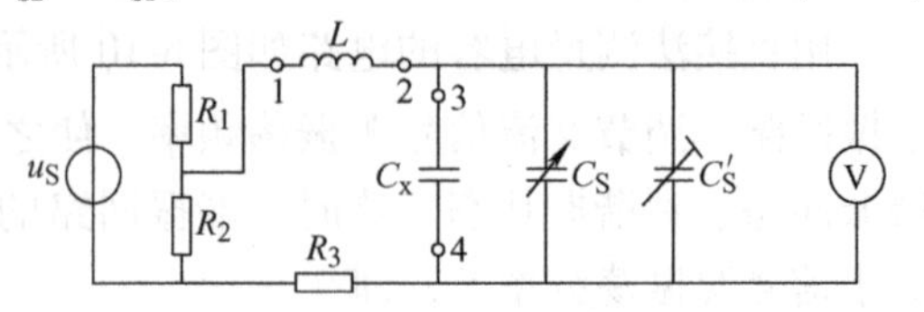

图 6-13　Q 表法测量损耗因数的电路

$$R_{cx} = \frac{(1/C_{S2}Q_2 - 1/C_{S1}Q_1)}{2\pi f_0} \tag{6-25}$$

$$\tan\delta_x = \frac{(C_{S1}Q_1 - C_{S2}Q_2)}{Q_1Q_2(C_{S2} - C_{S1})} \tag{6-26}$$

6.3.3　谐振法测量电感

1. 串联替代法

用高频 Q 表测量较小的电感采用串联替代法，其简化电路如图 6-14 所示。

先不接被测电感 L_x，用短路线连接 1、2 端。调节标准可变电容 C_S 到最大值，调节交流信号源的频率，使谐振回路出现谐振，此时 C_S 的电容值为 C_{S1}。可计算出辅助电感值 $L = 1/(4\pi^2 f_0^2 C_{S1})$。然后拆除短路线，连接被测电感 L_x，保持信号源的频率不变，调节标准可变电容 C_S 使谐振回路重新谐振，此时 C_S 的电容值为 C_{S2}。可计算出谐振回路总电感 $L_x + L = 1/(4\pi^2 f_0^2 C_{S2})$。最终可得到 L_x 为

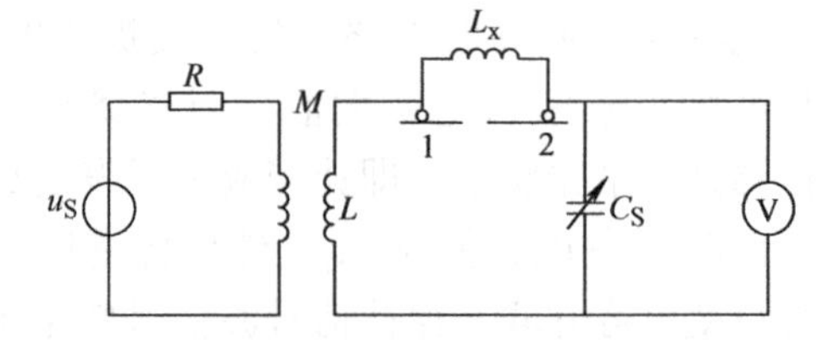

图 6-14　串联替代法测量电感的电路

$$L_x = \frac{(C_{S1} - C_{S2})}{4\pi^2 f_0^2 C_{S1}C_{S2}} \tag{6-27}$$

2. 并联替代法

用高频 Q 表测量较大的电感采用并联替代法，其简化电路如图 6-15 所示。先不接被测电感线圈 L_x。调节标准可变电容 C_S 到最小值，调节交流信号源的频率，使谐振回路处于谐振状态。此时，C_S 的电容值为 C_{S1}，则辅助电感值的倒数 $1/L = 4\pi^2 f_0^2 C_{S1}$。然后，将被测电感 L_x 与标准可变电容并联，保持交流信号源频率不变，

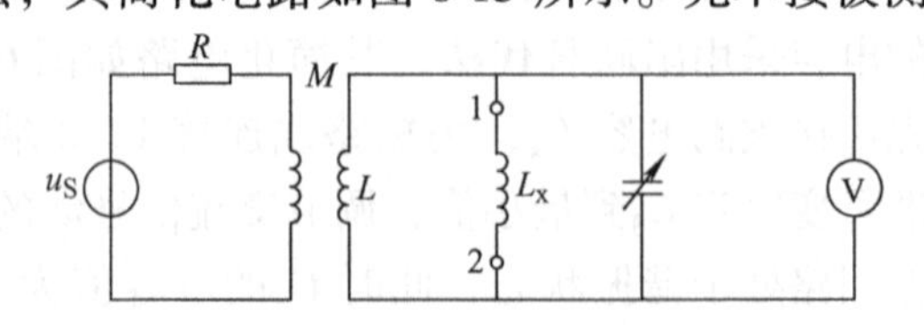

图 6-15　并联替代法测量电感的电路

调节标准可变电容 C_S 使谐振回路重新谐振。此时，C_S 的电容值为 C_{S2}。这时，可得回路总电感的倒数 $1/L_x + 1/L = 4\pi^2 f_0^2 C_{S2}$。最终可得到被测电感 L_x 为

$$L_x = \frac{1}{4\pi^2 f_0^2 (C_{S2} - C_{S1})} \tag{6-28}$$

3. 测量品质因数

高频 Q 表测量品质因数的简化电路如图 6-16 所示。在串联谐振回路中引入高频电压 E，当回路谐振时，用电压表对回路的输入电压 E 和电容 C 上的谐振电压 U_C 进行测量，得到回路的 $Q = U_C/E$。当回路电容损耗可忽略时，U_C 与 E 的比值就等于电感的 Q 值。若信号源电压 E 在测量过程中保持不变，则电压表可以直接按品质因数 Q 来刻度。E 值的变化可以扩展品质因数 Q 值的测量范围。

4. 测量高频线圈分布电容

测量高频线圈分布电容的简化电路如图 6-17 所示。

R_1 和 R_2 为宽频带低阻分压器，R_2 约为 0.04Ω。将被测线圈 L_x 接在 1、2 端，将电容 C_S 调到 C_{S1}（约为 200pF），而微调电容 C'_S 调到零。调节交流信号源频率到谐振点 f_{01}，然后将信号源频率调至 f_{02}（$f_{02} = 2f_{01}$），再调节电容 C_S 至谐振点。此时，C_S 的电容值为 C_{S2}。最终可得到高频线圈分布电容 C_L 为

$$C_L = (C_{S1} - 4C_{S2})/3 \tag{6-29}$$

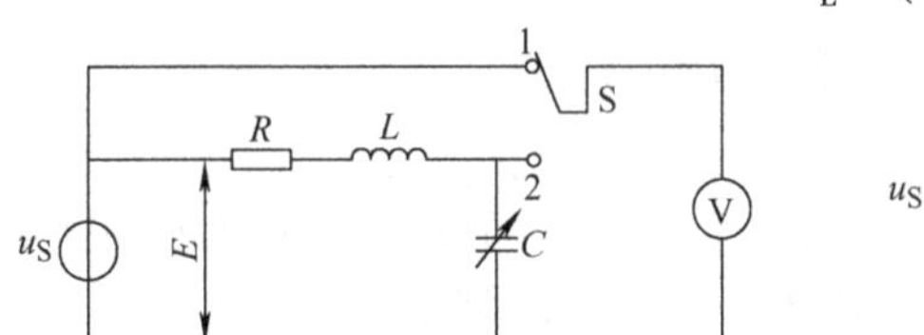

图 6-16　Q 表法测量品质因数的电路

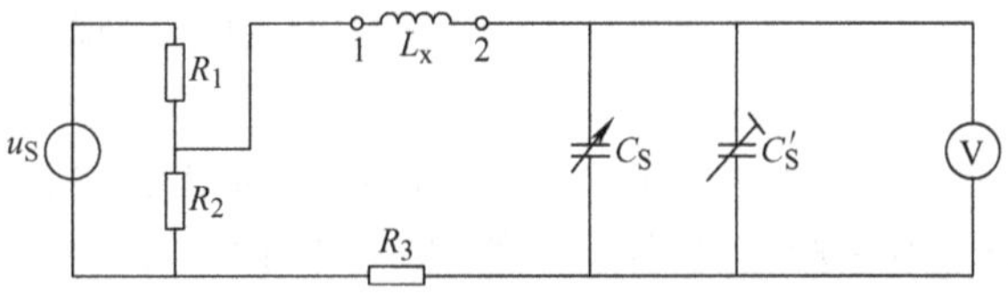

图 6-17　Q 表法测量高频线圈分布电容的原理

6.3.4　典型仪器——QBG-3 型高频 Q 表

高频 Q 表虽然型号多样，但是它们的基本使用方法是相同的。现以 QBG-3 型高频 Q 表为例加以介绍。

1. 面板图

高频 Q 表面板上所具有的控制装置有频段选择开关、振荡频率度盘、定位指示表头、定位零点校正旋钮、定位粗调和定位细调旋钮、Q 表指示表头、Q 值零位校正旋钮、Q 值范围开关、主调电容度盘、微调电容度盘、测量接线柱、电源开关和指示灯。图 6-18 所示为 QBG-3 型高频 Q 表的面板图，现分别介绍如下。

1）频段选择开关：高频振荡电路的波段开关，共分为 7 个频段。

2）振荡频率度盘：用于每个频段频率的连续调节。刻度盘上有与波段开关配合使用的若干条频率刻度，用于选择所需频率。

3）定位指示表头：用于监视引入测试电路的高频电压的大小。在使用时，调节定位粗调和定位细调旋钮，使表头指针指示在定位刻度的 $Q \times 1$ 上，才能从 Q 值指示表上直读 Q 值。

4）定位零位校正旋钮：当定位粗调旋钮置于起始位置（逆时针旋到底）时，调节定位

零位校正旋钮，可使定位指示表的指针在零位。

5）定位粗调和定位细调旋钮：是高频振荡电路中的两个电位器。调节定位粗调和定位细调旋钮，可改变高频振荡电路输出电压的大小，使定位指示表指在刻度 $Q\times1$ 处。当定位粗调旋钮置于起始位置时，高频振荡电路的输出电压为零（与定位细调旋钮所在位置无关）。

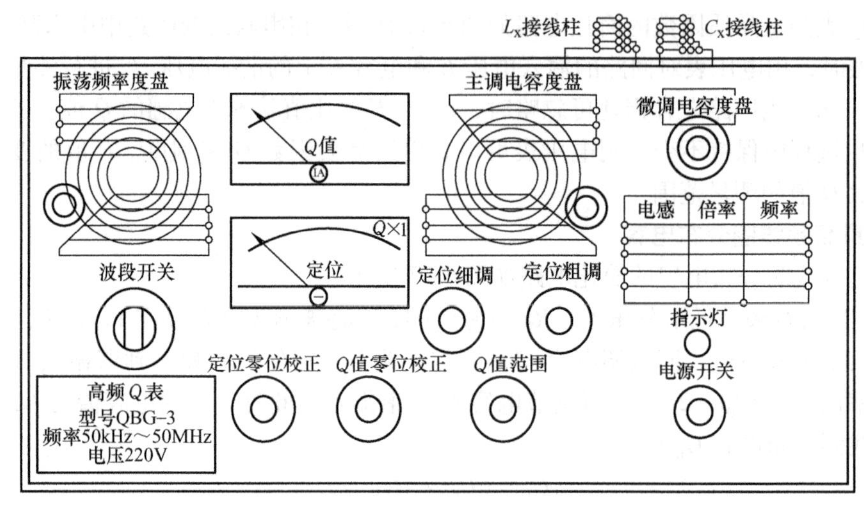

图 6-18　QBG-3 型高频 Q 表的面板

6）Q 值指示表头：用作谐振指示和 Q 值读数。表头上有三条刻度，分别为 0 ~ 100、0 ~ 300、0 ~ 600。根据 Q 值范围开关所在位置，可读出表头上相应的刻度。

7）Q 值零位校正旋钮：是谐振指示电路中的电位器。在测试回路远离谐振点的情况下，调节 Q 值零位校正旋钮，使 Q 值指示表的指针在零位。

8）Q 值范围开关：作为谐振指示电路的波段开关，用于变换谐振指示灵敏度和 Q 值范围。有三档位置，分别为 1 ~ 10、20 ~ 300、50 ~ 600。在测量时，应根据被测元件 Q 值的大小选择适宜档级。

9）主调电容度盘：测试回路中的标准可变电容。度盘上有 C 和 L 两种刻度。C 刻度用于测量电容量，在度盘的上方，以对准上方的读数指示红线的指示值为读数值。L 刻度用于测量电感量，在度盘的下方，以对准下方的读数指示红线的指示值为读数值。

10）微调电容度盘：测试回路中的标准微调电容。该度盘上有 -3 ~ 0 ~ 3pF 刻度，通常置于零位，否则在测试时须将微调电容度盘的读数加到主调电容度盘的读数上去。

11）测量接线柱：测量接线柱有两对，位于仪器的顶部。L_x 接线柱用于接被测线圈，在测量电容时，此接线柱须接辅助线圈。C_x 接线柱用于接被测电容。

12）电源开关和指示灯：电源开关闭合，指示灯亮；电源开关断开，指示灯灭。

2. 使用方法

（1）电容量的测量

1）小于 460pF 电容量的测量，通常采用并联替代法。从 Q 表附件中选取一个电感量大于 1mH 的辅助线圈，接在 L_x 接线柱上，将微调电容度盘调到零位，主调电容度盘调到较大电容量 C_1（500pF）上，并与标准可变电容组成串联谐振回路。在定位粗调旋钮置于起始零位时，调节定位零位校正旋钮，使定位表指示为零。调节定位粗调和定位细调旋钮，使定位表指示在 $Q\times1$ 位置附近。调节波段开关和振荡频率度盘，使测试回路谐振，Q 值指示表指示为最大。将被测电容接在 C_x 接线柱上，与标准可变电容并联，保持高频振荡频率不变，减小主调电容度盘指示值，使测试回路恢复谐振。若此时主调电容度盘的读数为 C_2，则被测电容的电容量为 $C_x=C_1-C_2$。

2）大于460pF电容量的测量，通常可采用串联替代法。将标准电感接在 L_x 接线柱上，调节主调电容度盘，使 Q 值指示表指示为最大，刻度盘读数记为 C_1。取下标准电感，将其与被测电容串联后再接到 L_x 接线柱上，重新调节主调电容度盘使 Q 值指示表指示最大。此时，主调电容度盘读数记为 C_2，则被测电容为 $C_x=C_1C_2/(C_2-C_1)$。

（2）损耗因数的测量　测电容损耗因数时，先将主调电容度盘调至500pF，记为 C_1，将大于1mH的标准电感接至 L_x 接线柱上，调节波段开关及振荡频率度盘，使 Q 值指示表指示最大，记读数为 Q_1。然后将被测电容并接于 C_x 接线柱上，减小主调电容度盘数值，记读数为 C_2。重新调节信号源频率，使 Q 值指示表谐振并指示为最大值，记读数为 Q_2，则损耗因数 D 为

$$D=\frac{Q_1-Q_2}{Q_1Q_2}\frac{C_1}{C_1-C_2}$$

（3）高频线圈电感量、Q 值的测量　将被测线圈接在仪器顶部 L_x 接线柱上，估计被测线圈的电感值，在表6-2中选择标准频率。调节定位零位校正旋钮使定位表指示为零，调节定位粗调和定位细调旋钮使定位表指到 $Q\times1$ 处，调整主调电容度盘使测试回路远离谐振点，重新调节 Q 值零位校正旋钮使 Q 值指示表指针指在零点处。最后调节主调电容度盘和微调电容度盘使 Q 值指示表指示为最大，则 Q 值指示表的示值即为被测线圈的 Q 值。

先估计被测线圈的电感量，再调节波段开关及振荡频率度盘，使信号源频率达到所需频率值。将微调电容度盘置于零点，调节主调电容度盘使 Q 值指示表指示最大。此时，被测线圈的电感量等于主调电容度盘上读出的电感值乘以对照表中的倍率。如被测的高频线圈的电感值约为60μH，由表6-2查得被测电感量在10～100μH范围内，测试频率为2.52MHz，电感量按主调电容度盘上的 L 刻度读数乘以倍率10。

【例6-2】　已知被测线圈的分布电容值 $C_L=4\text{pF}$，仪器剩余电感值 $L_0=0.07\mu\text{H}$，估计电感量为几微亨，按表6-2选择的标准频率 $f=7.95\text{MHz}$。微调电容度盘置于零处，调节主调电容度盘，使测试回路谐振，测得 $C_1=196\text{pF}$。随后，再调整主调电容度盘到 $C_1+C_L=196\text{pF}+4\text{pF}=200\text{pF}$ 处，从对边 L 刻度线上读得 L 值为4μH。被测线圈的实际电感值为 $L-L_0=4\mu\text{H}-0.07\mu\text{H}=3.93\mu\text{H}$。

表6-2　电感、倍率、频率对照表

电　感	倍　率	频　率	电　感	倍　率	频　率
0.1～1.0μH	×0.1	25.2MHz	0.1～1.0mH	×0.1	795kHz
1.0～10μH	×1	7.95MHz	1.0～10mH	×1	252kHz
10～100μH	×10	2.52MHz	10～100mH	×10	79.5kHz

（4）高频线圈分布电容 C_L 的测量　可采用两倍频率法进行测量，将被测线圈接在仪器顶部的 L_x 接线柱上，将主调电容度盘调到 C_1（C_1 为200pF较为合适）。调节波段开关和振

荡频率度盘，使 Q 值指示表指示为最大，即找出谐振频率 f_1。然后重新调节波段开关、振荡频率度盘，使信号源频率调至 $f_2(f_2=2f_1)$，再调节主调电容度盘，使 Q 值指示表指示最大。这时，主调电容度盘的示值记为 C_2。最终可求得分布电容 C_L 为

$$C_L=(C_1-4C_2)/3$$

6.4 晶体管特性参数的测量

晶体管是一种非线性器件，其性能参数受多方面因素的影响。在不同的频率、工作电压和工作电流下，其性能往往有一定的差异。晶体管的特性参数大致可分为直流参数、交流参数、极限参数、特征参数和开关参数。晶体管的特性参数可以用晶体管特性图示仪来测量。

6.4.1 晶体管特性图示仪的组成和工作原理

晶体管特性图示仪是一种能在示波管屏幕上直接观察各种晶体管特性曲线的专用仪器，它能通过面板上各种控制开关的转换和仪器的标尺，任意测定 PNP 型和 NPN 型晶体管的共发射极、共基极、共集电极的输出特性、输入特性、电流放大特性和正向转移性能等。它能通过阶梯开关显示“单簇”作用，还能测定晶体管的各种反向击穿电压和反向饱和电流。晶体管特性图示仪属于波形测试仪器，可同时显示两个晶体管的特性，进行配对选择用。

1. 晶体管特性图示仪的基本组成

晶体管特性图示仪主要由同步脉冲发生器、基极阶梯信号发生器、集电极扫描电压发生器、测试转换开关、X 轴放大器、Y 轴放大器和示波管等组成，如图 6-19 所示。

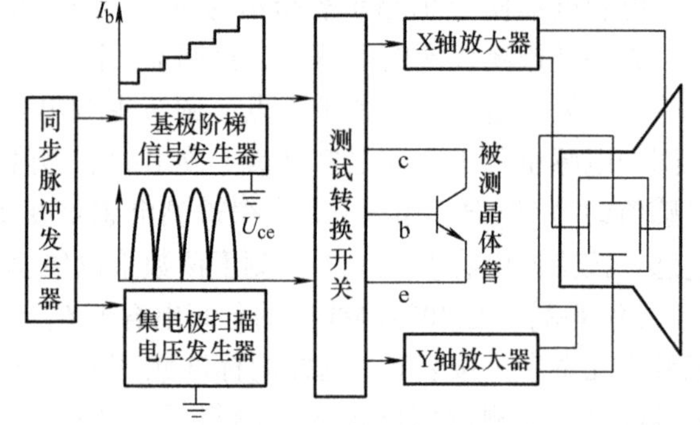

图 6-19 晶体管特性图示仪的基本组成

晶体管特性图示仪各组成部分的主要作用如下：

（1）集电极扫描电压发生器　主要作用是产生集电极扫描电压，其波形是正弦半波波形，幅值可以调节，用于形成水平扫描线。

（2）基极阶梯信号发生器　主要作用是产生基极阶梯电流信号，其阶梯的高度可以调节，用于形成多条曲线簇。

（3）同步脉冲发生器　主要作用是产生同步脉冲，使扫描发生器和阶梯发生器的信号严格保护同步。

（4）X 轴放大器和 Y 轴放大器　主要作用是把从被测元件上取出的电压信号（或电流信号）进行放大，起到能驱动显示屏发光的作用，然后送至示波管的相应偏转板上，以在屏面上形成扫描曲线。

（5）示波管　主要作用是在荧屏面上显示测试的曲线图像。

（6）电源和各种控制电路　电源是提供整机的工作能源，各种控制电路是起测试转换和调节作用。

2. 晶体管特性图示仪的测量原理

测定晶体管的特性曲线和各种直流参数时，可以采用图 6-20 所示的电路，并用逐点测试法描绘出特性曲线。例如，测定 NPN 型晶体管共发射极的输出特性（$I_c \propto U_{ce} |_{I_b=常数}$）。在基极电流 I_b 不变的情况下，改变 E_c，测量出 U_{ce} 和 I_c；多次改变 E_c 值，即可获得一系列 U_{ce} 和 I_c 值；选择 U_{ce} 作直角坐标系的横轴，I_c 作纵轴，即可用描点法绘出晶体管的输出特性曲线。显然，这种测试方法的缺点是速度太慢，而且在测试击穿特性（如击穿电压 U_{ceo}、U_{cbo}）和最大集电极电流 I_{cmax} 时容易损坏晶体管。当然，在测试击穿特性时，只要击穿电压和最大集电极电流持续时间较短暂，一般不会损坏晶体管。

如果将变化的 U_{ce} 加到示波器的 X 轴放大器，I_c 通过取样电阻 R_F 转换为电压后加到示波器的 Y 轴放大器，即可在荧光屏上显示出一条输出特性曲线。若想显示一簇输出特性曲线，应使 E_b 也有所变化。这样，即可获得 NPN 型晶体管共发射极特性曲线，如图 6-21 所示。

在晶体管特性图示仪中，基极电压 U_b 或基极电流 I_b 的波形是阶梯式变化的，每一级阶梯代表一定的电压或电流。在一个阶梯时间内，集电极电源电压 E_c 按正弦半波式变化。

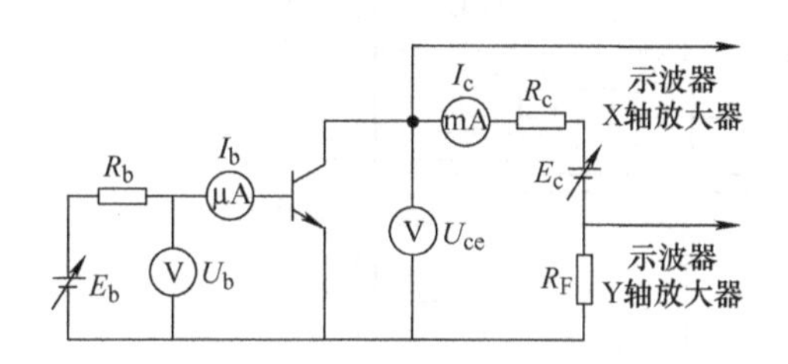

图 6-20　NPN 型共发射极特性曲线和直流参数测试电路图

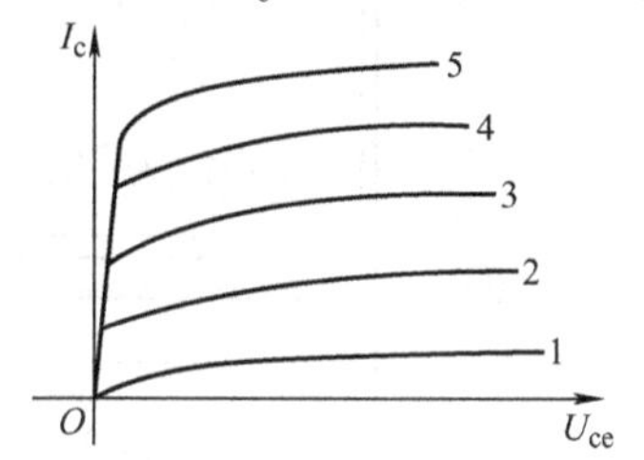

图 6-21　NPN 型晶体管的共发射极特性曲线

当 $I_b=0$ 时，随着 U_{ce} 的绝对值增加，光点由零扫描到最大，再从最大返回到零。在这段时间内对应于 U_{ce} 任意值都有一个 I_c 值，I_c 在 R_F 上产生的电压，使荧光屏上的光点在垂直方向偏转一定距离，于是得到图 6-21 中的曲线 1。当第二个正弦半波电压 U_{ce} 扫描时，I_b 已跳到第二个阶梯（如 $I_b=10\mu A$），于是得到图中曲线 2。当第三个正弦半波电压 U_{ce} 扫描时，I_b 已跳到第三个阶梯（如 $I_b=20\mu A$），于是得到图中曲线 3。同理，可得到曲线 4、5 等。一般晶体管特性图示仪最多能显示 12 条曲线，最少能显示 4 条曲线。

在荧光屏上曲线簇之所以能够稳定地出现，是因为在 I_s 内曲线重复出现多次，而扫描光点又有一定时间的余辉，加上人眼的视觉暂留，故感觉图形是稳定的。正弦半波和阶梯波频率越高，则特性曲线越稳定。在波形频率一定的情况下，特性曲线越少、越稳定，闪烁感越小。对于 CA4810A 型晶体管特性图示仪，正弦半波频率为 100Hz，阶梯波频率可选 100Hz 或 200Hz。

6.4.2　典型仪器——CA4810A 型晶体管特性图示仪

CA4810A 型晶体管特性图示仪是一种用示波管显示半导体器件的各种特性曲线的仪器，并可测量其低频静态参数，是从事半导体管研究制造及无线电领域工作者的一种必不可少的仪器。

1. 面板图

CA4810A 型晶体管特性图示仪面板图如图 6-22 所示。

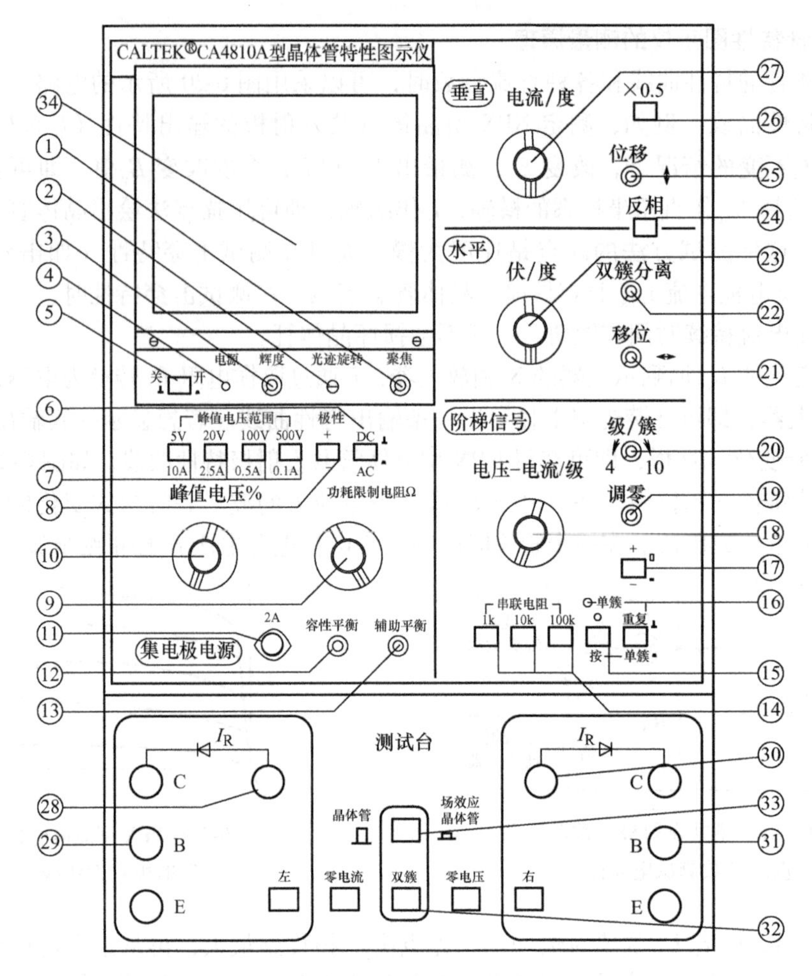

图 6-22 CA4810A 型晶体管特性图示仪的面板图

①聚焦：用于调节光迹清晰度至最佳。

②光迹旋转：用于调节扫描迹线与示波管水平刻度线平行。

③辉度：用于调节扫描迹线或特性曲线的亮度。

④电源指示器：当电源接通时，电源指示器“亮”。

⑤电源开关：用于接通或关断仪器的电源，按入为接通，弹出为关断。

⑥集电极电压交、直流转换开关：当置于 AC 位置时，其集电极输出电压是交流电压。当置于 DC 位置时，其集电极输出电压是经过整流但未滤波的脉动直流电压；当置于 DC 位置，而电流/度开关置于 I_R时，其集电极输出电压是经过整流滤波的平直直流电压；交流电压可用于测试需同时观测正反向伏安特性曲线的器件，例如双向二极管等。

⑦集电极峰值电压范围：根据被测器件的测试条件选择，共设四个档级：5V/10A、20V/2.5A、100V/0.5A、500V/0.1A。

⑧集电极电压极性：按键弹出，集电极输出正电压，适用于 NPN 型晶体管的测量；反之，该键按入，集电极输出负电压，适用于 PNP 型晶体管的测量。

⑨功耗限制电阻：该电阻串联在被测器件的集电极回路中限制其功耗，也可视为被测器

件的集电极负载电阻。

⑩集电极峰值电压调节器：与峰值电压范围相配合，使集电极峰值电压从 0V 调至 500V，通常使用时，首先将其调至零，然后按测试条件将其调至所需值。

⑪集电极熔丝：当集电极电源超过其额定功率时，该熔丝被熔断，此时无集电极电压输出。

⑫容性电流平衡：由于集电极电源对地存在的多种杂散分布电容都会产生容性电流，引起小电流时的测量误差，因此在测试前必须调节该旋钮使容性电流减至最小。

⑬辅助容性电流平衡：由于集电极变压器绕组对地分布参数的不对称，因此需要调节该旋钮使容性电流减至最小。

⑭串联电阻：当阶梯“电压-电流/级”开关置于电压输出时，该电压经串联电阻送到被测场效应晶体管的栅极，然后改变串联电阻即可判断被测器件的输入阻抗。

⑮按：当“重复/单簇”开关置于“单簇”时，该键每按一次即输出一簇阶梯，该功能特别适用于测试大电流晶体管的输出特性。

⑯重复/单簇开关：该直键开关“弹出”时，阶梯连续输出；当该直键开关“按入”时，阶梯停止输出，此时按“按”开关阶梯输出，发光二极管“亮”；测量大功率晶体管时，为了防止器件及仪器损坏，一般使用单次观察。

⑰阶梯“+/-”开关：该直键开关“弹出”时，阶梯输出为正极性；该直键开关“按入”时，阶梯输出为负极性。

⑱电压-电流/级开关：它是一种具有 22 档极、两种输出功能的开关。

⑲阶梯调零：其调零范围不小于 ±1 级，因此能覆盖阶梯级与级之间的任何位置，通常在测量放大倍数时，必须将其调整在零电平上。

⑳阶梯“级/簇”：根据需要可以将每簇阶梯从 4 级连续调至 10 级。

㉑水平移位：调节光迹或显示曲线在示波管屏幕上的水平位置。

㉒双簇分离：当测试台功能选择在“双簇”测试时，调节右测被测半导体管的水平位置。

㉓“伏/度”开关：它是一种具有 20 档级、四种偏转功能的开关。

㉔反相开关：该键开关“按入”，垂直与水平信号都反相 180°，当测试 PNP 型晶体管时，按此键尤为方便。

㉕垂直移位：调节光迹或显示曲线在示波管屏幕上的垂直位置。

㉖电流/度 ×0.5 开关：该直键开关“按入”，电流/度开关的偏转系数被扩展 2 倍。

㉗“电流/度”开关：它是一种具有 22 档级、三种偏转功能的开关。

㉘测试台左二极管测试连接插孔：由专用附件来进行测试台与被测器件之间的连接，完成二极管反向击穿电流的测试。

㉙测试台左晶体管测试连接插孔：由专用附件来进行测试台与被测器件之间的连接。晶体管测试座主要完成晶体管和场效应晶体管性能的测试，大功率晶体管测试座主要完成大功率晶体管性能的测试。

㉚测试台右二极管测试连接插孔：同㉘。

㉛测试台右晶体管测试连接插孔：同㉙。

㉜测试台选择开关：由五位直键开关组成，有五种选择。

㉝场效应晶体管配对开关：用于小功率场效应晶体管输出特性的配对，在配对场效应晶体管时，如需双簇显示，必须把该开关按下。

㉞示波管滤色片：使波形显示更加清晰。

2. 主要技术指标

（1）垂直轴偏转系统

1）集电极电流范围（I_c）：20μA/div ~ 1A/div 分 15 档，误差不超过 ±3%。

2）二极管反向漏电流（I_R）：在0.2 ~ 10μA/div 之间分6 档。在2 ~ 10μA/div 内，误差不超过 ±3%；在 0.2 ~ 1μA/div 内，误差不超过 ±10%。在 0.2μA/div 档时，干扰≤0.5V/div。

3）基极电流或基极源电压在 20mV/div，误差不超过 ±3%，在偏转倍率 ×0.5 时，误差不超过 ±10%。

（2）水平轴偏转系统

1）集电极电压范围从 0.05 ~ 50V/div 分 10 档，误差不超过 ±3%。

2）二极管反向击穿电压范围为 100 ~ 500V/div，分 3 档，误差不超过 ±5 %。

3）基极电压范围为 0.05 ~ 2V/div，分 6 档，误差不超过 ±3%。基极电流或基极源电压在 0.1V/div 时误差不超过 ±3%。

（3）阶梯信号

1）阶梯电流范围从 1μA/级 ~ 0.1A/级，分 16 档，误差不超过 ±5%。

2）阶梯电压范围从 0.05 ~ 2V/级，分 6 档，误差不超过 ±5%。

3）串联电阻分 1kΩ、10kΩ、100kΩ 共 3 档，误差不超过 ±5%。

4）每簇级数从 4 ~ 10 级连续可调。

5）阶梯调零不小于 ±1div。

6）每秒级数为 200。

7）阶梯极性可根据管型选正或负。

8）阶梯形式有连续或单簇两种。

（4）集电极扫描电源

1）各档扫描电源的最大电流，在 0 ~ 5V 档时最大电流为 10A；在 0 ~ 20V 档时最大电流为 2.5A；在 0 ~ 100V 档时最大电流为 0.5A；在 0 ~ 500V 档时最大电流为 0.1A。

2）功耗电阻从 0 ~ 500kΩ 共分 11 档。10Ω ~ 500kΩ 时误差不超过 ±10%；0.5 ~ 2.5Ω 时误差不超过 ±20%。

3. 使用方法及注意事项

（1）使用方法

1）对于初次使用者来说，如果面板某些开关设置不妥会造成被测器件的损坏，因此在使用前一般将阶梯“电压-电流/级”开关置于较小档级；串联电阻置于最大值（100kΩ），集电极“功耗限制电阻”置于较大阻值档级；峰值电压范围置于 5V 档级，峰值电压调节器调到零。然后根据被测器件的测试条件，逐个调整到所需位置上。测量大功率晶体管时，一般将阶梯设置在“单次”上，每按一次观察其特性后，再调整集电极峰值电压，功耗限制电阻选择较小值和阶梯电流选择较大电流档级，使其达到测量值。

2）在测量反向高电压器件时，必须把功耗限制电阻置于最大值（500kΩ 或 100kΩ），集电极电流可以置于 I_R 档级，然后慢慢增加峰值电压达到击穿值；当集电极电压交直流转换开关选择 AC 时，I_R 特性为一条连续的曲线，选择 DC 时，I_R 特性为连续变化的点。

3）本仪器的双簇功能主要用于对半导体晶体管的电流放大倍数配对。因此为了被测器件的安全，本仪器作如下考虑：

①当双簇测试时，集电极电压在 100V（0.5A）和 500V（0.1A）二档无电压输出。

②当集电极电压为 100V（0.5A）和 500V（0.1A）时无双簇功能。

③阶梯电流置于 10mA/级～0.1A/级时无双簇功能。

（2）注意事项

1）在集电极电压换档时，一定要把集电极峰值电压调节器逆时针调到“0”位置，然后再顺时针调到所需电压，否则可能会导致被测仪器损坏。

2）注意在测量小功率低耐压晶体管时，如果集电极电压骤然换到 500V，就容易把被测晶体管击穿，从而使 Y 轴取样电阻因电流过大而损坏。因此本仪器原集电极一般装 1A 熔丝，当测量大功率晶体管或大电流（10A）时，如果熔丝熔断，应更换成 2A 熔丝。

6.4.3　晶体管特性测试实例

1. 二极管伏安特性的测试

由二极管伏安特性曲线（正向区）可知，当将二极管两端的电压 U 由 0 逐渐增大时，二极管中的电流 I 会按照“二极管方程”的规律逐渐增大。根据特性曲线所在的象限，用晶体管特性图示仪的“X 轴作用”和“Y 轴作用”的“移位”旋钮，调整扫描的原点在示波器屏幕的左下角或右上角。当测量二极管正向特性曲线时，由于曲线位于第一象限，所以应将原点调整至屏幕左下角（而反向特性曲线位于第三象限，应将原点调整至右上角，并将扫描电压极性选择为“－”）。测试二极管时，基极“阶梯信号”不起作用。“功耗限制电阻”在测量大电流二极管时可选几欧或几十欧，小电流管可选几十欧至几千欧。

将“测试选择”开关扳向中间（“关”），被测二极管插入测试台左侧“E”和“C”插孔中，这时二极管没有加电；当其他选项调节好后，再将“测试选择”开关扳向“晶体管 A”侧，进行加电测量。

（1）二极管正向特性的测量　将被测二极管的正极和负极分别插入“C”“E”插孔，依次将峰值电压范围、X 轴集电极电压、Y 轴集电极电流、功耗限制电阻、集电极扫描电压极性、阶梯作用置为 0～20V、0.1V/div、0.1mA/div、200Ω、正、关。调节峰值电压旋钮，逐渐增大二极管两端的正向电压值，即可在屏幕上观察到二极管的正向特性曲线，读出该曲线弯曲处对应的电压即为开启电压。

（2）二极管反向特性的测量　将被测二极管的正极和负极分别插入“C”“E”插孔，依次将峰值电压范围、X 轴集电极电压、Y 轴集电极电流、功耗限制电阻、集电极扫描电压极性、阶梯作用置为 0～20V、1V/div、0.1mA/div、200Ω、负、关。调节峰值电压旋钮，逐渐增大二极管两端的反向电压值，即可在屏幕上观察到二极管的反向特性曲线，读出该曲线弯曲处对应的电压即为击穿电压。

在测试反向特性时应注意，因普通二极管不能长时间工作在击穿状态，所以无法观察到普通二极管稳定的反向特性曲线。为此，在测试反向特性时可用稳压二极管。

2. 晶体管输入输出特性的测量

（1）晶体管输入特性的测量　将被测晶体管的基极、集电极、发射极分别插入晶体管左端的B、C、E插孔，可依次将峰值电压范围、X轴基极电压、Y轴基极电流、功耗限制电阻、阶梯作用置为0～20V、0.1V/div、0.01mA/div、2kΩ、重复。对于NPN型管，峰值电压极性设为NPN，阶梯电压极性设为+；对于PNP型管，峰值电压极性设为PNP，阶梯电压极性设为-。调节峰值电压旋钮，逐渐增大峰值电压值，即可在屏幕上观察到晶体管的输入特性曲线。

（2）晶体管输出特性的测量　将被测晶体管的基极、集电极、发射极分别插入晶体管左端的B、C、E插孔，可依次将峰值电压范围、X轴集电极电压、Y轴集电极电流、功耗限制电阻、阶梯作用置为0～20V、1V/div、1mA/div、2kΩ、重复。对于NPN型管，峰值电压极性设为NPN，阶梯电压极性设为+；对于PNP型管，峰值电压极性设为PNP，阶梯电压极性设为-。调节峰值电压旋钮，逐渐增大峰值电压值，即可在屏幕上观察到晶体管的输出特性曲线，如图6-23所示。

（3）h_{FE}的测量（测试条件$I_c=1mA$、$U_{ce}=1V$）　将被测晶体管的基极、集电极和发射极分别插入晶体管左端的B、C、E插孔，依次将峰值电压范围、X轴集电极电压、Y轴集电极电流、功耗限制电阻、集电极扫描电压极性、阶梯作用、阶梯选择设置为0～20V、0.2V/div、1mA/div、200Ω、正、重复、0.02mA/div。将基极阶梯的级/簇调至最小（4×0.02mA），调节集电极电压，即可得一簇输出特性曲线。再调整基极阶梯的级/簇旋钮，使I_c为10mA左右，读出集电极电压等于1V时的I_c和I_b值，即可用$h_{FE}=I_c/I_b$求得h_{FE}的值。

若将X轴作用拨至基极电流，即可得到$U_{ce}=1V$时的$I_c \propto I_b$关系曲线，如图6-24所示。这条曲线显示出不同I_c下h_{FE}的变化情况。由该曲线可得到基极电流变化ΔI_b时的集电极电流变化量ΔI_c的值，再根据$\beta=\Delta I_c/\Delta I_b$即可计算出$\beta$值。

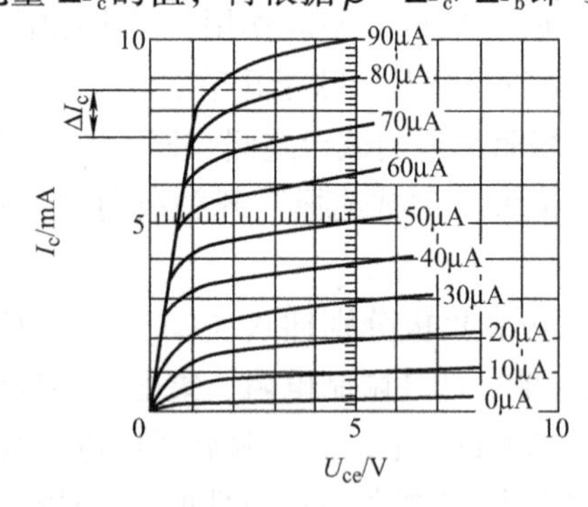

图6-23　晶体管共发射极输出特性曲线

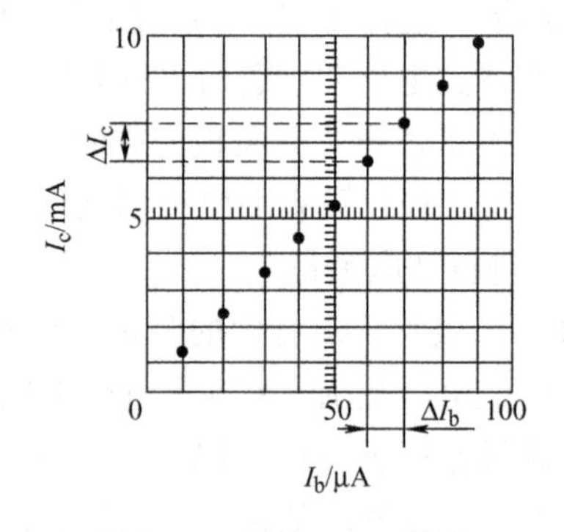

图6-24　测量I_c-I_b曲线

实操训练7　万用电桥的使用

1. 实训目的

1）熟悉万用电桥面板各旋钮的作用。

2）掌握电阻、电容、电感特性参数的测量方法。

3）掌握万用电桥的原理、使用方法与应用。

2. 实训设备与仪器

1）万用电桥 1 台。

2）电阻、电容和电感若干。

3. 实训内容及步骤

1）熟悉万用电桥面板上各开关、旋钮。

2）测量电阻。用万用电桥测量标称值已知的电阻器，将结果填入表 6-3 中。

表 6-3　万用电桥测量电阻

序号	标称值	量程开关示值	读数旋钮示值	计算值 R_x	万用表测量值	绝对误差	相对误差
1							
2							

3）测量电容。用万用电桥测量电容器，将结果填入表 6-4 中。

表 6-4　万用电桥测量电容

序号	标称值	量程开关示值	读数示值	损耗倍率示值	损耗平衡示值	电容值 C_x	损耗因数 D
1							
2							

4）测量电感。用万用电桥测量电感器，将结果填入表 6-5 中。

表 6-5　万用电桥测量电感

序号	标称值	量程开关示值	读数示值	损耗倍率示值	损耗平衡示值	电感值 L_x	品质因数 Q
1							
2							

4. 实训报告要求

1）整理实验数据填入表格中。

2）以万用电桥测得的电阻值作为实际值，万用表测得的值为测量值，求出万用表测量每只电阻时的绝对误差和实际相对误差，填入表 6-3 中。

实操训练 8　晶体管特性图示仪的使用

1. 实训目的

1）了解晶体管特性图示仪的结构和工作原理。

2）掌握晶体管特性图示仪的功能及面板各部件的功能。

3）掌握测量二极管、晶体管各项参数及特性曲线的方法。

2. 实训设备与仪器

1）晶体管特性图示仪 1 台。

2）稳压二极管和晶体管若干。

3. 实训内容及步骤

1）熟悉晶体管特性图示仪面板开关和按钮的作用。

2）开机预热，将光点调整在适当的位置。

3）进行阶梯调零。

4）对晶体管进行测量。

①测量前根据晶体管的型号将光点调到左下角（NPN）或右上角（PNP）。

②根据被测管的管型选择集电极扫描电压极性和阶梯信号极性。

③将被测管插入管座进行测量。

④测量前应将集电极扫描电压调整电位器置于最小位置，然后从小到大逐渐加压。

⑤输出特性曲线的测量，画出曲线图。

⑥输入特性曲线的测量，画出曲线图。

⑦β 特性曲线的测量，画出曲线图。

4. 实训报告要求

1）按要求调整各开关旋钮，画出曲线图。

2）NPN 型和 PNP 型管的测量方法是否一样？需要调整哪些开关或按钮？

3）晶体管特性图示仪能否测量二极管的特性和参数？

归纳总结 6

本章介绍了电子元器件的测量，主要内容有：

（1）低频电路元件参数的测量，主要包括电阻的测量原理和方法、电容的测量原理和方法、电感的测量原理和方法。重点介绍了 QS18A 型万用电桥的使用。

（2）高频电路元件参数的测量，主要包括 Q 表的组成、测量原理。重点介绍了电容和电感的替代测量法，串联替代法适合测量大电容和小电感，并联替代法适合测量小电容和大电感。

（3）晶体管特性参数的测量，主要包括晶体管特性图示仪的组成、基本测量原理。

（4）典型仪器 CA4810A 型晶体管特性图示仪的面板认识、主要技术指标、使用方法及注意事项。

练习巩固 6

6.1　对于集中参数元件一般需测量哪些参数？

6.2　使用电阻器时要考虑哪些问题？

6.3　简述直流电桥测量电阻的基本方法。

6.4　谐振法测量中的串联替代法和并联替代法分别适于测量什么样的电容和电感？

6.5　使用 QS18A 型万用电桥测量一电感线圈，量程为 100mH，试问：当电桥平衡时，若两个“读数”盘的示值分别为 0.9 和 0.098，“损耗平衡”的示值为 3.5，则 L_x 和 Q 各为多少？

6.6　简述晶体管特性图示仪的组成及各部分的作用。

6.7　画出晶体管特性图示仪测试二极管正向特性曲线的简化原理图。

6.8　画出晶体管特性图示仪测试晶体管输入和输出特性的简化原理图。

第 7 章　频域测量与仪器

任务引领：用频谱分析仪对函数信号发生器输出的单一频率信号进行频谱分析

在进行测试实验时，经常用到某一单一频率的信号进行实验，为了获得准确的测量数据，要求某一单一频率的信号必须非常纯，所含的谐波和杂波成分要非常少。比如，我们需要一个单一频率为 1kHz 的正弦波进行音频放大器放大性能测试，将信号从函数信号发生器中取出，用频谱分析仪对输出的 1kHz 的正弦波进行频谱分析，看看这单一的频率是否纯净，失真度为多少。那么，怎样用频谱分析仪对这单一的 1kHz 正弦波信号进行测量，来判定它的纯度呢？放大器的频率特性如何？怎样用频率特性测试仪对其进行测量呢？本章就来介绍频域测量与仪器方面的知识。

主要内容：

1）频率特性测量法。

2）频率特性测试仪（扫频仪）的工作原理及技术指标，扫频仪的使用。

3）频谱分析仪的组成及工作原理，频谱仪的技术指标。

4）频谱仪的使用。

学习目标：

了解频率特性测试仪的组成和工作原理，了解频谱仪的组成、工作原理、分类及应用；掌握正确使用扫频仪、频谱仪测量频率的方法。会熟练使用扫频仪面板各开关旋钮，正确使用扫频仪测量频率特性。会熟练调整频谱分析仪面板各开关旋钮，能够正确使用频谱分析仪测量信号频谱。

7.1　电路频率特性的测量

7.1.1　频域测量与分类

1. 频域测量的认识

一个信号具有时间、幅度、频率的三维特性。它可以是时间的函数，如示波器显示测试信号波形，以时间 t 为水平轴对信号波形进行测量，这种测量称为信号的时域测量；如果作为频率的函数，以电信号的频率 f 作为水平轴来测量分析信号的变化，这就是在频率域内对信号进行测量，简称为信号的频域测量。

2. 频域测量的分类

在实际应用中，根据频域测量的对象和目的不同，可以将频域测量分为以下两种类型：

1）电路频率特性的测量。它主要是对电路网络的频率特性进行测量，包括幅频特性、相频特性、通频带的测量等。

2）信号频谱分析。它是利用频谱分析仪分析信号中所含的各个频率分量的幅值、功率、能量等。

7.1.2　频率特性的测量方法

1. 电路的频率特性

电路的性能是通过对电路的一些参数进行测量来了解的，是通过对电路传输的信号的测量来分析的，线性网络对正弦输入信号的稳态响应，称为网络的频率响应，也称频率特性。如电路的频带宽度、电压增益及频率响应特性等。频率响应特性是指信号的幅度或相位随频率而变化的特性。当输入电压恒定时，电路（或网络）输出信号的电压随频率而变化的特性称为幅度-频率特性，简称幅频特性。输出信号的相位随频率而变化的特性称为相位-频率特性，简称相频特性。

2. 电路频率特性的测量方法

测量电路（或网络）的频率特性（幅频特性或相频特性），应在输入端加上适量的激励信号。激励信号不同，频率特性测量方法也不同，常用的测量方法有点频测量法、扫频测量法和多频测量法等。

（1）点频测量法　点频测量法又称描点法，就是保持输入正弦信号幅值大小不变，逐点改变输入信号的频率，测量相应的输出信号电压值。如通过逐点测量一系列规定频率点上的网络的增益，即可绘制幅频特性曲线的方法，其测量原理如图 7-1 所示。

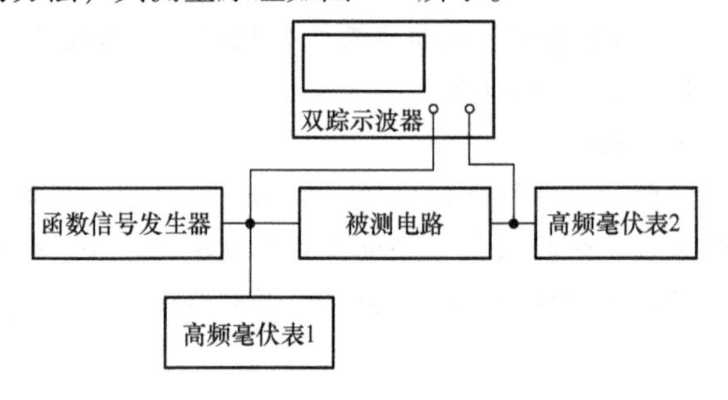

图 7-1　点频法测量幅频特性的原理图

在整个测量过程中，应注意观察示波器所显示的输入与输出波形，保持不能失真。然后以横坐标轴表示频率的改变，纵坐标轴表示输出与输入电压幅度比（增益）的变化，将每个频率点及对应的增益大小进行描点，连成光滑的曲线，即可得到被测网络的幅频特性曲线，如图 7-2 所示。

点频测量法是一种静态测量法，测量方法简单，测量的准确度比较高，但操作繁琐，工作量较大，测量速度也比较慢。由于测试频率点是不连续的，容易漏测某些突变点，不能反映被测网络的动态特性。

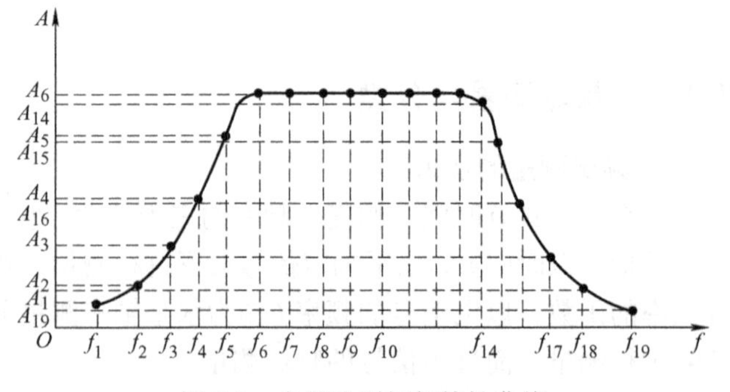

图 7-2　点频法测幅频特性曲线

（2）扫频测量法　扫频测量法是在点频测量法的基础上建立起来的，所谓“扫频”，就是正谐波信号的频率随时间连续变化，不会漏掉被测频率特性的细节，并按一定规律在一定范围内反复扫描，这种扫描的频率信号就是“扫频信号”。扫频测量法就是将等幅的扫频信号加至被测电路的输入端，然后用显示器来显示信号通过被测电路后的增益变化。由于扫频信号的频率是连续变化的，因此在屏幕上可以直接显示出被测电路的幅频特性，其测量原理如图 7-3 所示。

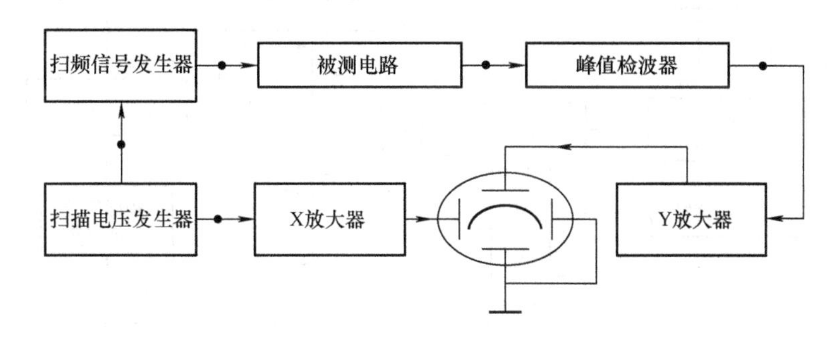

图 7-3　扫频法测量幅频特性

扫频测量法能测量被测电路（或网络）的动态特性。扫频测量法测量过程简单，速度快，可实现频率特性测量的自动化，既不会产生漏测现象，还能边测量边调试，大大提高了工作效率，因而扫频测量法已成为广泛使用的频率特性测量方法。扫频测量法的不足之处是测量的准确度比点频测量法低。

（3）多频测量法　多频测量法是利用多个不同频率的信号作为测试输入信号的测量方法。多频信号是指若干离散频率的正弦波集合。多频测量法是将多频信号同时加到被测电路的输入端，而不是像点频或扫频测量法那样，将测试信号的频率按顺序逐点或连续变化，因而多频测量法大大提高了测量速度。当前，随着计算机的普及和多频测量软件的出现，多频测量系统的自动化程度也变得更高了。

在这里我们主要介绍应用广泛的扫频测量法。

7.2　频率特性测试仪

频率特性测试仪简称扫频仪，是一种能在荧光屏上直接观测到各种网络频率特性曲线的频域测量仪器，主要用于电路频率特性的测试。它能够在荧光屏上直接显示被测电路的全部频率特性，由此可以测算出被测电路的频带宽度、品质因数、电压增益、输出阻抗及传输线特性阻抗等参数。扫频仪与示波器的主要区别在于示波器需要外加测试所需的信号，而扫频仪能够自身提供测试时所需要的信号源，并将测试结果以曲线形式直接显示在荧光屏上。

7.2.1　频率特性测试仪的基本组成

频率特性测试仪的整机电路由扫频信号发生电路、频率标志电路、显示器和高低压电源电路四部分组成。此外，扫频仪还有一套附件：检波探头和电缆探头，其基本结构如图 7-4 所示。

1. 扫频信号发生电路

扫频信号发生电路是组成频率特性测试仪的关键部分，是一种正弦波信号发生器，具有一般正弦信号发生器的工作特性，其输出信号的幅度和频率均可调节。另外它还具有扫频工作特性，其扫频范围（频偏宽度）也可以调节。

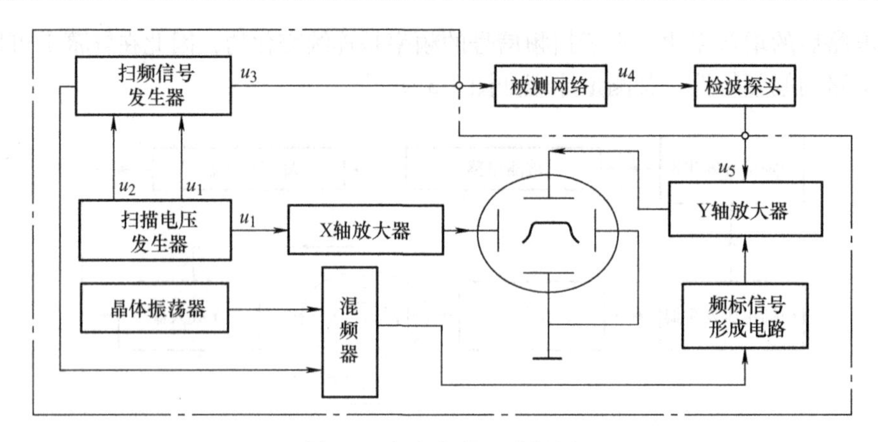

图 7-4 扫频仪的组成框图

扫频信号发生电路主要由扫描电路、扫频振荡器、稳幅电路和输出衰减器等构成，核心是扫频振荡器。

（1）扫描电路　扫描电路也叫扫描电压发生器，用于产生扫频振荡器产生扫频信号所需要的调制信号，并为示波显示提供所需要的水平扫描电压信号。

（2）扫频振荡器　扫频振荡器是扫频信号发生器的核心部分，它的作用是产生等幅的扫频信号。产生扫频信号的方法很多，有磁调电感扫频振荡器、变容二极管扫频振荡器及宽带扫频振荡器，比较常用的是变容二极管法，如图 7-5 所示。

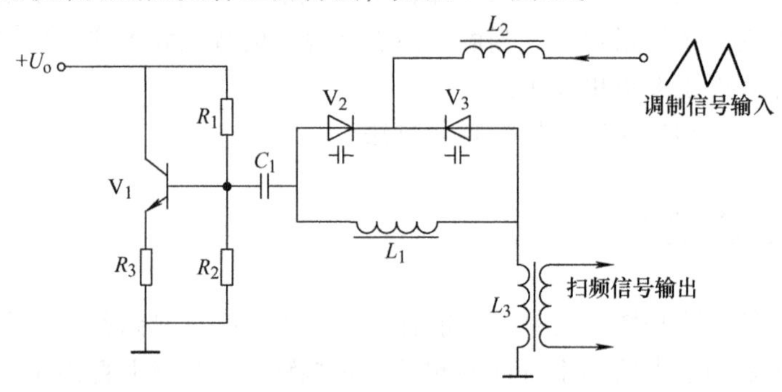

图 7-5 变容二极管扫频振荡器原理图

图 7-5 是由 V_1 等元器件组成的电容三点式振荡器。其中，V_2、V_3 与 L_1、L_2 及 V_1 的结电容组成振荡回路，C_1 为隔直电容，L_3为高频扼流圈。调制信号经 L_3同时加至变容二极管 V_2、V_3 的两端，当调制电压随时间作周期性变化时，V_2、V_3 的结电容也随之变化，从而使振荡器产生扫频信号。

（3）稳幅电路　稳幅电路的作用是减少寄生调幅，保证扫频信号的幅度恒定。扫频振荡器在产生扫频信号的过程中，都会不同程度地改变着振荡回路的 Q 值，从而使振荡幅度随调制信号的变化而变化，即产生了寄生调幅。抑制寄生调幅最常用的方法是从扫频振荡器的输出信号中取出寄生调幅分量，放大后再反馈到扫频振荡器，控制振荡管的工作点或工作电压，使扫频信号的振幅恒定。

（4）输出衰减器　输出衰减器用于改变扫频信号的输出幅度。在扫频仪中，衰减器通常有粗衰减和细衰减。粗衰减一般以每档 10dB 步进衰减，细衰减以每档 1dB 步进衰减。

2. 频率标志电路

频率标志电路简称频标电路，用于生成频率标志信号，频率标志信号是具有频率标志的图形。为了标明频率响应曲线上任意两点的频率绝对值，叠加在幅频特性曲线上，需要在示波管上显示出的幅频特性曲线上叠加上已知的频率标志（即频标），这样就方便地读出各点相应的频率值。频标的产生通常采用差频法，其原理框图如图 7-6 所示。

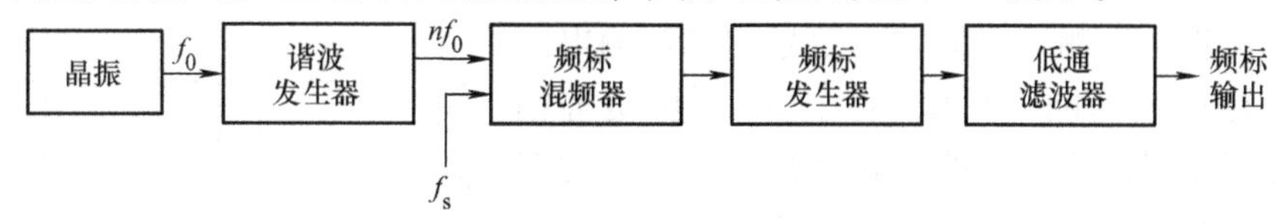

图 7-6　差频法产生频标的原理框图

常用的内频标有菱形频标和针形频标两种，如图 7-7 所示。

（1）菱形频标　标准信号发生器的晶振频率为 f_0，通过谐波发生器产生 f_0 的基波及各次谐波 f_{01}，f_{02}，…，f_{0i}，送入混频器与扫频信号混频。若扫频信号与谐波在某点处（如 f_{01} 处）的差频为 0，由于低通滤波器的选通性，零差频信号得以通过，因而幅度最大。离零差频点越远，差频越大，低通滤波器输出的幅度迅速衰减，于是在 $f=f_{01}$ 处形成了菱形频标。同理，在其他的各零差频点处也形成了菱形频标。

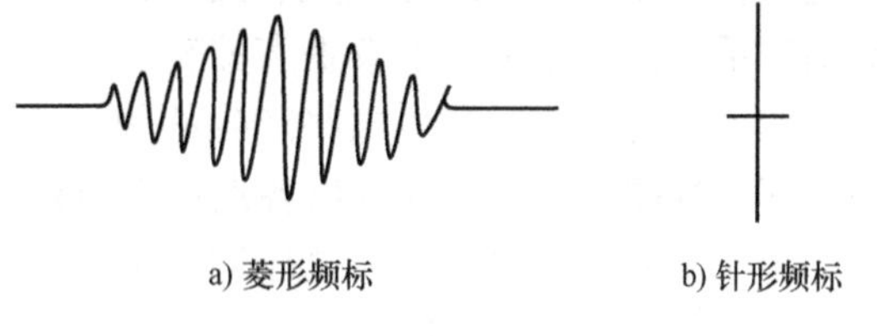

图 7-7　频标的形状

（2）针形频标　在低频扫频仪中常用针形频标。针形频标的产生与菱形频标类似。利用菱形差频信号去触发单稳态触发器，整形后输出一个窄脉冲。因为窄脉冲的宽度可由单稳态触发器调节得很窄，所以产生的频标形似细针。在测量低频电路时，针形频标具有较高的分辨率。

如果需要特殊的频率标志，可以采用外接频标方式。外接频标的形成是采用外加的 RF 信号与扫频信号进行混频，混频后的信号经运算放大器送到 Y 偏转放大器，使荧光屏上显示外加信号的频标点。

3. 显示器

显示器用于显示被测电路的幅频特性曲线，其显示原理与前面所讲的“通用示波器”部分相似。

4. 高低压电源电路

高低压电源电路用于产生整机各部分电路所需要的低压直流电及显示器所需要的高压直流电。

7.2.2　频率特性测试仪的工作原理

由图 7-4 中扫频仪的基本组成可以看出，扫描电压发生器产生线性良好的锯齿波扫描电压 u_1、扫频起停控制信号 u_2。u_1 一方面加到扫频振荡器中对其振荡频率进行调制，使其输出瞬时信号在一定的频率范围内由低到高做线性变化、但幅度不变的扫频信号 u_3；另一方面，该锯齿波电压通过 X 轴放大器放大后加到示波管的 X 偏转系统，控制电子束水平偏转，配合 Y 偏转信号来显示图形。u_2 控制扫频信号源在扫描正程时振荡，产生扫频信号，以在荧光屏上得到幅频特性曲线；扫描回程时使扫频信号源停止振荡，没有扫频信号输出，在荧光屏上得到一条水平基线，如图 7-8 所示。

扫频信号发生器在 u_1、u_2 控制下产生一个幅度恒定且频率随 u_1 电压增大而升高、线性连续变化的扫频信号 u_3，u_3作为被测网络的输入信号加到被测电路输入端。u_3 经过被测网络后输出 u_4，u_4 不再是等幅的，而是幅度按照被测网络的幅频特性进行相应的变化，它相当于调幅波，该调幅波包络线的形状就是被测电路的幅频特性。u_4 再加到检波探头，检波探头对被测电路输出的 u_4 进行峰值检波，通过检波器取出该调幅波上的包络线 u_5，最后送往 Y 轴放大器，经过 Y 通道对检波输出信号进行放大、处理，加到示波器的 Y 偏转系统，来控制电子束垂直偏转，最终在荧光屏上显示。同时，频标产生电路产生的频标信号，叠加在幅频特性曲线上，以便读出各点对应的频率值。

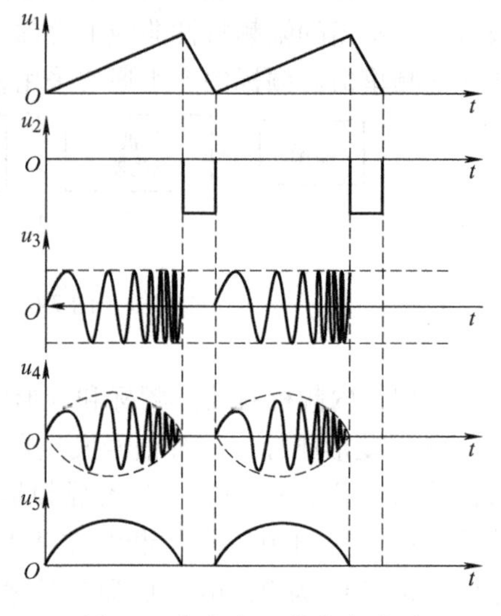

图 7-8 扫频仪工作各点波形

由于示波管的水平扫描电压同时又用于调制扫频振荡器形成扫频信号，因此，示波管荧光屏光点的水平移动与扫频信号随时间的变化规律完全一致，所以水平轴也就变换成频率轴，这就是时间-频率变换（t-f 变换）。在荧光屏上显示的波形就是被测网络的幅频特性曲线。

7.2.3 频率特性测试仪的主要技术指标

1. 扫频线性

扫频线性是指扫频信号瞬时频率变化与扫描电压瞬时值变化之间的吻合程度，即线性关系。吻合程度越高，扫频线性越好。

2. 有效扫频宽度

有效扫频宽度是指在扫频线性和振幅平稳性能符合要求的前提下，一次扫频能达到的最大频率覆盖范围。扫频宽度（记为 Δf）是扫频中心频率的最高值 f_{max} 与最低值 f_{min} 的差值，扫频宽度可表示为 $\Delta f = f_{max} - f_{min}$。

扫频信号中心频率是指扫频信号从低频到高频之间中心位置的频率，表示为 $f_0 = (f_{max} + f_{min})/2$。相对扫频宽度是指有效扫频宽度与中心频率之比。

通常把 Δf 远小于信号中心频率的扫频信号称为窄带扫频，Δf 和中心频率可以相比拟的称为宽带扫频。

不同的测量任务对扫频宽度要求不同，在要求分辨频率的细节时，希望扫频宽度小一些；在测量宽带网络时，则希望扫频宽度大一些。扫频宽度可由扫描电压大小来调节。

3. 振幅平稳性

扫频信号的振幅平稳性通常用它的寄生调幅系数来表示，寄生调幅系数越小，振幅平稳性越好。

由于多种原因，扫频信号中存在寄生调幅信号。为了保证测量的准确度，应对寄生调幅信号加以控制。将扫频信号送入频率特性测试仪，适当调整有关按钮或旋钮，在额定的扫频频偏内可在荧光屏上观察到如图7-9所示的图形。寄生调幅信号的最大值为A，最小值为B，则寄生调幅系数$m=(A-B/A+B)\times 100\%$。

4. 频率标记

频率标记一般有1MHz、10MHz、50MHz及外接四种类型。

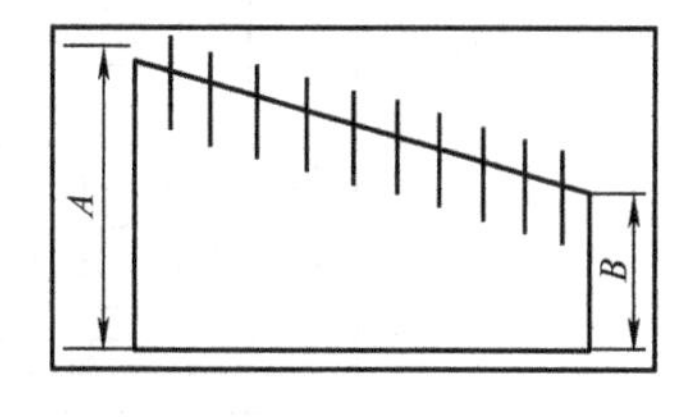

图7-9　寄生调幅系数的测量

5. 输出阻抗

扫频信号发生器的输出阻抗一般选择75Ω，以配合被测电路。

6. 扫频信号电压

扫频信号电压是指扫频信号发生器的输出电压，应满足被测系统处于线性工作状态的要求，一般有效值大于0.1V。

7. 稳定性

扫频信号中心频率和扫频范围作为扫频信号发生器的频率指标，应具有足够的稳定性。

7.2.4　典型仪器——BT3C-B型频率特性测试仪

BT3C-B型频率特性测试仪为通用型仪器，可广泛用于1～300MHz范围内各种无线电网络，接收和发射设备的扫频动态测试。如有源、无源四端网络、滤波器、放大器等传输特性和反射特性的测量，特别适用于我国目前日益普及的VHF广播电视和300MHz内的CATV系统测试。

本仪器的高频部分采用了表面安装技术，关键部位选用优质元器件，特别是输出衰减器全部为电控衰减并用数字显示分贝数。因而确保了整机技术性能的长期稳定，提高了使用的可靠性，新颖的设计构思提高了仪器的性价比。

本仪器具有优良的特点：频带宽，可进行1～300MHz全频一次扫频，满足宽带测试要求，也可进行窄带扫频和给出稳定的点频，可作为信号源之用；输出动态大，可在50μV～0.5V范围内任取电压；谐波小，典型为-35dB，同时具有多种精确标志可选择；信号源和显示部分一体化，外形尺寸小、重量轻、便于携带，可满足室内外的不同工作环境，是工厂、科研单位及院校的基础测试仪器。

1. 面板图

BT3C-B型频率特性测试仪的前面板图如图7-10所示。

①电源开关：接通或断开电源。

②亮度：顺时针旋转提高显示图形的亮度。

③X位移：调整扫描线左右位移（微调）。

④X幅度：调节扫描线的带宽。

⑤屏幕：显示图形。

⑥RF输出接口：输出RF扫频信号。

⑦中心频率：全扫时无调节使用，窄扫时调节中心频率。

⑧粗衰减按键：从0～70dB步进，“+”表示增大衰减量，“-”表示减小衰减量。

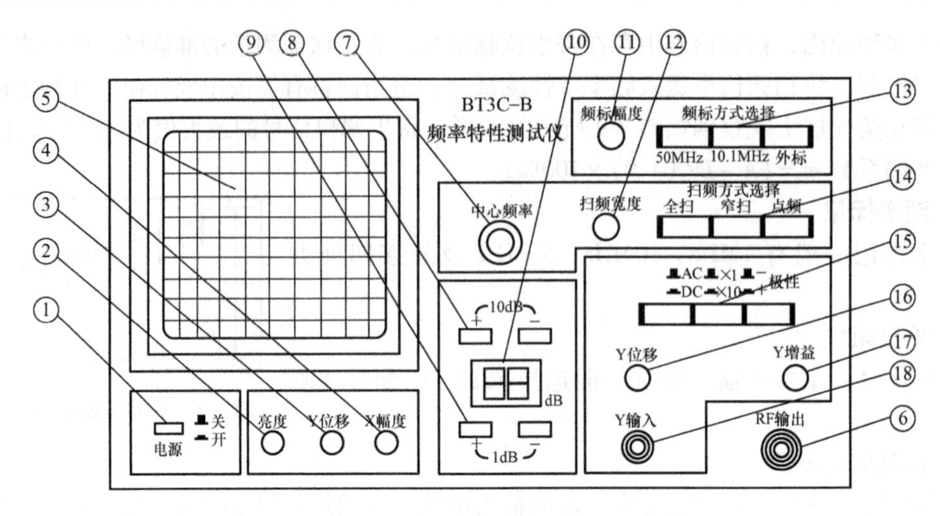

图 7-10　BT3C-B 型频率特性测试仪的前面板图

⑨细衰减按键：从 0～9dB 步进，“＋”表示增大衰减量，“－”表示减小衰减量。

⑩衰减指示：显示衰减 dB 数。

⑪频标幅度：调节标记高度，顺时针调节为高。

⑫扫频宽度：在窄扫时对扫频宽度进行调整，顺时扫频宽度增大。

⑬频标方式按键：分“50MHz”“10∶1MHz”和“外标”共三档，按下进行选用。

⑭扫频方式按键：分“全扫”“窄扫”“点频”共三档，按下进行选用。

⑮Y 轴显示方式按键：分“AC”“DC”方式，按下为“DC”方式；Y 轴衰减倍率有“×1”“×10”两档，按下为“×10”档，极性分“＋、－”极性，按下为正极性显示。

⑯Y 位移：调节图形垂直方向的位置。

⑰Y 增益：调节图形垂直方向的幅度大小，顺时针幅度最高。

⑱Y 输入接口：接收检波后的电信号，放大显示在屏幕上。

2. 主要技术指标

（1）频率范围　全扫为 1～300MHz，中心频率为 150MHz；窄扫扫频宽度为 1～40MHz 连续可调，中心频率为 1～300MHz；点频（CW）在 1～300MHz 范围内可调，输出正弦波。

（2）扫频线性　屏幕显示任一相邻 10MHz 范围，间隔比不大于 1∶1.3。

（3）输出功率（电压）　在 1～300MHz 范围内，0dB 衰减时，75Ω 负载上为 0.5(1±10%)V_{ms}，即 3.33mW。

（4）输出平坦度　在 1～300MHz 范围内，0dB 衰减时，平坦度优于±0.5dB。

（5）输出衰减　粗衰减分为 7 档，每档 10dB 步进；细衰减分为 9 档，每档 1dB 步进。按键控制，数字显示。

（6）频率标记　分为 50MHz、10∶1MHz 组合两种，最小幅度不小于 0.5cm。

（7）外频标　输入信号电压应大于 300mV_{p-p}。

（8）输出阻抗　输出阻抗为 75Ω。

（9）显示器垂直偏转因数　显示器垂直偏转因数优于 2mV_{p-p}/div。

（10）显示屏幕有效尺寸　显示屏幕有效尺寸为 110mm×140mm。

（11）仪器正常工作电压　AC220(1 ±10%)V，50(1 ±5%)Hz。

（12）仪器环境使用条件　极限温度在 -10 ~50℃之间，相对湿度为 80% RH。

3. 使用方法及注意事项

（1）仪器的基本操作检查

1）本仪器适用电源电压为 220V（熔丝为 1.5A）。

2）按下电源开关，预热 15min，调节亮度电位器以得到适当的辉度。

3）检查仪器内部标记，按入 50MHz、10:1MHz 键，扫描线上应分别呈现出 50MHz 或 10:1MHz 频标信号，调节频标幅度旋钮可以均匀地调节标记幅度。

4）频率范围的检查，将粗、细衰减器置于 0dB，扫频方式按键选用“全扫”，频标方式按键选用 50MHz。用 75Ω RF 宽带检波器接 RF 输出口，再用 50Ω 连接电缆将检出的信号送到 Y 输入口，极性选择开关置于“+”位置，这时调节 Y 位移和 Y 增益，可在显示屏幕上看到一检波后方框，Y 倍率开关选用 ×10 档，这时在曲线上从零频数得标记数应大于 6 个。扫频方式按键选用“窄扫”时，旋转中心频率旋钮，同时在曲线上从零频数得标记数应大于 6 个。扫频宽度电位器调至最大，频标方式选用 10:1MHz 档，数得 10MHz 标记数应大于 4 个。

5）扫频线性的检查，扫频方式选用“窄扫”，频标置于 10:1MHz，扫频宽度电位器调至最大，测试屏幕上相邻 10MHz 标记间隔比应小于 1:1.3。

6）输出功率（电压）的检查，在 RF 输出口接入 75Ω/50Ω 阻抗转换器，再接入 GX2B 小功率计，扫频仪输出衰减置于 0dB，扫频方式置于“点频”（CW），旋动中心频率到 150MHz 附近，测试输出功率应满足 3.33(1 ±10%)mW，或用超高频毫伏表测试高频电压应满足 $0.5(1\pm10\%)V_{ms}$。

7）输出平坦度的检查，扫频方式为“全扫”时，找出检波放大后显示的包络线的最高点和最低点之间垂直间隔的大小，再看包络线上任意点衰减 1dB 后的垂直间隔的大小，相互比较，应小于 ±0.25dB。

8）显示器垂直偏转因数的检查，将方波信号发生器输出的方波用电缆接入 Y 输入口，并且调节输出方波 $10mV_{p\text{-}p}$，Y 轴倍率置于 ×1，Y 增益旋至最大，测得屏幕上方波幅度应大于 5div。

（2）电路频率特性的测量

1）电路幅频特性的测量，测量电路如图 7-11 所示。连接好电路，调节各个按键和功能旋钮，使显示波形正常，被测电路的幅频特性可以依据频标随时读出曲线上任一点的频率，显示幅度可以从垂直刻度线上读出。例如滤波器、宽带放大器、调频接收机的中放和高放、雷达接收机、单边带接收机、电视接收机的视频放大、高放和中放通道，以及其他有源和无源四端口网络等，其频率特性都可以用扫频仪进行测量。

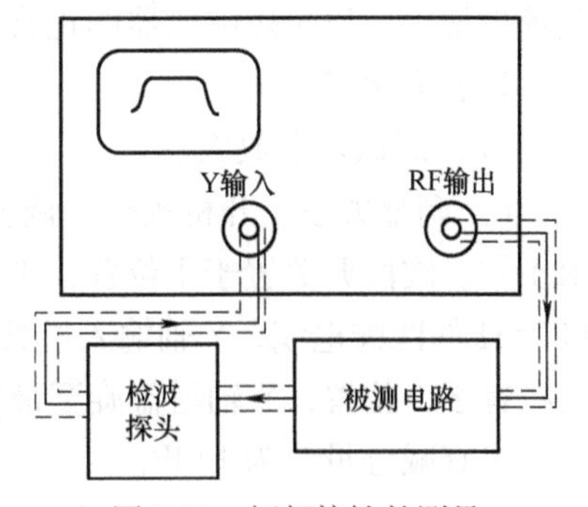

图 7-11　幅频特性的测量

2）增益测量。直接连接检波器探头与扫频输出端，调节输出衰减开关到 0dB 位置，调节频率特性测试仪使显示出扫描矩形框，调节 Y 增益（或 Y 衰减）使扫描矩形框高度为 *H*。还可以利用输出衰减差进行测量，在稳定的幅频特性曲线的基础上，先用粗调、细调衰减旋钮控制扫频信号的电压幅度，记下此时屏幕上显示的幅频特性的高度 h，输出总衰减设为 B_1（dB）；再将检波器探头直接和扫频输出端短接，改变“输出衰减”，使幅频特性的高度仍然为 h，此时输出衰减器的读数若为 B_2（dB），则该放大器的增益为 $A=B_1-B_2$。

3）带宽的测量。被测电路的连接方法与测量幅频特性曲线相同，调节扫频仪的输出衰减和 Y 增益，使频率特性曲线的顶部与屏幕上某一水平刻度相切，如图 7-12a 中，频率特性曲线的顶部与 AB 线相切。然后保持 Y 增益不变，将扫频仪输出衰减减小 3dB，则此时屏幕上的曲线将上移而与 AB 线相交，两交点处的频率分别为下限频率 f_L 和上限频率 f_H，如图 7-12b 所示，则被测电路的频带宽度 $B_W=f_H-f_L$。

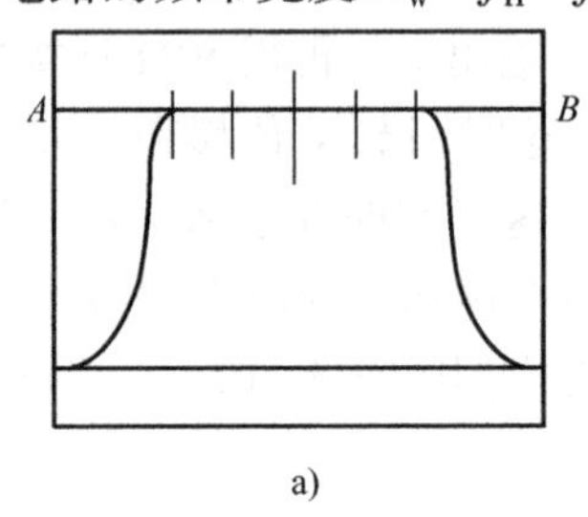

a)

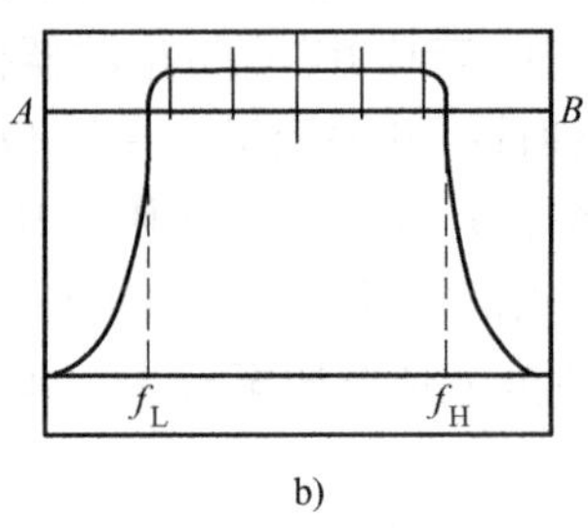

b)

图 7-12　扫频仪测量带宽时荧光屏显示的图形

4）回路 Q 值的测量。电路连接方法与测量幅频特性曲线相同，用外接频标测出回路的谐振频率 f_0 以及上、下截止频率 f_H、f_L，则回路的 Q 值为 $Q=f_0/(f_H-f_L)$。

（3）使用注意事项

1）为避免测试错误，必须保证接地牢靠。在连接频率特性测试仪与被测电路时，必须考虑阻抗匹配问题。

2）面板上的按键和旋钮应着力均匀，不得过猛过快。

3）仪器的输出、输入端要保持清洁，与外接头相连时应对准接牢，以免出现差误。

4）75Ω RF 宽带检波器灵敏度较高，严禁使用大于 100mW 的高频电压，以免误伤。

5）如被测设备的输出带有直流电位时，显示输入端应选择 AC 输入显示方式。测试时，输出电缆与检波头的地线应尽量短，切忌在检波头上加长导线。

6）为保证仪器长期正常工作，仪器应放在清洁、干燥、通风的室内，距地面有一定高度。

7）本仪器应避免在高温、高湿和有振动、有冲击的环境下使用和储存，也应避免在强磁场中使用，以免影响仪器的正常使用。

4. 应用实例

（1）测试调谐放大器

1）调整方法。开机预热，调节辉度、聚焦，使图形清晰，基线与扫描线重合，频标显示正常。波段开关置于 Ⅰ 位置，中心频率为 30MHz，频偏约为 ±5MHz，扫频电压输出端连接 75Ω 的匹配电缆，Y 轴输入端接带有检波器的电缆。将两根电缆的探头直接相连，Y 轴衰减置于 1 位置，Y 轴增益旋至最大位置，调节输出衰减使扫描矩形框的幅度为 4 大格，记下输出衰减分贝数为 14dB。

2）测试电路。测试时，在扫频电压输出电缆探头上接一个约 510pF 的隔直电容，再接到中频调谐放大器的输入端，以防止扫频电压中的直流分量影响中频调谐放大器的偏置电压。带检波器的电缆探头经 1kΩ 隔离电阻接到中频放大器的输出端，该隔离电阻可以减小检波器的输入电容对调谐频率的影响。

3）测试方法。将 Y 轴衰减置于 100 档（即衰减 40dB），输出粗调衰减置于 20dB，再调整输出细衰减开关，使曲线高度为 4 大格，记下总衰减分贝数为 24dB。可得到该中频放大器的增益为 24dB + 40dB − 14dB = 50dB。

（2）测试电视机的高频头

1）测试混频输出特性。中心频率设为 34MHz，频偏为 ±7.5MHz，输出衰减约为 30dB，输入衰减置于 1 位置，Y 轴增益设为最大。电视机的频道选择置于空档位置，则混频器的输出频率特性曲线如图 7-13 所示。

2）测试本机振荡频率特性，其测试方法与测试混频器基本相同。将频率特性测试仪的中心频率调到所需位置，如调节到电视机第二频道的本振频率 94.75MHz 上。如果本振工作正常，则在频率特性测试仪的屏幕上约 95MHz 处出现一个小频标，并有 ±1.5MHz 左右的微调范围。

3）测试高频放大器频率特性。在 AGC 直流电压为 3V 时，调整高频放大器电感线圈的电感量或耦合强弱，使高频放大器的频率特性曲线如图 7-14 所示。

4）测试总频率特性曲线。将高频放大器和混频器的输出频率特性曲线及各频道的本振频率调整合理后，即可检查高频头，并可得到图 7-15 所示的总频率特性曲线。通常，高频头总频率特性曲线都会合乎要求，但由于调整混频器频率特性曲线是在空档进行的，与接入各频道的情况有些差异，应该再适当地进行调节以使以上三种曲线都有兼顾，但以总频率特性曲线为准。

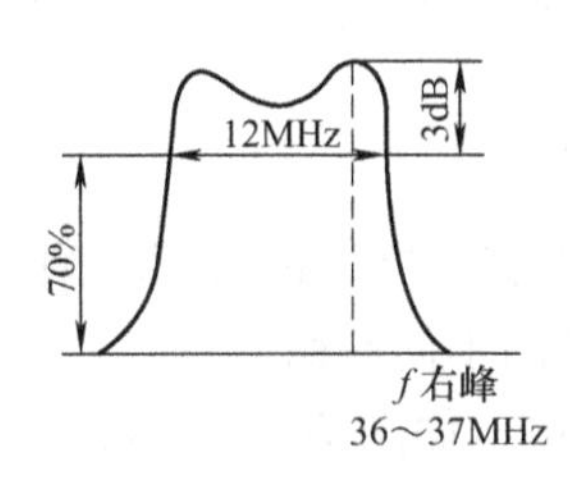

图 7-13　混频器输出频率特性曲线

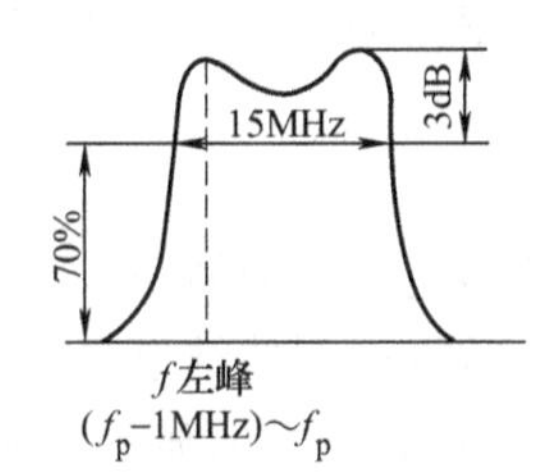

图 7-14　高频放大器频率特性曲线

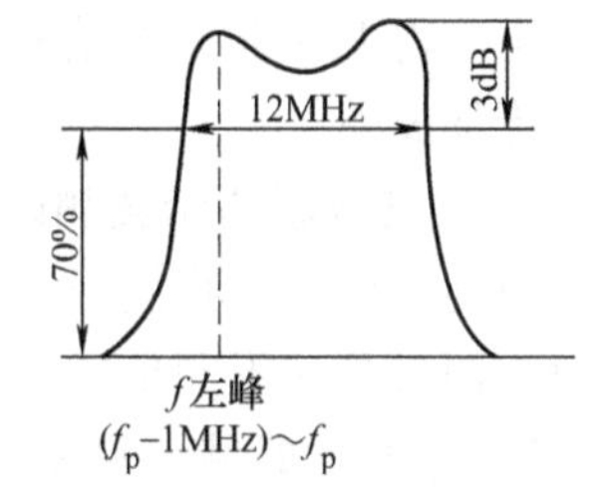

图 7-15　高频头总频率特性曲线

7.3　频谱分析仪

我们在对信号研究时，可以把信号作为时间的函数进行分析，即对信号进行时域分析，也可以把信号作为频率的函数进行分析，即对信号进行频域分析。用示波器观测信号波形是典型的时域分析方法，用频谱分析仪（简称频谱仪）观测信号的频谱是典型的频域分析方法。对信号进行时域分析和进行频域分析在本质上是一致的，图 7-16 表明了信号时域与频域的关系。

图 7-16 中，电压 u 是基波和二次谐波之和。用示波器观测时，能观察到电压的时域特性，也就是该信号的基波和二次谐波电压在时域上的合成曲线（即波形）。用频谱分析仪观

测时，可观察到该信号所包含的频率分量在频域上的分布图。因此在分析信号时，频谱分析仪和示波器可以从不同侧面反映信号的情况，可以相互配合使用。

用频谱仪分析信号，只能给出振幅谱或功率谱，不能直接给出相位信息，但能显示出较宽范围的频谱，因此可用来测量信号电平、谐波失真、频率响应、调制系数、频率稳定度及频谱纯度等。

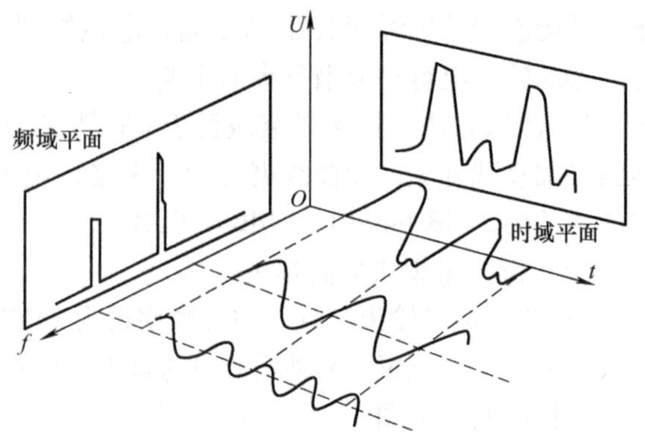

图 7-16 信号时域与频域的关系

7.3.1 频谱分析的基本概念

1. 频谱分析的认识

在实际测量中，经常要用到单一频率的正弦信号，那么这个正弦信号是否很纯净呢？实际上，绝对纯净的正弦信号是不存在的。对于周期性函数，可以证明几乎每个正弦信号都可分解成基波和各次谐波，非正弦波也可分解为不同频率的正弦波。通常将合成信号的所有正弦波的幅度按频率的高低依次排列所得到的图形称为频谱。频谱分析就是在频率域内对信号及其特性进行描述。

对于不同类型的信号进行频谱分析时，可采用不同的分析方法。对于确定性信号，可通过傅里叶变换获得确定的频谱；对于随机信号，只能就某些样本函数的统计特征值做出如均值、方差等估算，不存在傅里叶变换，对它们进行的频谱分析是指功率谱分析。

傅里叶变换把时间信号分解成正弦或余弦信号的叠加，完成了信号由时间域到频率域的变换，变换的结果为幅度频谱或相位频谱，可以求得其相应的频域特征。微型计算机的普及，更使得 FFT 技术在信号的频谱分析、相位谱分析中得到了广泛应用，频域测量的技术应用更加成熟。

2. 频谱分析与示波测试的区别

对同一信号，我们既可以用示波器进行时域测量，也可以用频谱分析仪进行频域测量，但由于两者是从不同角度进行观测，所以得到的结果只能反映事物的不同侧面。

1）某些在时域上较复杂的波形，在频域上的显示可能较为简单，如图 7-17 所示，图中只有两个频率分量。

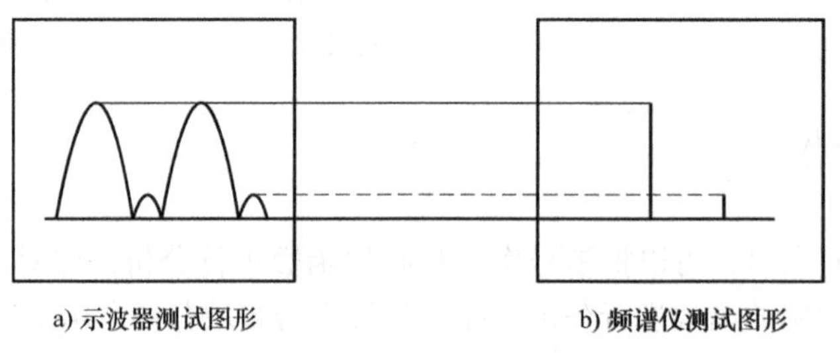
a) 示波器测试图形　　b) 频谱仪测试图形

图 7-17 信号在时域和频域中的显示情况

2）如果两个信号的基波幅度相等，二次谐波幅度也相等，但基波与二次谐波的相位差不相等，若用示波器观察这两个信号的波形，会出现明显的不同，但用频谱分析仪观察到的这两个信号的频谱图却是相同的，如图 7-18 所示，频谱分析仪不能分辨相位关系。

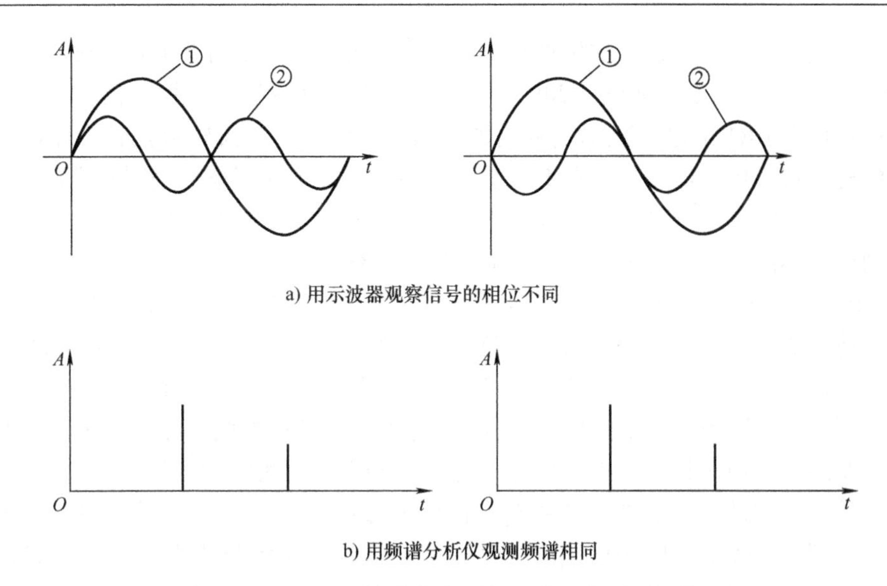

a) 用示波器观察信号的相位不同

b) 用频谱分析仪观测频谱相同

图 7-18　用示波器和频谱仪对比观察相位不同的信号

3）当信号中所含的各频率分量的幅度略有不同时，波形的变化是不太明显的，但用频谱分析仪却能定量观测变化的程度，如图 7-19 所示。图 7-19a 中左侧图波形无失真，右侧图波形出现轻微失真，用示波器很难定量分析失真的程度。但若用频谱仪观测图 7-19a 中两信号的频谱，如图 7-19b 所示，即可看出谱线数量明显不同，而且还可得出定量的结果。

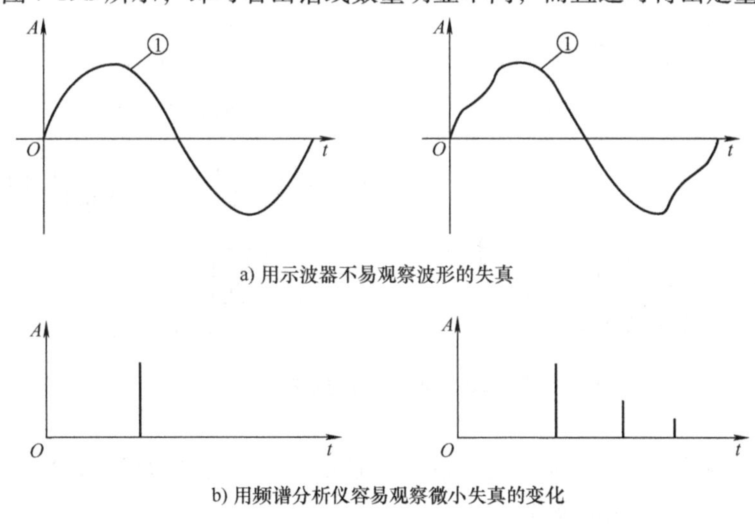

a) 用示波器不易观察波形的失真

b) 用频谱分析仪容易观察微小失真的变化

图 7-19　用示波器和频谱仪观察微小失真的波形

7.3.2　频谱分析的基本方式和频谱分析仪的基本组成

1. 频谱分析的基本方式

频谱分析的基本方式主要有同时分析方式、顺序分析方式、调节滤波器方式和外差扫频方式。

1）同时分析方式的原理如图 7-20a 所示。用一系列带宽极窄的滤波器滤出被测信号在各个频率点的频谱分量，各频率分量再同时经不同通道的检波器、放大器和指示器，并最终获得被测信号的频谱。这种方式的优点是能够实时分析，缺点是需要大量的硬件。

2）顺序分析方式的原理如图 7-20b 所示。该方法可以节省许多检波器、放大器和显示器，还可以直接在 CRT 屏幕上显示出频谱图。然而，由电子开关轮流把各个滤波器的输出接到公用的检波器、放大器、显示器上，实际上各频谱分量的测量不是同时进行的，这种方法原则上丧失了实时分析的可能。如果在电子开关之前，在各个滤波器之后均加上一个波形存储器，则即使不能得到实时测量结果，但事后却能得到与实时分析一致的结果。

3）调节滤波器方式的原理如图 7-20c 所示。用一个可调的窄带滤波器代替上述的一系列滤波器，使得顺序分析方案得到极大的简化。然而，可调滤波器的通带难以做得很窄，其调谐范围也难以做得很宽，而且在调谐范围内要保持恒定不变的滤波器特性很难。

4）外差扫频方式的原理如图 7-20d 所示，这种方式克服了调节滤波器方式的缺点。用一个频率可调的本地振荡频率 f_0 与被测信号某一频谱分量的频率 λ 混频，所得的差频（或和频）恰好等于固定的中频滤波器频率 f_{IF}，由此可得 $f_x = |f_0 \pm f_{IF}|$。这样，在中频滤波器的输出端就能得到一个幅度正比于该频谱分量幅度的信号。在此公式中，通过调节 f_0 去适应固定的中频滤波器频率 f_{IF}。由于中频放大器有很高的增益，因此可获得较高的测量灵敏度和频率分辨率。

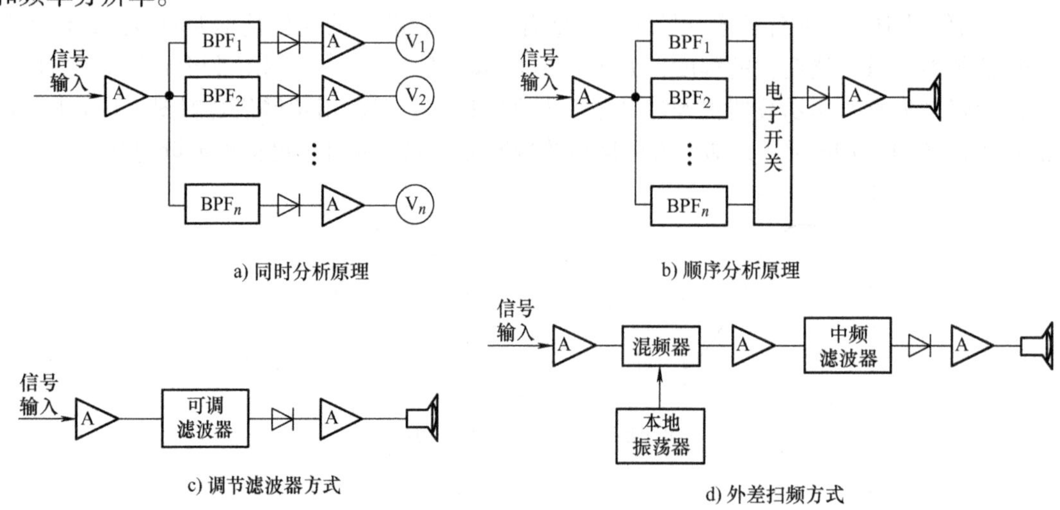

图 7-20 频谱分析的基本方式

图 7-20c、d 两种方式在实质上是等效的，但后一种方式更为优越，从而在通信、测量及其他许多方面得到了广泛的使用。

2. 频谱分析仪的基本组成

通常，频谱分析仪所分析的大多是功率谱。分析功率谱的方法有三种，即滤波法、相关函数傅里叶变换法和直接傅里叶变换法。

（1）滤波式频谱仪的组成　滤波式频谱仪的组成如图 7-21 所示。输入信号经过一组中心频率不同的滤波器或一个扫描调谐式滤波器选出各个频率分量，经检波后进行显示或记录。在这种频谱仪中，随着滤波器频率 f 的改变，完成频谱分析。

（2）计算法频谱仪的组成　计算法是直接计算有限离散傅里叶变换（DFT）获得信号序列的离散频谱。只是在 FFT 算法问世后，计算法才被广泛应用于频谱分析。

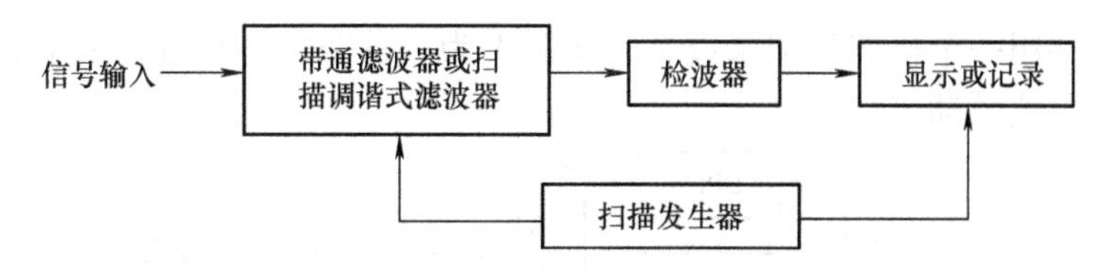

图7-21 滤波式频谱仪的基本组成

计算法频谱仪主要由数据采集、存储、数字信号处理及显示记录等几部分电路组成，如图7-22所示。

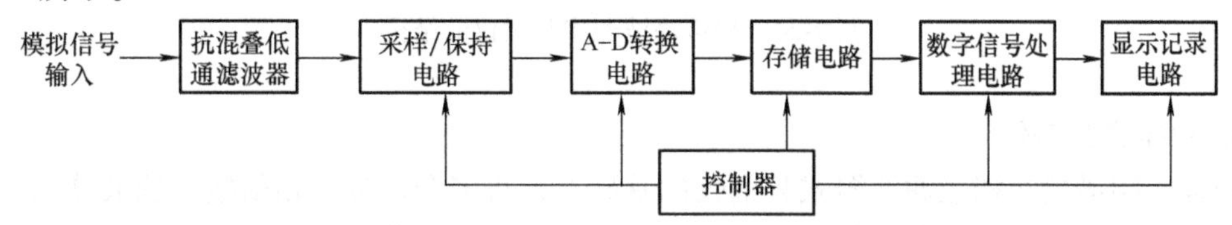

图7-22 计算法频谱仪的基本组成

7.3.3 频谱分析仪的分类

频谱分析仪的种类繁多，按信号处理方式可分为模拟式、数字式和模拟数字混合式；按工作频带不同可分为高频频谱仪和低频频谱仪；按工作原理不同大致可分为滤波法频谱仪和计算法频谱仪两大类。

模拟式频谱仪以模拟滤波器为基础，用滤波器来实现信号中各频率成分的分离，主要用于射频和微波频段。模拟式频谱仪根据工作方式不同分为并行滤波法、时间压缩法、傅里叶变换法、顺序滤波法、扫频滤波法和扫频外差法等。前三种方法为实时频谱分析，后三种方法为非实时频谱分析。

数字式频谱仪是以数字滤波器或FFT为基础而构成的。数字式频谱仪准确度高、性能灵活，主要用于低频和超低频。

按前面介绍的获得频谱的基本方法，可构造各种不同类型的频谱仪。

1. 并行滤波实时频谱仪

并行滤波实时频谱仪是根据同时分析方式构建的，其结构如图7-23所示。信号同时加到通带互相衔接的多个带通滤波器中，各个频率被同时检波，对信号进行实时测量，只是显示时通过电子开关轮流显示。

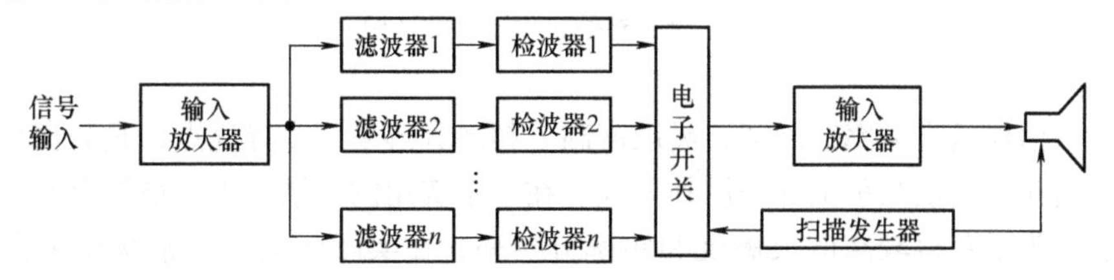

图7-23 并行滤波实时频谱仪的结构

2. 档级滤波器式频谱仪

档级滤波器式频谱仪是根据顺序分析方式构建的，其结构如图7-24所示。信号同时送到各个滤波器，在对各通道进行扫描测量时，不必考虑因切换而带来的每个滤波器所需的建立时间，但由于共用一个检波和记录设备，实际上为一种非实时测量，测量时应考虑检波器的时间常数和记录仪的动态特性。

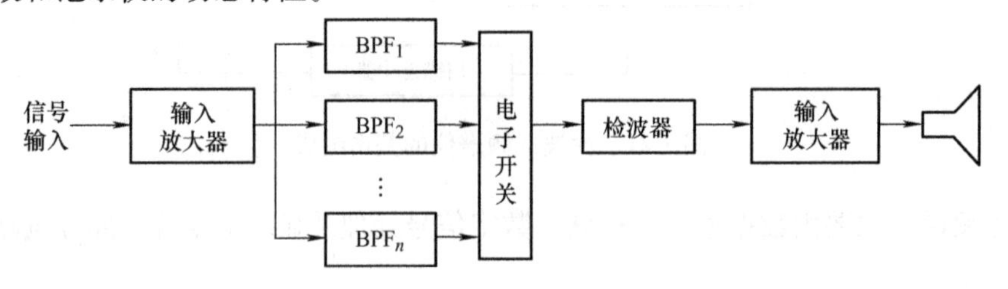

图 7-24 档级滤波器式频谱仪的结构

3. 扫描式频谱仪

扫描式频谱仪在档级滤波器式频谱仪的基础上，将多个通带互相衔接的滤波器用一个中心频率可调谐的带通滤波器代替，通过扫描调谐完成整个频带的频谱分析，其结构如图 7-25 所示，现在已较少采用。

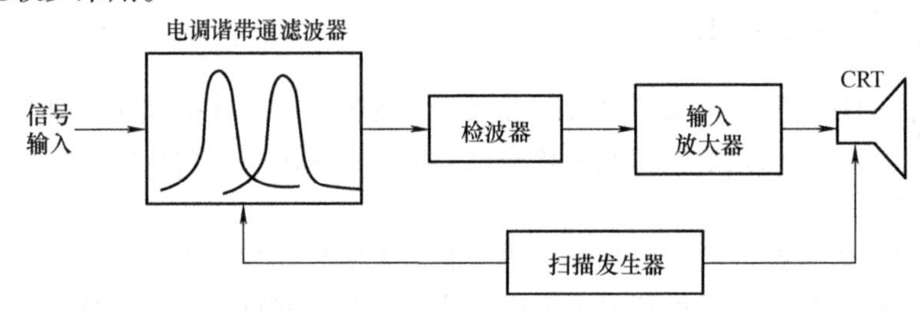

图 7-25 扫描式频谱仪的结构

4. 外差式频谱仪

外差式频谱仪的结构如图 7-26 所示。

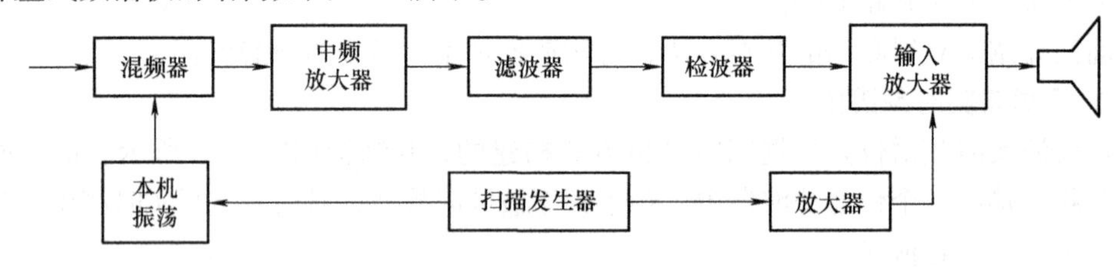

图 7-26 外差式频谱仪的结构

外差式频谱仪具有频率范围宽、灵敏度高、频率分辨率可变等优点，是频谱仪中数量最多的一种，高频频谱仪几乎全部采用外差式。在一个实用的频谱仪中，往往有几个混频和中频滤波环节。为了获得较高的灵敏度和频率分辨率，在实际频谱仪中常采用多次变频的方法，以便在几个中间频率上进行电压放大。由于进行的是扫描分析，信号中的各频率分量不能同时被测到，因而不能提供相位频谱，不能作实时分析，只适用于周期信号或平稳噪声的分析。

5. 数字滤波式实时频谱仪

数字滤波式实时频谱仪的结构如图 7-27 所示。该频谱仪采用的数字滤波器性能优越、稳定、可靠，可以实现频分和时分复用，因而仅用一个数字滤波器，就可构成一个与并行滤波法等效的实时频谱仪。

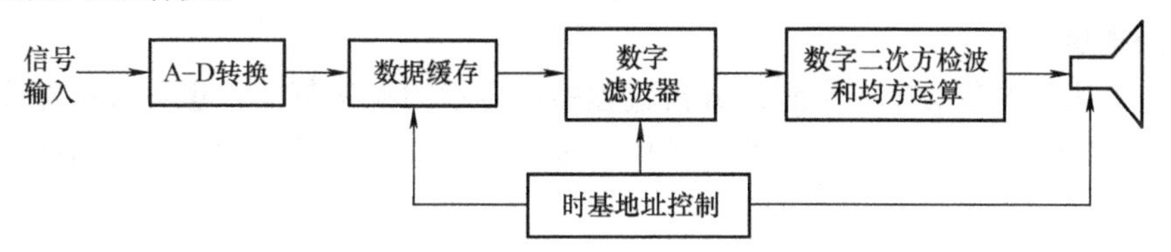

图 7-27　数字滤波式实时频谱仪的结构

6. 时间压缩式实时频谱仪

时间压缩式实时频谱仪又称为模拟数字混合式频谱仪。用并行模拟滤波法进行窄带的实时分析，需要大量的滤波器和检波器；而采用数字滤波器复用法时，复用率受到数字电路工作速度的限制；外差法虽然无须大量的滤波器，但不能进行实时分析，而且随着带宽变窄，需要很长的扫描分析时间。

7. FFT 频谱仪

通过 FFT 方法计算 DFT，即可得到信号的离散频谱，再经二次方计算获得功率谱。FFT 已成为低频频谱分析的主要方法。采用 FFT 作频谱分析的仪器，一般都具有众多的功能，远远超出了频谱分析的范围。

8. 采用数字中频的外差式频谱仪

采用数字中频的外差式频谱仪融合了外差扫描、数字信号处理及实时分析技术，频谱仪的中频部分采用了全数字技术，通过采用数字滤波和 FFT 的方法，使分辨率和分析速度都大为提高。

7.3.4　频谱分析仪的主要技术指标

频谱分析仪的主要技术指标包括输入频率范围、频率分辨率、灵敏度、扫频宽度、扫描时间、测量范围及动态范围等。

1. 输入频率范围

频率范围是指频谱仪能达到仪器规定性能指标时的工作频率区间，取决于扫频振荡器的频率范围。有些频谱仪的频率范围较小，如 AT501、HM5010，其频率范围为 0.15～150MHz；有些频谱仪的频率范围较大，如 HP8563E 的频率范围为 30Hz～26.5GHz，TEK274 的频率范围为 10Hz～40GHz。

2. 频率分辨率

频率分辨率是指频谱仪能够分辨的最小谱线间隔，即把靠得很近的两个频谱分量分辨出来的能力。由于屏幕显示的谱线实际上是窄带滤波器的动态特性，因而频谱仪的分辨率主要取决于窄带滤波器的通频带宽度，即频谱仪的分辨率为窄带滤波器幅频特性的 3dB 带宽。分辨率带宽与中频滤波器、扫频振荡器等有关。静态分辨率是扫频速度为零时，滤波器静态幅频特性曲线的 3dB 带宽。动态分辨率是在扫频速度不为零（扫频工作）时，滤波器动态幅频特性曲线的 3dB 带宽。

3. 灵敏度

灵敏度是指频谱仪测量微弱信号的能力，其定义为显示幅度为满刻度时输入信号的最小电平值。灵敏度与分辨率带宽、视频带宽、衰减器设置有关，还与扫频速度有关，扫频速度越快，动态幅频特性峰值越低，灵敏度越低。

4. 扫频宽度

扫频宽度是指频谱仪在一次测量分析过程中所显示的频率范围，也称分析宽度。扫频宽度很宽、可观测到信号频谱的全貌的频谱仪为全景频谱仪。扫频宽度与分析时间之比就是扫频速度。

5. 扫描时间

扫描时间是指扫描一次整个频率量程并完成测量所需要的时间，也就是扫频振荡器扫描完整个扫频宽度所需要的时间，也称分析时间。一般都希望测量越快越好，即扫描时间越短越好。然而，由于频谱仪的扫描时间是和频率量程、分辨带宽和视频滤波等因数有关联的，为保证测量的准确性，扫描时间不可任意缩短。

6. 测量范围

测量范围是指在任何环境下可以测量的最大信号与最小信号的比值。可以测量的信号的上限由安全输入电平决定，大多数频谱仪的安全输入电平为 $30dB_m$（W）；可以测量的信号的下限由灵敏度决定，并且和频谱仪的最小分辨带宽有关，灵敏度一般在 $-135 \sim -115dB_m$ 之间。由此可知，测量范围在 145～165dB 之间。

7. 动态范围

动态范围是指频谱仪能以规定的准确度测量同时出现在输入端的两个信号之间的最大差值（用 dB 表示）。它实际上表征频谱仪分析显示大信号和小信号频谱的能力，其上限受到非线性失真的制约，一般在 60dB 以上，有的可达 100dB。

7.3.5 典型仪器——AT5010 型频谱分析仪

AT5010 型频谱分析仪适用于产品开发时的先期测试，在交第三方正式测试之前进行预认证评估，配合高频探头 AZ530 系列，适用于初样机电路板和原样机阶段，该仪器还可广泛应用于教学、科研。

1. 面板图

AT5010 型频谱分析仪的前面板图如图 7-28 所示。

①POWER ON/OFF：电源开关，用于打开或关闭电源。当电源打开时，约经 10s 荧光屏出现光束。

②INTENS：亮度调节旋钮，用于调节光点的亮度。

③FOCUS：聚焦旋钮，用于调节光点锐度。

④TR：光迹旋钮，由于地球磁场对水平扫描线有影响，用于调整水平扫描线与水平刻度线基本对齐。

⑤MARKER ON/OFF：频标旋钮与频标开关，当频标开关压下（即 ON 位置）时，频标指示灯 MK 亮，数字显示窗显示的是频标频率，即频标所在位置对应的频率；当频标开关弹出（即 OFF 位置）时，中心频率指示灯 CF 亮，数字显示窗显示的是中心频率。频标旋钮用于调节频标的频率，使频标与某条谱线重合。

⑥CF/MK：中心频率显示/频标频率显示指示灯，用于指示数字显示窗显示的是中心频率还是频标频率。

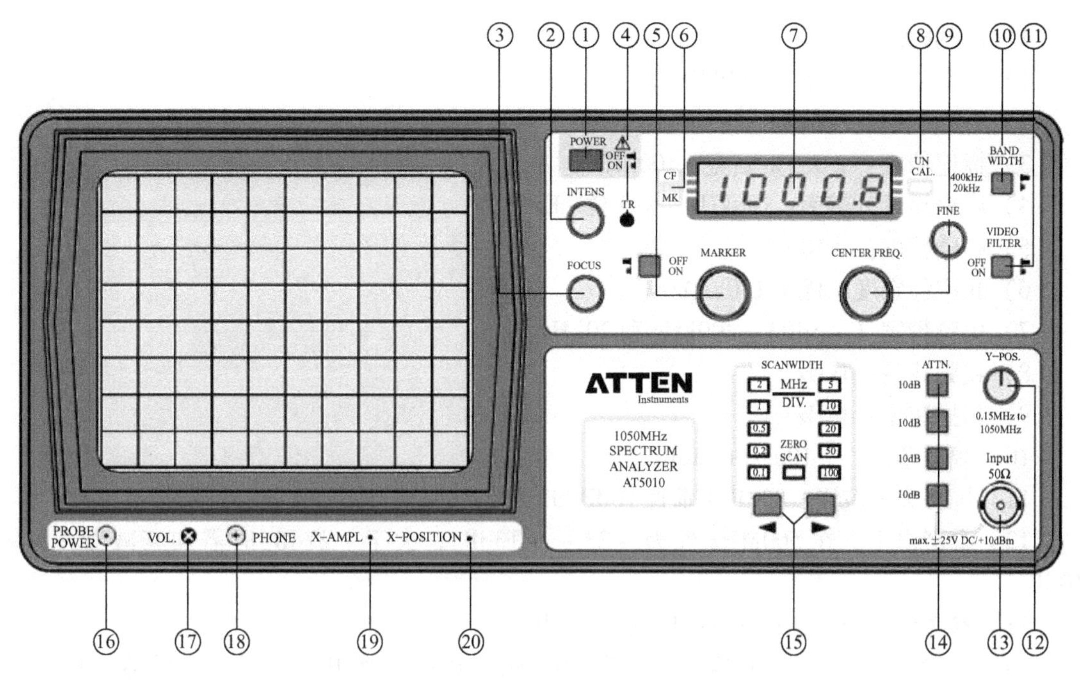

图7-28　AT5010型频谱分析仪的前面板图

⑦DIGITAL DISPLAY：数字显示窗，用于显示中心频率或频标频率，分辨率为100kHz。

⑧UNCAL：校准失效指示灯，当UNCAL指示灯闪亮时，表示幅度值不准确，这是由于扫频宽度和中频滤波器设置不当所造成的。

⑨CENTER FREQUENCY与FINE：中心频率粗调旋钮与中心频率精调旋钮，用于粗略调整中心频率和精确调整中心频率。

⑩BAND WIDTH：带宽选择按钮，用于选择中频带宽，可选择400kHz和20kHz。

⑪VIDEO FILTER：视频滤波按钮，用于降低屏幕上的噪声。它使得在平均噪声电平上或刚好高出它的信号（小信号）的谱线得以观察，该滤波器带宽是4kHz。

⑫Y-POSITION：垂直位置调节旋钮，用于在垂直方向上移动屏幕显示的图像。

⑬Input：被测信号输入插孔，频谱仪的BNC为50Ω输入。

⑭ATTN：输入衰减器按钮，包括4个10dB衰减器，用于接通衰减器并选择所需要的衰减量。

⑮SCAN WIDTH：扫频宽度选择按钮，用于设定水平轴上的每格所表示的扫频宽度。用>按键来增加每格频宽，用<按键来减少每格频宽。

⑯PROBE POWER：探头供电，输出DC电压+6V，以使AZ530近场嗅觉探头工作。此电源专为它们所用，其专用线随AZ530提供。

⑰VOL：耳机输出音量调节旋钮，用于调节耳机插孔输出音频信号的大小。

⑱PHONE：耳机插孔，用于输出音频信号。3.5mm耳机插孔，阻抗大于8Ω的耳机或扬声器可以连到这个输出插座。

⑲X-AMPL：水平幅度调节旋钮，用于调节显示信号的幅度。

⑳X-POSITION：水平位置调节旋钮，用于在水平方向上移动屏幕上显示的图像。

2. 主要技术指标

1）频率范围：0.15～1050MHz。

2）中心频率显示精度：±100kHz。

3）标记精度：±0.1%频宽+100kHz。

4）频率显示分辨率：100kHz（4.5位LED）。

5）扫频精度：±10%。

6）频率稳定度：优于150kHz/h。

7）中频带宽（-3dB）：400kHz和20kHz。

8）视频滤波：4kHz。

9）扫描速率：43Hz。

10）幅度范围：-100～+13dB_m。

11）屏幕显示范围：80dB（垂直10dB/div）。

12）参考电平：在500MHz处为-27～+13dB_m，大于-27dB_m时需加衰减器，每级10dB。

13）参考电平精度：在500MHz处为±2dB。

14）平均噪声电平：平均噪声电平为-90dB_m。在带宽为20kHz、视频滤波器4kHz接通时，典型值为-99dB_m。

15）失真：2次、3次谐波失真<-55dBc，在两个信号相隔大于3MHz时，3阶交调失真为-70dBc。

16）灵敏度：优于-90dB_m。

17）对数刻度真实度：在不加衰减器，标准信号为500MHz、-27dB_m输入时，对数刻度真实度为±2dB。

18）输入衰减器：从0～40dB，分4档步进，每档10dB。

19）输入衰减器精度：±1dB/10dB。

20）最大输入电平：最大输入电平为+13dB_m。在输入电平大于-27dB_m时需加衰减器，在+13dB_m时需加40dB_m衰减器。

21）扫频宽度：100kHz/div～100MHz/div，分1-2-5档和0Hz/div，0Hz/div为0扫描。

22）输入阻抗与连接器：输入阻抗为50Ω，连接器采用BNC（Female）。

3. 使用方法及注意事项

（1）使用方法

1）按下频谱仪的电源开关，调节亮度和聚焦旋钮，使屏幕上显示的光迹清晰。

2）将待测信号输入频谱仪，调节输入衰减、扫频宽度和中心频率，使待测信号的频谱呈现在显示屏上。

3）调节垂直位置旋钮，使频谱的基线位于最下面的刻度线处，设置衰减按钮使频谱的垂直幅度不超过7格。

4）按下频标开关，调节频标指示旋钮移动频标至待测谱线的中心，此时显示窗的示值即为待测谱线的频率。

5）关闭频标，读出待测谱线高出基线的格数（每格代表10dB）。

6）若UNCAL灯亮，则读出的幅度不准确，应调整带宽直到UNCAL灯灭，再读幅度。

7）减小扫频宽度可使谱线展宽，有利于精确读取谱线的中心频率。

（2）使用注意事项

1）AT5010 型频谱分析仪最灵敏的元件是输入部分，它包括信号衰减器和第一混频器。未经输入衰减时，加到输入端的电压必须不超出 $+10\mathrm{dB_m}$（AC 0.7V_{rms}）或 DC ±25V。当有 40dB 最大衰减时，AC 电压必须不超出 $+20\mathrm{dB_m}$（AC 2.2V_{rms}）。这些极限一定不能超出，否则，输入衰减器或者第一混频器可能会被损坏。

2）在 AT5010 型频谱仪中是没有 0～150kHz 频率范围的。若此范围出现，则幅度是不准确的。应避免将显示调得过亮，这样，即使在低亮度情况下，在频谱仪上显示的各信号一般都可容易地读出。

7.3.6　频谱分析仪的应用

频谱仪的应用范围包括微波通信线路、雷达、电信设备、有线电视系统以及广播设备、移动通信系统、电磁干扰的诊断测试、元器件测试、光波测量和信号监视等的生产和维护。频谱仪不仅在电子测量领域，而且在生物学、水声、振动、医学、雷达、导航、电子对抗、通信、核子科学等方面都有广泛的用途。

1. 频谱仪的特性

频谱仪具有良好的频域信号分析能力，主要因为它具有以下特性：

1）覆盖频带宽。

2）幅值范围宽。

3）有供标量测量用的跟踪发生器。

4）对小信号检测的灵敏度极高。

5）具有极好的频率稳定性。

6）频率和幅值分辨率高。

7）具有数字解调能力。

2. 频谱仪的功能

通常可用频谱仪进行如下测量：

1）测量正弦波信号的绝对幅值和相对幅值。

2）测量频率、寄生频率分量的频率和频率稳定度等参数。

3）测量调幅、调频、脉冲调幅等已调制信号。

4）测量脉冲噪声。

5）测量瞬变信号。

6）测量线性网络和非线性网络的幅频特性、非线性失真度、增益或衰减等参数。

7）测量电磁兼容性（EMC）。

3. 频谱仪的使用方法

由于频谱仪的扫频宽度、扫描时间、频带宽度等参数都是可调的，而频谱仪的动态分辨率、灵敏度和扫频速度又是相互影响的，因此选择合适的仪器型号、合理设置可调参数值是正确使用频谱仪的关键。

1）频谱仪型号的选择。应根据测量项目来选择仪器型号，例如测量 GSM 系统的时分多址信号时，应选择具有特殊时域测量能力和零频宽操作功能，同时还能进行时间门限组合、上升/下降沿脉冲串测量的型号。

2）扫频宽度的选择。扫频宽度是根据被测信号的频谱宽度来选择的。例如分析一个调幅波，扫频宽度应大于$2f_m$（f_m为调制频率），若观察是否存在一次谐波的调制边带，则扫频宽度应大于$4f_m$。

3）频带宽度的选择。频带宽度的选择应与静态分辨率B_s相适应。原则上，宽带扫频可选$B_s=150$Hz，而窄带扫频可选$B_s=6$Hz。表7-1是频带宽度与静态分辨率的对应关系。

表7-1 频带宽度与静态分辨率的对应关系

频带宽度/kHz	5～30	1.5～10	≤2
静态分辨率B_s/Hz	150	30	6

4）扫频速度的选择。当扫频宽度与B_s选定后，扫频速度v_s选择非常重要。v_s的选择以获得较高的动态分辨率B_d为准则，同时还要合理处理扫频速度与扫描时间的矛盾。这是因为当扫频宽度一定时，v_s的选择决定了扫描时间的选择。扫描时间越长，扫速v_s越小，B_d越接近B_s。一般可按以下经验公式考虑：

$$v_s \leqslant B_s^2$$

式中，v_s的单位为Hz/s；B_s的单位为Hz。

4. 频谱仪的应用实例

1）用频谱分析法测量数字信号电平。随着数字通信、计算机网络及数字电视等技术的发展，相继出现了许多种类的数字信号，如FSK、PSK、ASK、CDMA、TDMA、FDMA、QPSK、QAM等信号。这些数字信号的电平都可以用频谱仪测量。在测量时，将它们看作一定带宽内的噪声来对待。

2）手机灵敏度的定量测试。在手机维修中，可采用频谱仪对手机的灵敏度进行定量测试及比较。手机灵敏度的大小由频谱图在Y轴上的高度来反映。如用频谱仪测量手机的900MHz功率放大器输出信号的频谱。

3）GSM基站测试。GSM系统的基站经过长期使用，设备元器件老化，可能会影响系统的通信质量或正常运行，因此，定期对GSM系统的基站进行检测是必要的。基站测试的方法有两种，一种是使用GSM基站专用测试仪进行测量，这是最先进、最方便的方法；另一种是使用配备专用测试软件的频谱仪进行测量，这种测量方法比较经济。

基站发射机杂波辐射的测量可按图7-29所示连接设备和仪器。发射机在未调制状态下工作，频谱仪调整在发射机载频频率上，载波峰值电平在屏幕上显示于0dB线上。调节频谱仪的频率旋钮在100kHz～1000MHz或4倍载频的范围内变化，记下各杂波辐射电平。在发射机上加调制信号，重复以上测量过程。

当载波功率大于25W时，离散频率的杂波辐射功率比载波功率电平小70dB；载波功率不大于25W时，离散频率的杂波辐射功率电平应不大于2.5μV。

基站接收机的杂波辐射测量按图7-30所示连接设备和仪器。首先打开接收机电源，将开关S置于“1”，用频谱仪寻找100kHz～2GHz以内的任何杂波辐射分量。然后将开关S置于“2”，用信号发生器输出模拟杂波辐射分量的信号，以确定其杂波辐射分量的电平值。在测量机箱辐射时，应将被测接收机置于屏蔽室内或无辐射的场所。

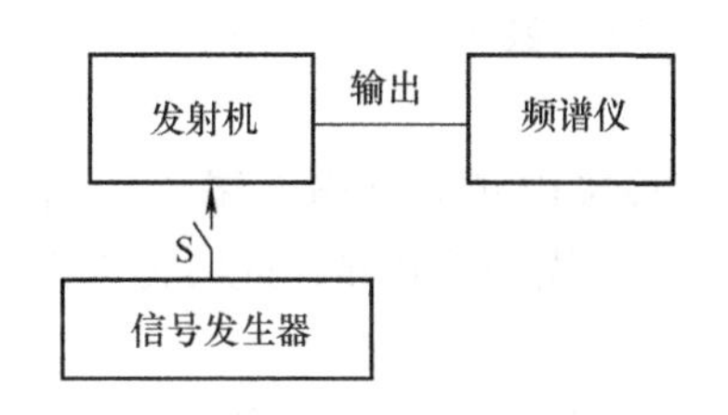

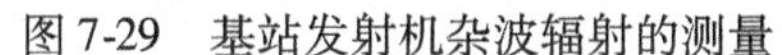
图 7-29　基站发射机杂波辐射的测量

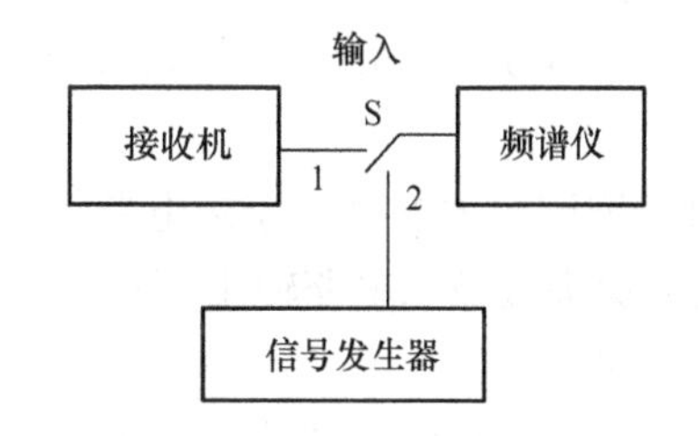

图 7-30　基站接收机杂波辐射的测量

4）电磁干扰（EMI）的测试。频谱仪是电磁干扰的测试、诊断和故障检修中用途最广的工具，如在诊断电磁干扰源并指出辐射发射区域时，采用便携式频谱仪是很方便的。测试人员可在室内对被测产品进行连续观测或用探头探测被测设备的泄漏区域，通常泄漏区域可能在箱体接缝、CRT 前面板、接口线缆、键盘线缆、键盘、电源线和箱体开口等部位；还可以用探头深入被测设备的箱体内进行探测。

由于频谱仪覆盖频带宽，可以观察到比用典型的电磁干扰测试接收机更宽的频谱范围。另外，包括所有校正因子在内的频谱图也同时被显示在频谱仪的 CRT 上。这样，测试人员可在 CRT 上监测发射电平，一旦超过限值，就会立刻被发现。频谱仪的最大保持波形存储和双重跟踪特性也可用于观察操作千年后的电磁干扰电平的变化情况。

5）相位噪声的测量。将被测信号加到相应频带频谱仪的输入端，显示出该信号的频谱，找出信号中心频率的功率幅度，适当选择扫频宽度，使屏幕上能显示出所需宽度的一个或两个噪声边带；分辨带宽宜尽量取小，以减小载波谱线宽度和边带中噪声的高度；纵轴采用对数刻度并调节参考电平，将谱线底端调到刻度的底部基线。这样，利用可移动的光标读出顶端电平 C 和一个边带中指定偏移频率 f_m 处噪声的平均高度的电平 N，求出差值 $N-C$，再加上必要的修正，即可得出相位噪声的数值。

实操训练 9　扫频仪的使用

1. 实训目的

1）掌握 BT3C-B 型频率特性测试仪面板装置的操作方法。

2）会用 BT3C-B 型频率特性测试仪测试幅频特性曲线和电路参数。

2. 实训设备及仪器

1）频率特性测试仪：BT3C-B 型，指标：1 ~ 300MHz，1 台。

2）被测放大电路，1 块。

3）直流稳压电源，1 台。

3. 实训内容及步骤

（1）实训前的准备

①“频标选择”开关置于“10:1MHz”处，调节“频标幅度”旋钮使频标幅度适中。

②确定零频的位置，将“频标选择”开关置于“外接”，其他频标信号消失，此标仍存在。

③检查寄生调幅系数，将连接“扫频电压输出”端的电缆与“Y 轴输入”端的检波探头对接；粗衰减及细衰减均置于 0，Y 轴衰减置于 1，调节 Y 轴增益，使荧光屏上显示出高

度适当的梯形方框，最大值为 a，最小值为 b，则寄生调幅系数为 $m=[(a-b)/(a+b)]\times 100\%$。

（2）测试放大电路　连接电路，“扫频电压输出”端接被测电路输入端，“Y 轴输入”端的检波探头接被测电路输出端；适当调节相应旋钮，使曲线易于观测，此时为放大电路的频率特性曲线。

①增益。扫频信号“输出衰减”计为 A（单位为 dB），使波形高度为 H；再将“扫频电压输出”端的电缆与“Y 轴输入”端的检波探头对接，改变输出衰减，使图形高度仍为 H；如此时“输出衰减”的读数为 B（单位为 dB），则被测网络的增益为 $G=A-B$。

②带宽。曲线平坦处高度为 A，找出高度下降为 $0.707A$ 对应的频率 F_H、F_L，则带宽为 $\Delta f=F_H-F_L$。

4. 实训报告要求

1）绘出上述实训内容（2）观察到的曲线。

2）被测电路的增益如何读出？计算放大电路的带宽。

实操训练 10　用频谱分析仪分析未知信号的频谱

1. 实训目的

1）正确设置频谱分析仪的各项参数。

2）观测输入的各种波形信号的幅度谱，达到熟练使用频谱仪的目的。

2. 实训设备及仪器

1）频谱分析仪 1 台，型号：AT5010，0.15～1050MHz。

2）函数发生器 1 台，型号：CA1641，0.2Hz～2MHz。

3）电缆 1 条，BNC 型，50Ω。

3. 实训内容及步骤

1）接通频谱分析仪电源，不连接任何电缆，观察频谱仪的显示，查看迹线的大致幅度值和默认的设置情况。

2）接通函数发生器电源，设置使之输出某单一频率（如 1MHz）的连续正弦波。

3）用电缆将函数发生器的输出连接到频谱仪前面板上的射频输入端。设置频谱仪参数，确保能够在屏幕上看到幅度最大的谱线。

4）使用 Marker 功能，读出最大谱线的频率和幅度值。再依次读出各次谐波谱线的频率和幅度值，将相应的数值填写在实训数据记录表 7-2 中。其中，幅度电平为：$-107\text{dB}+$高出基线格数 $\times 10\text{dB/div}+$衰减器的衰减量（dB）。

5）改变函数发生器的输出波形为方波、三角波，重复步骤 4）。

表 7-2　测量各谱线频率及幅度值

项　目		正弦波		方　波		三角波	
		1MHz	2MHz	1MHz	2MHz	1MHz	2MHz
最大谱线	频率						
	幅度						

（续）

项　目		正弦波		方　波		三角波	
		1MHz	2MHz	1MHz	2MHz	1MHz	2MHz
谐波谱线 1	频率						
	幅度						
谐波谱线 2	频率						
	幅度						
谐波谱线 3	频率						
	幅度						
谐波谱线 4	频率						
	幅度						
谐波谱线 5	频率						
	幅度						
谐波谱线 6	频率						
	幅度						
谐波谱线 7	频率						
	幅度						
谐波谱线 8	频率						
	幅度						
谐波谱线 9	频率						
	幅度						

4. 实训报告要求

1）填写实训结果于记录表 7-2 中。

2）当函数发生器输出正弦波时，上述步骤 4）之后除了最大谱线之外是否有其他谱线？输出方波、三角波时的情况又如何？

3）如果改变输入信号的频率，谱线间隔将如何变化？

归纳总结 7

本章介绍了频域测量与仪器，主要内容有：

（1）电路频率特性的测量方法有点频法、扫频法和多频法，主要是扫频法。

（2）频率特性测试仪由扫频信号发生电路、频率标志电路、显示器和高低压电源电路四部分组成。

（3）频率特性测试仪主要测量频率特性曲线（包括增益、带宽和回路 Q 值的测量）。频率特性测试仪使用时要注意阻抗匹配。

（4）频谱分析仪是频域测量仪器。示波测试与频谱分析是对应的时域与频域。频谱分析的基本方法有同时、顺序、调节滤波器和外扫频方式。

（5）频谱分析仪的分类按信号处理分为模拟、数字，按工作原理分为滤波法、计算法。频谱分析仪的主要技术指标反映了其性能。

（6）频谱分析仪的特性、功能、使用方法。频谱分析仪的应用范围较广。

练习巩固 7

7.1 什么是时域测量？什么是频域测量？两者测试的对象是什么？

7.2 什么是频谱分析？用频谱分析仪和示波器分析信号有什么不同？各有什么优点？

7.3 扫频仪中如何产生扫频信号？

7.4 什么是频标？为什么频标会叠加在扫频仪屏幕显示的图形上？

7.5 说明扫频仪测量电路参数的原理和方法。

7.6 外差式频谱分析仪能进行实时分析吗？为什么？

7.7 频谱分析仪的静态和动态分辨率有何区别和联系？

7.8 频谱分析仪可以做哪些参数的测量？

7.9 画出扫频仪和频谱仪的组成原理框图，比较它们在电路结构上的异同点。

第 8 章　数据域测量与仪器

任务引领：用逻辑分析仪分析十进制计数器的定时图

74LS162 为十进制计数器，为了检测 74LS162 的性能，我们用逻辑分析仪对其进行测试，观测十进制计数器的定时图。可以采用函数信号发生器作为低频信号源，将其设置为方波输出，频率为 1kHz、幅度为 5V，接入 74LS162 的时钟输入端，其他端按要求接好。将 74LS162 的输出端接入逻辑分析仪进行测试，根据显示图形，画出 74LS162 输出信号的定时图。那么 74LS162 输出端如何接入逻辑分析仪，通道如何选择，如何合理地设置逻辑分析仪的显示方式，如何观测 74LS162 输出信号的定时图？本章就来给大家介绍数据域测量技术及数据域测量仪器的使用。

主要内容：

1）数据域测量的基本概念、数据域测量的特点、数据域测量的方法。

2）数据域测试仪器设备、逻辑笔和逻辑夹、数字信号发生器的使用。

3）逻辑分析仪的分类、特点、组成、触发方式、显示方式及应用。

学习目标：

掌握数据域测量的基本概念，了解数据域测试技术，了解逻辑分析仪的工作原理及应用，掌握正确使用逻辑分析仪测量逻辑电路的方法。

8.1　数据域测量基础

8.1.1　数据域测量的基本认识

1. 数据域分析的概念

随着数字电子技术的不断发展，数字化产品日益增多，应用于通信、控制及仪器等众多领域中。特别是微型计算机和大规模集成电路性价比的不断提高，使得微型智能化数字产品大量出现。这些数字系统往往不能用传统的时域测量仪器来测量。正是在这种情况下，对现代数字电路或系统的数字信息或数据进行测量的技术应运而生。在这种新的测量技术中，被测系统的信息载体主要是二进制数据流，数据流的响应与激励之间不是简单的线性关系，而是一种数据之间的逻辑关系。把这类测量称为数据域测量，专门用来进行数据域测量的仪器也正式进入测量领域。

2. 数据域测量与时域测量、频域测量的比较

时域分析是以时间为自变量，以被测信号（电压、电流、功率）为因变量进行分析，如示波器；频域分析是在频域内描述信号的特征，如频谱分析仪；数据域分析是研究以离散时间或事件为自变量的数据流的，逻辑分析仪是数据域分析仪器。图 8-1 为时域、频域、数

据域分析的比较。专门用来检测、处理和分析数据流的仪器称为数据域测量仪器。

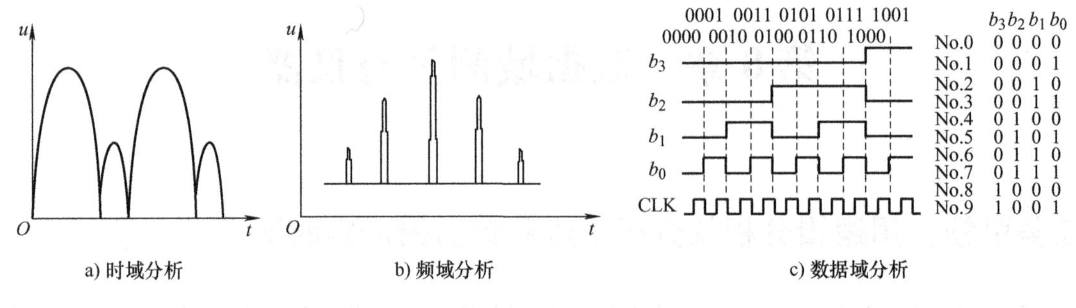

a) 时域分析　　b) 频域分析　　c) 数据域分析

图 8-1　时域、频域、数据域分析的比较

3. 数据类型

在进行数据域测量时，数据的类型有位、数据字和数据流。位是二进制数 0 或 1，数据字由多位二进制数组合而成，数据流由多个数据字按一定时序关系组合而成。例如，对于一个十进制计数器，输入量为计数脉冲信号，输出量为计数器的状态，该计数器输出的是由四位二进制数（数据字）组成的数据流。

在进行数据域测量时，通常关心的是信号的电平及各信号的相互关系所代表的含义，而不是具体的信号电压值。一般地说，数据域测量主要用于研究数据格式、数据流、设备结构及用状态表示的数字系统的特性。

4. 数据域测量的特点

与时域测量和频域测量相比，数据域测量具有不少新特点：

1）被测信号持续时间短。数据域测量的信号是数字脉冲信号，每个脉冲持续时间短，前沿和后沿很陡峭，频谱含量丰富。因此，在测量时必须注意选择开关器件、信号在电路中建立与保持的时间。

2）被测数字信号按时序传递。数字系统都具有一定的逻辑功能，通常要严格按照一定的时序工作，系统中的信号是有序的信号流。因此，对数字设备的测试最重要的就是要检测各信号间的时序和逻辑关系的正确性。

3）被测数字信号传递方式的多样性。数字信号传递的方式有同步传输与异步传输之分，还有串行传输与并行传输之分。由于不同的数字系统，信号的传递方式往往不同，所以在测量时要考虑数据格式、数据的选择及设备结构，以便有效地捕获所需要的数据。

4）被测数字信号多是单次或非周期性的。在数字设备工作时，有些信号（如中断信号、毛刺脉冲等）只单次或偶尔出现，有些信号（如子程序调用信号、条件触发信号等）虽可重复出现，但仍是非周期性的。对于这些信号，用示波器观测到的仅是一些无意义的杂乱波形，难以进行分析。

5）被测数字信号的速度变化范围宽。在有的数字系统内既有低速信号也有高速信号，如计算机系统。在有的系统中信号的速度还是可以变化的，如 ATM、GPRS 等系统。

6）被测数字信号往往是多位并行传输。被测数字信号（如数据字、指令或存储器地址等）都是由多位二进制数组成，并且常常以并行方式进行传输。因此所用的测量仪器应具有多个测量通道，以便测量并行传输信号。

5. 数据域测试任务

数据域测试任务分为两类：数字电路或系统的性能测试和数字电路或系统的故障诊断。

数字电路或系统的性能测试又可分为两类：参数测试和逻辑功能测试。参数测试是指对表征被测器件性能的静态、动态参数进行测试，得到被测器件的某些参数的实际值，以观察这些值是否符合预期值。逻辑功能测试是检查被测对象是否能实现预期逻辑功能的测试。这类测试是在被测对象的设计、制造及实际应用中都要进行的测试。实际上，数据域测试主要就是指的逻辑功能测试。

数字电路或系统的故障诊断可分两步来进行。首先进行故障检查，判断电路或系统是否存在故障，所用的方法经常是对电路或系统进行逻辑功能测试。再进行故障定位，查明故障原因和位置，以便进行维修。

8.1.2 数据域测量的方法

对于一个有故障的数字系统，首先要判断其逻辑功能是否正常，其次确定故障的位置，最后分析故障的原因，这个过程称为故障诊断。要实现故障诊断，通常在被测器件的输入端加上一定的测试序列信号，然后观察整个输出序列信号，将观察到的输出序列与预期的输出序列进行比较，从而获得诊断信息。数字系统的测量方法一般有穷举测试法、结构测试法、功能测试法和随机测试法四种。

1. 穷举测试法

穷举测试法就是对输入全部组合进行测试，如果所有的输入信号和输出信号的逻辑关系都是正确的，就判断数据系统是正确的，否则就是错误的。该方法的优点是能检测出所有的逻辑关系，缺点是测试时间和测试次数随输入端数目 n 的增加呈指数关系增加。

2. 结构测试法

对于一个具有 n 个输入端的系统，如果用穷举测试法测试，需要 2^n 组不同的输入信号才能对系统进行完全测试。显然穷举测试法无论从人力还是物力上都是行不通的。解决此问题的方法是从系统的逻辑结构出发，考虑会出现哪些故障，然后针对这些特定的故障生成测试码，并通过故障模型计算每个测试码的故障覆盖范围，直到所考虑的故障被覆盖为止，这就是结构测试法，该测试法是最常用的方法。

3. 功能测试法

功能测试法不检测数字系统内每条信号线的故障，只验证被测电路的功能，因而比较容易实现。目前，LSI、VLSI 电路的测试大部分都采用功能测试法，对微处理器、存储器等的测试也可采用功能测试法。

4. 随机测试法

随机测试法采用的是“随机测试适量产生”电路，随机地产生可能的组合数据流，将所产生的数据流加到被测电路中，然后对输出进行比较，根据比较结果即可知道被测电路是否正常。该方法不能完全覆盖故障，因此只能用于要求不高的场合。

8.1.3 数据域测量系统的组成

数据域测量系统的组成框图如图 8-2 所示。由图可见，数据域测试系统主要包括数字信号源、待测数字系统以及数据域测量设备三个部分。一个待测数字系统可以用其输出—输入特性及时序关系来描述。待测数字系统的输入特性可用数字信号源产生的时序信号来激励，而它的输出特性可用数据域测量设备进行测量。数据域测量设备得到被测数字系统输出的时序响应信号后，通过进行特征分析和逻辑分析，即可获得被测数字系统的特性。

图 8-2 数据域测量系统的组成框图

依据测量内容的不同，可采用不同的测量仪器和测量方法。若需要测量被测系统的时域参数，如数字信号的波形、信号脉冲宽度、上升时间、下降时间及信号电平值等，则可以在被测系统的输出端连接数字存储示波器。这样既可观测系统的时序特性，又可测量时域参数。若要检测系统有无故障或进行故障诊断，则可以采用特征分析。这时，可用数字信号源依据不同的测试要求提供确定性的或伪随机的激励信号，用逻辑分析仪对被测系统的实际测量响应特征与同样激励、无故障情况下的特征进行比较，进而判断系统有无故障或确定故障部位。为了方便，可使用同时具有逻辑分析和数字存储功能的逻辑示波器。

8.2 数据域测量设备

数据域测量设备是指用于数字电子设备或系统的软件与硬件设计、调试、检测和维修的电子仪器。用于数据域测量的设备主要有逻辑笔、逻辑夹、数字信号源、数字示波器、逻辑分析仪、特征分析仪、规程分析仪、误码测试仪、在线仿真器、数字系统故障诊断仪及基于微型计算机的测量系统等。

以上测试仪器中，逻辑笔是最简单、最直观的，其主要用于逻辑电平的简单测试，而对于复杂的数字系统，逻辑分析仪是最常用、最典型的仪器，它既可以分析数字系统和计算机系统的软、硬件时序，又可以和微机开发系统、在线仿真器、数字电压表、示波器等组成自动测试系统，实现对数字系统的快速自动化测试。

在一般的数据域测量中常用的有逻辑笔、数字信号源、数字示波器、逻辑分析仪及误码测试仪等。常见的简易逻辑电平测试设备有逻辑笔和逻辑夹，它们主要用来判断信号的稳定电平、单个脉冲或低速脉冲序列。其中，逻辑笔用于测试简单信号，逻辑夹用于测试多路信号。本节仅简单介绍逻辑笔和数字信号源。

8.2.1 逻辑笔

逻辑笔主要用来判断数字电路中某一个端点的逻辑状态是高电平还是低电平。主要由输入保护电路，高、低电平比较器，高、低电平扩展电路，指示驱动电路以及高、低电平指示电路五部分组成，逻辑笔的电路结构框图如图 8-3 所示。

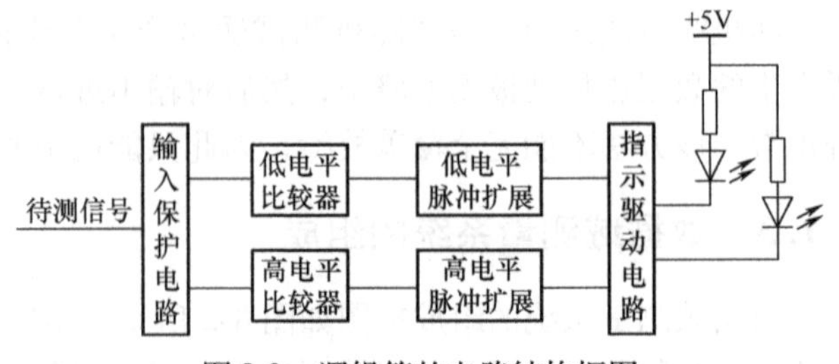

图 8-3 逻辑笔的电路结构框图

逻辑笔用于检测数字电路或系统的逻辑状态，被测信号由探针接入，经过输入保护电路后同时分别加到高、低电平比较器，两比较器输出的比较电压分别加到各自对应的高、低脉冲扩展电路进行展宽，以保证测量单个窄脉冲时也能将指示灯点亮足够长的时间，这样，即使是频率高达 50MHz、宽度最小至 10ns 的窄脉冲也能被检测到。展宽电路的另一个作用是通过高、低电平展宽电路的互换，使电平测试电路在一段时间内指示某一确定的电平，从而只有一种颜色的指示灯亮，如红色指示灯表示高电平，绿色指示灯表示低电平。保护电路的作用则是用来防止输入信号电平过高时损坏电压比较器。

逻辑笔通常设计成能兼容两种逻辑电平的形式，即 TTL 逻辑电平和 CMOS 逻辑电平，这两种逻辑的高、低电平门限是不一样的，测试时需要通过开关在 TTL 和 CMOS 间进行选择。

逻辑笔在同一时刻只能显示一个被测试点的逻辑状态，而逻辑夹则可以同时显示多个被测试点的逻辑状态。在逻辑夹中，每一路信号都先经过一个门判电路，门判电路的输出则通过一个非门来驱动一个发光二极管，当输入信号为高电平时，发光二极管亮；否则，发光二极管灭。也就是说，逻辑夹可以看成是由两只或两只以上的逻辑笔组合在一起构成的。

8.2.2　数字信号源

数字信号源是数据域测量中常用的仪器，它可以产生三类信号：图形宽度可编程的串行或并行数据图形、输出电平与数据速率可编程的任意波形及由选通信号与时钟信号控制的预先设定的数据流，用于给待测数字电路或系统提供输入激励信号。

1. 输出的数据序列

数据序列是指数据流的序列，数字信号源通常可产生三种主要的数据序列。第一种序列是数据块循环序列，即将数据存储器中的某个数据块多次重复输出，形成非常长的数据流；第二种序列也是循环序列，它是将数据存储器一个地址中的数据的一部分重复输出，形成数据流；第三种序列是可编程数据序列，在该工作方式时，数字信号源在外部输入信号的控制下可改变输出的数据序列。

2. 数字信号源的组成

数字信号源由主机和若干个数据序列产生模块组成，如图 8-4 所示。主机主要由电源、中央处理器、信号处理单元（内含内时钟发生器和启动/停止信号发生器）、放大器、分频器、分离电路和人机接口电路等组成。数据序列产生模块由序列寄存器、地址计数器、数据存储器、多路器、格式化器及输出放大器组成。

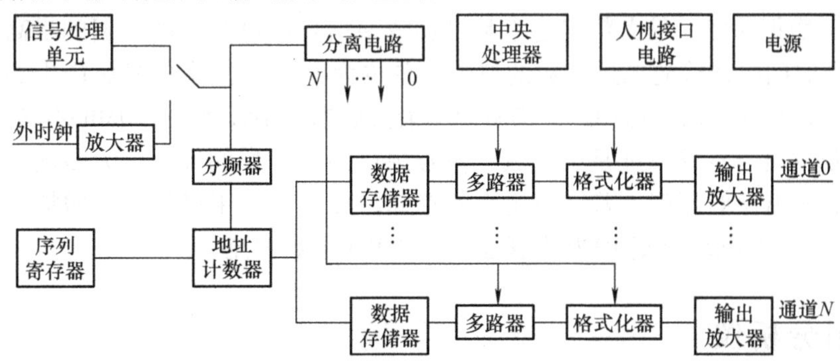

图 8-4　数字信号源的电路组成框图

1）电源用于给整机的各部分电路提供合适的工作电压。

2）中央处理器用于对整个系统进行控制，如调整仪器、信息显示、数据存储器读写等。

3）人机接口电路包括面板控制钮、显示器和信号输出通道，用于用户调整仪器、控制仪器输出所需要的数据序列及信息显示。

4）信号处理单元可以产生内部标准时钟信号。许多数字信号源还提供外时钟输入端，以便用户使用待测系统的时钟来驱动时钟发生器。信号处理单元还能提供一个启动/停止信号，并将它们并行加到时钟上。该信号使数字信号源同步地启动或停止各数据序列产生模块的工作。通常，简单的数字信号源用时钟的开（或关）来启动（或停止）各数据通道。

5）分频器用于对时钟信号进行分频。为了产生低频数字信号，可用可编程的分频器对时钟源进行分频。

6）分离电路可提供若干个不同的时钟输出，这些时钟分别送到各数据序列产生模块的时钟输入端。

7）数据存储器是产生数据的核心部件，在初始化时，序列寄存器给每个通道写入数据。数据存储器的地址是用地址计数器产生的，地址计数器在每个时钟作用沿到来时，将数据存储器地址加 1，数据存储器输出的数据与地址相对应。在多数数字信号源中，用上述方法产生的数据的最大速率可达到 100Mbit/s 以上。若数据存储器的运行速率为最大速率 f 的 1/8，则可用时钟分频系数来降低序列寄存器的时钟，即以 8 分频后的频率 $f/8$ 来产生地址。数据存储器则按每字 8 位来组织，即每个地址输出一个 8 位的数据字。

8）多路器将运行频率为 $f/8$ 的 8 位并行输入的二进制数转换成频率为 f 的串行数据流。对于低速的数字信号源，可以不要多路器，从每个输出数据直接产生一个串行数据流，该数据流加到格式化器的输入端。

9）格式化器是一个将定时时钟加到数据流上的器件，简单的格式化器实际是一个 D 触发器。数据的逻辑电平加在 D 触发器输入端，在时钟沿到来时从 D 触发器输出。若格式化器的输出数据是不归零格式，则格式化器的逻辑状态只能在时钟沿上改变。

10）输出放大器的输出电平是可编程的，大多数数字信号源都提供可编程输出放大器，以使格式化器输出数据流的逻辑电平适应待测系统的要求。

3. 主要技术指标

（1）通道数　通道数是描述数字信号源的测试能力的重要指标。通道数越多，可同时进行测量的数据位数就越多。

（2）最大数据速率　最大数据速率是描述数字信号源可产生的数据的最高速率。数据速率是指单位时间内传输的二进制数的位数，单位为 bit/s。数字信号源产生的数据的速率必须满足被测系统的要求。通用数字信号源的最大数据速率大多在 100Mbit/s 左右。

（3）存储深度　存储深度是表征数字信号源存储数据位的大小。大多数应用只需要几百至几千位的输出存储深度。若需要更大的存储深度，可以用多种方法增加虚拟的存储深度。例如，8 位的数据块重复 1000 次就能产生 8Mbit 的数据流。

8.3 逻辑分析仪

8.3.1 逻辑分析仪的基本认识

逻辑分析仪又称逻辑示波器，是数据域测量中最典型、最重要的设备，它将仿真、模拟测量、时序分析、状态分析、图形分析等功能集于一体，为人们开发、调试、检测各种数字设备及大规模数字集成电路提供十分有效的工具。它能够对数字逻辑电路或系统在实时运行过程中的数据流或事件进行记录和显示，并通过各种控制功能实现对逻辑系统软硬件的故障分析和诊断。

1. 逻辑分析仪的主要特点

逻辑分析仪通常具有以下一些特点：

1）具有足够多的输入通道，可以同时观测多个通道的信号。

2）具有丰富的触发功能，灵活的触发能力，它可以在很长的数据流中对要观察分析的信号做出准确的定位，捕获对分析有用的信息。

3）具有多种灵活直观的显示方式，可以显示多路信号的波形、多种类型的数据及程序源代码。

4）存储能力强，具有快速的存储记忆功能，可以观测单次或非周期性数据信息，并可进行随机故障的诊断。

5）具有极高的取样速率，这样才能对数字系统进行定时分析。

6）具有可靠的毛刺检测能力。

7）具有限定功能，对所获取的数据具有鉴别、挑选的能力。

2. 逻辑分析仪的分类

根据显示方式和定时方式的不同，逻辑分析仪可以分为逻辑定时分析仪和逻辑状态分析仪两大类型，但它们的组成原理基本是相同的。区别主要在于数据采集方式和显示方式有所不同。目前的逻辑分析仪一般同时具有定时分析和状态分析两种功能。

（1）逻辑定时分析仪　逻辑定时分析仪主要用于数字信号逻辑时间关系的分析，多用于硬件测试。它在内时钟的控制下，定时采集被测信号的状态，并以伪方波等形式显示出来。由于逻辑定时分析仪采用内时钟，因此它与被测系统之间的工作是不同步的。为了能分辨被测信号间的时序关系，通常要求内时钟频率要高于被测系统时钟频率的 5 倍。通过观测被测电路输入、输出信号的时序关系，即可进行硬件的诊断。逻辑定时分析仪通常对输入信号进行高速采样、大容量存储，从而为捕捉各种不正确的“毛刺”脉冲提供了手段，可较方便地对微处理器和计算机等数字系统进行调试与维修。所以，逻辑定时分析仪主要用于数字系统硬件的测试。

（2）逻辑状态分析仪　逻辑状态分析仪主要用于系统软件的测试。它在外时钟（即被测系统的时钟）的控制下采集被测信号的状态，并用 0 和 1、助记符或影射图等形式显示出来。由于逻辑状态分析仪与被测系统之间的工作是同步的，采集到的状态数据与被测数据相同，用反汇编等方法可以观察到程序源代码。逻辑状态分析仪能对系统进行实时状态分析，能检测在系统时钟作用下总线上的信息状态，从而有效地进行程序的动态调试。因此，逻辑状态分析仪主要用于数字系统软件的测试。

3. 逻辑分析仪的主要技术指标

逻辑分析仪性能的主要技术指标如下：

（1）通道数　信号输入通道越多，可以同时观测的信号数量就越多。

（2）存储深度　通常，每个通道可以存储的数据位数为几千字节到几十千字节。

（3）定时分析最大速率　在定时分析方式下，该速率可以是最大数据采样率，也可以是采样时钟的最大频率。

（4）状态分析最大速率　在状态分析方式下，该速率为从外部输入的外时钟的最大频率。

（5）输入信号最小幅度　该幅度为逻辑分析仪能够探测到的最小的输入信号幅度。

（6）输入门限变化范围　探头的输入门限变化范围越大，可测试的数字电路或系统的种类就越多。通常，逻辑分析仪探头的输入门限变化范围为 -10 ~ 10V。

（7）触发方式　触发方式越多，逻辑分析仪数据窗口的定位就越灵活。

4. 逻辑分析仪的基本组成

逻辑分析仪的基本组成如图 8-5 所示，由数据捕获部分和数据显示部分组成。

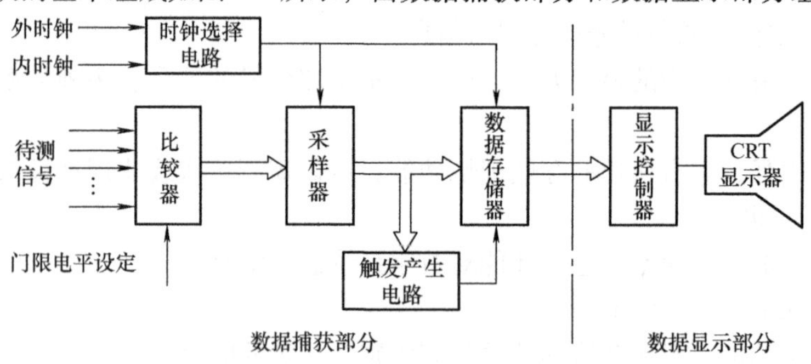

图 8-5　逻辑分析仪的基本组成

数据捕获部分包括比较器、采样器、数据存储器、触发产生电路及时钟选择电路等，数据捕获部分用来捕获并存储要观测的数据。外部待测信号送到比较器，与门限电平进行比较，经过比较器的比较、整形生成逻辑电平信号。采样器在采样时钟的控制下对比较器输出信号进行采样，并将采样得到的数据流送到触发产生电路。触发产生电路依据数据捕获方式在数据流中搜索特定的数据字，在搜索到特定数据字时产生触发信号。数据存储器在触发信号的控制下存储采样器送来的数据。时钟选择电路用于选择内时钟或外时钟作为整个系统的工作时钟。

数据显示部分包括显示控制器和 CRT 显示器，它将数据存储器存储的有效数据显示出来，以便进行数据分析。

8.3.2　逻辑分析仪的工作原理

由图 8-5 可知，逻辑分析仪主要包括数据变换、触发产生、数据存储、数据的显示四个阶段，下面对这四个阶段分别给予介绍。

1. 数据变换

数据变换阶段主要分为信号输入、信号转化和数据采样三个部分。

（1）信号输入　被测信号是由逻辑分析仪的多通道探头输入的。

（2）信号转化（或称量化）　如图 8-6 所示，每个通道的输入信号经过内部比较器和比较电平调整（门限电平或阈值电平）相比较之后，判为逻辑“1”或者逻辑“0”。

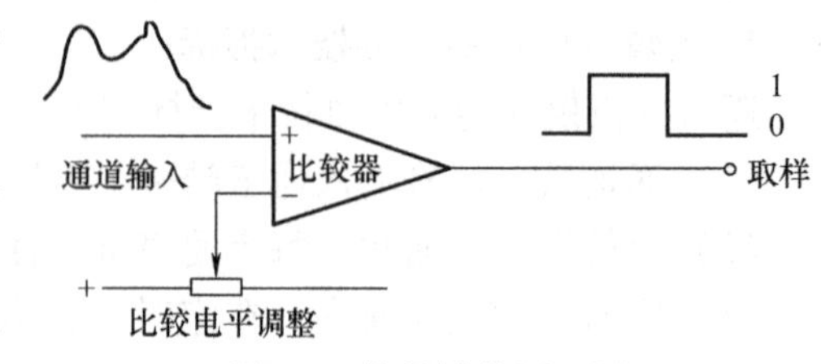

图 8-6　信号转化原理图

（3）数据采样　为了把被测逻辑状态存入存储器，逻辑分析仪通过时钟脉冲周期地对比较器输出的数据信号进行取样。根据时钟脉冲的来源，取样可分为同步取样和异步取样。同步取样对于相邻两系统时钟边沿之间产生的毛刺干扰是无法检测到的，如图 8-7 中输入通道 2 的情况。异步取样时，用逻辑分析仪的内部时钟采集数据，只要频率足够高，就能获得比同步取样更高的分辨率。由图 8-7 中可以看出，异步取样不仅能采集输入数据的逻辑状态，还能反映各通道输入数据间的时间关系，如图中异步取样示出了通道 2 数据的最后一次跳变发生在通道 1 数据最后一次跳变之前；同时，又将通道 2 被测信号中的毛刺干扰记录下来。毛刺宽度往往很窄，如果在相邻两时钟之间，就无法检出。但是，逻辑定时分析仪内部时钟可高达数百兆，通过锁定功能，它可以检测出最小宽度仅几纳秒的毛刺。根据以上特点可知，同步取样用于状态分析，而异步取样则用于定时分析。

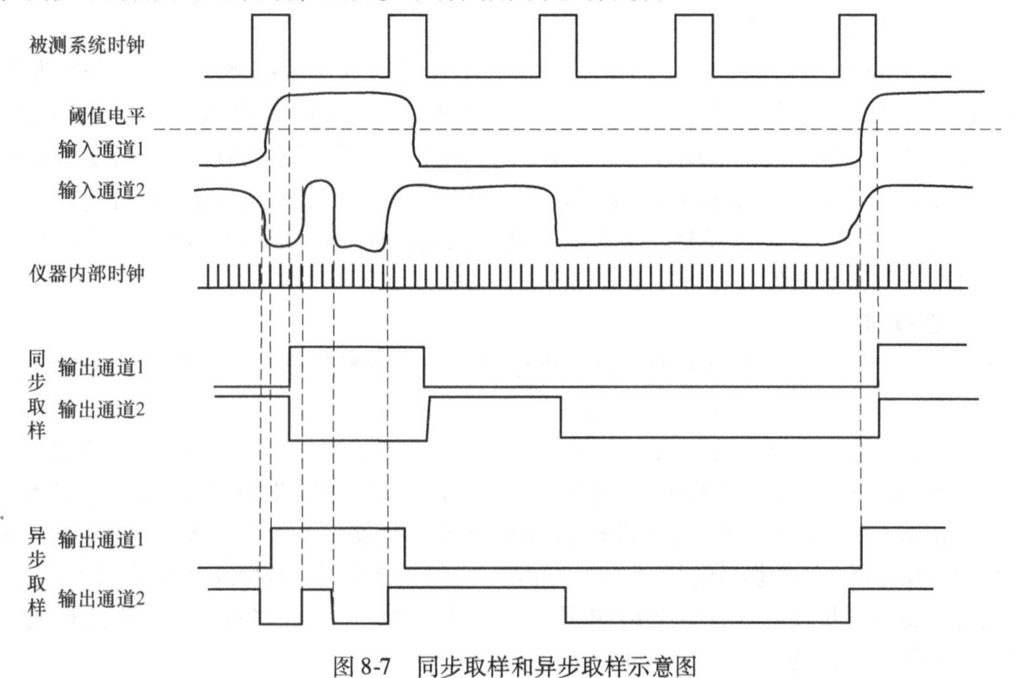

图 8-7　同步取样和异步取样示意图

2. 触发方式

数字电路或系统在正常运行时的数据流是很长的，各数据流的逻辑状态也各不相同，而逻辑分析仪存储器的容量却是有限的，因此，所观察到的数据只是存储器存储的数据。逻辑分析仪设置触发的目的就在于选择数据流，以便对关键数据流进行存储和分析。当设定的数据字出现时，立即产生一个触发脉冲作为触发标志，以启动或终止跟踪。这种设定的、用作触发条件的数据字称为触发字。通常，逻辑分析仪有如下几种触发方式：

（1）组合触发　组合触发也成为内部触发方式，是逻辑分析仪的最基本的触发方式。它是指逻辑分析仪将各通道输入数据与各通道预置的触发字进行对比，当输入数据与触发字相同时，则产生触发脉冲。逻辑分析仪的每个通道都有一个触发字选择开关，每个开关有 0、1、X 三种触发条件，X 表示 0 或 1。例如，假设某逻辑分析仪有 8 个通道，设定的触发字为 1100X011，则在 8 个通道中出现 11000011 或 11001011 时产生触发。

（2）计数触发　计数触发是指当计数值达到预定值时产生触发的触发方式。在较复杂的软件系统中常有循环嵌套，为此可用计数触发对循环进行跟踪。

（3）“毛刺”触发　“毛刺”触发是指利用从指定通道上检测出的干扰信号作为触发条

件的触发方式。在这种触发方式下，逻辑分析仪存储干扰信号出现前后的数据流，以便观察由于外界干扰引起的数字电路或系统的误动作现象及原因。

（4）限定触发　限定触发是指对设定的触发字再加限制条件的触发方式。由于有时触发字出现较频繁，为了有选择地捕获特定的数据流，可以给触发字附加限制条件。这样就可以保证只有在触发字和限制条件同时满足的情况下才能触发。限定触发筛选掉一部分触发字，并不对它进行数据采集、存储、显示。

（5）延迟触发　延迟触发是指在触发产生后经过一段时间再进行跟踪并存储数据的触发方式。延迟触发可以改变触发字与数据窗口的相对位置，通过设置不同的延迟时间，即可以灵活地将数据窗口定位在数据流的不同位置。逻辑分析仪可采用由产生触发点开始的数字延迟方法，自由设定存储范围。

（6）序列触发　序列触发是一种多级触发，是指当数据流中按顺序出现多个触发字时才触发的触发方式。它的触发条件是有顺序的多个触发字。在两级序列触发中，第一级触发字为导引条件，当数据流中出现第一级触发字时，第二级触发字才能触发。若导引条件未得到满足，则第二级触发字出现时不能触发。序列触发常用于复杂分支程序的跟踪。

（7）手动触发　手动触发是一种人工强制的触发方式。在测量时，利用手动触发方式可以在任何时间进行触发并显示测量数据。

3. 数据存储

为了将多个测试点多个时刻的信息变化记录下来，逻辑分析仪设置有一定容量的存储器，以便显示分析重复性的数据和单次出现的随机数据流。

逻辑分析仪按“先进先出”的方式存储数据。通常将数据存入随机存储器（RAM）中，因此，写数据时按写地址计数器规定的地址向 R 中存入数据。每当时钟脉冲到来时，计数器值加 1，并循环计数。每一个时钟脉冲到来时，采样电路每捕获一个新的数据，存储器也存入一个新数据。存储器存满数据后继续写入时，首先存入的数据会因新数据的存入而被冲掉。

现在的逻辑分析仪除具有高速 RAM 外，有的还增加了一个参考存储器，在进行状态显示时可以并排地显示两个存储器中的内容，以便进行比较。

4. 显示方式

逻辑分析仪可以把存储的数据以便于观察分析的形式显示出来。逻辑定时分析仪常采用定时图形式来显示，逻辑状态分析仪常采用各种状态表和图形形式来显示。

（1）状态表显示　所谓状态表显示，就是将数据信息用“1”“0”组合的逻辑状态表的形式显示在屏幕上。状态表的每一行表示一个时钟脉冲对多通道数据采集的结果，并代表一个数据字，并可将存储的内容以各种数制的形式显示在屏幕上。在状态表中，通常用十六进制数显示地址或数据总线上的数据信息，用二进制数显示控制总线或电路节点上的信息，如表 8-1 所示。有些逻辑分析仪中有两组存储器，一组存储标准数据或正常操作数，另一组存储被测数据。

表 8-1　状　态　表

地址(HEX)	数据(HEX)	状态(BIN)	地址(HEX)	数据(HEX)	状态(BIN)
3640	45	10011	3643	72	00101
3641	3E	10110	…	…	…
3642	8A	11001			

（2）定时图显示　定时图显示是指将存储的多个通道数据按逻辑电平及其时间关系显示在屏幕上，即显示各通道波形的时序关系。为了再现波形，定时图显示要求用尽可能高的时钟频率来对输入信号进行取样，但由于受时钟频率的限制，取样点不可能无限密。因此，定时图显示在屏幕上的波形不含有被测信号的前、后沿等参数信息，不是实际波形，也不是实时波形，而是该通道在等间隔采样时间点上采样的信号的逻辑电平值，是一串已被重新构造、类似方波的波形，称为“伪波形”。

逻辑分析仪显示的定时图如图 8-8 所示，它是由逻辑高、低电平组成的波形图。各通道的信号波形反映对应通道在等间隔离散时间点上的逻辑电平值。定时图显示常用于硬件电路分析，如分析集成电路输出端与输入端的关系。

（3）矢量图显示　矢量图又称点图，矢量图显示是指将显示屏 X、Y 方向分别作为时间轴和数据轴显示反映数据序列的图形显示方式。在进行矢量图显示时，先将要显示的数据用 D-A 转换器转换成模拟量，再按从存储器中取出数据的先后顺序将转换得到的模拟量显示在显示屏上，形成一个图像点阵。这种显示方式多用于观察带有许多子程序的计算机程序的执行情况。

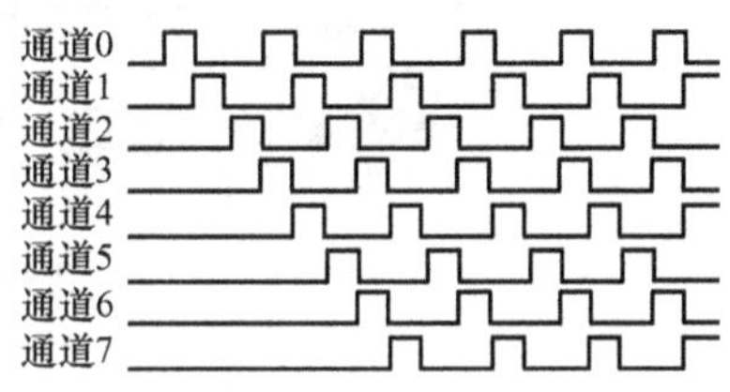

图 8-8　逻辑分析仪显示的定时图

一个十进制计数器的输出数据的矢量图显示如图 8-9 所示，该计数器从零开始计数，每记录一个脉冲，计数器输出信号的状态变化一次。计数器的状态变化过程为 0000→0001→0010→0011→0100→0101→0110→0111→1000→1001，然后又开始新一轮计数。先后出现的数据经 D-A 转换后形成递增的模拟量，在屏幕上形成由左下方开始向右上方移动的 10 个亮点，接着又开始新一轮循环。

（4）影射图显示　影射图显示是指把每个数据都与显示屏上的光点对应起来，并按取出数据的先后顺序将数据对应的光点用带箭头线连接起来。影射图显示可以观察系统运行全貌的动态情况，它是用一系列光点表示一个数据流。如果用逻辑分析仪观察微机的地址总线，则每个光点是程序运行中一个地址的映射。

例如，若数据为 8 位，则显示屏左上角的光点对应数据 00H，右下角的光点对应数据 FFH，其他的光点按从左到右、从上到下的顺序，分别对应数据 01H、02H、03H、…、FFH，图 8-10 显示的是 8 个数据的影射图。

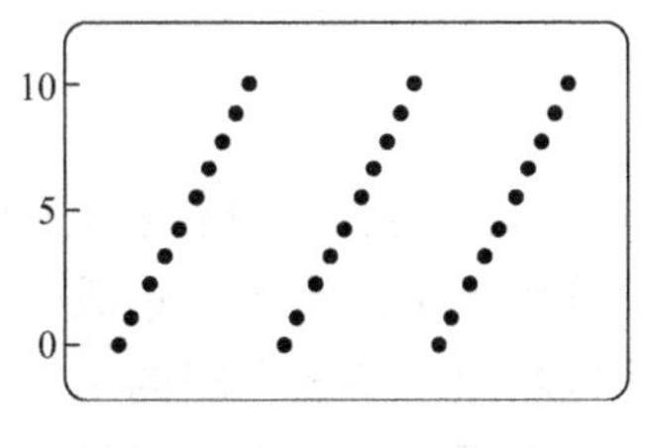

图 8-9　十进制计数器的输出数据的矢量图显示

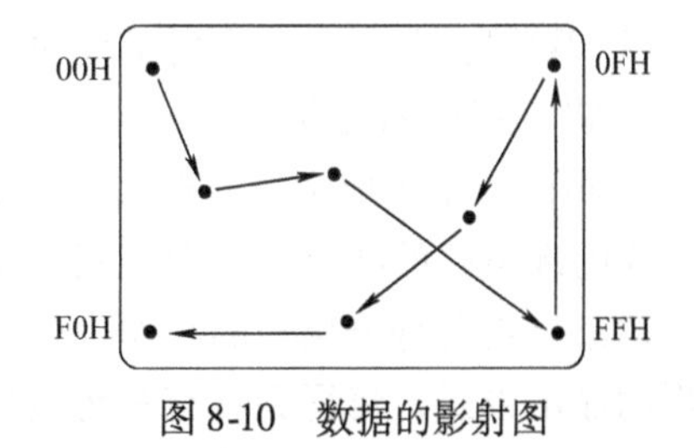

图 8-10　数据的影射图

8.3.3　典型仪器——TEK318 型逻辑分析仪

1. TEK318 型逻辑分析仪面板

TEK318 型逻辑分析仪的面板如图 8-11 所示，在该面板上的部件如下：

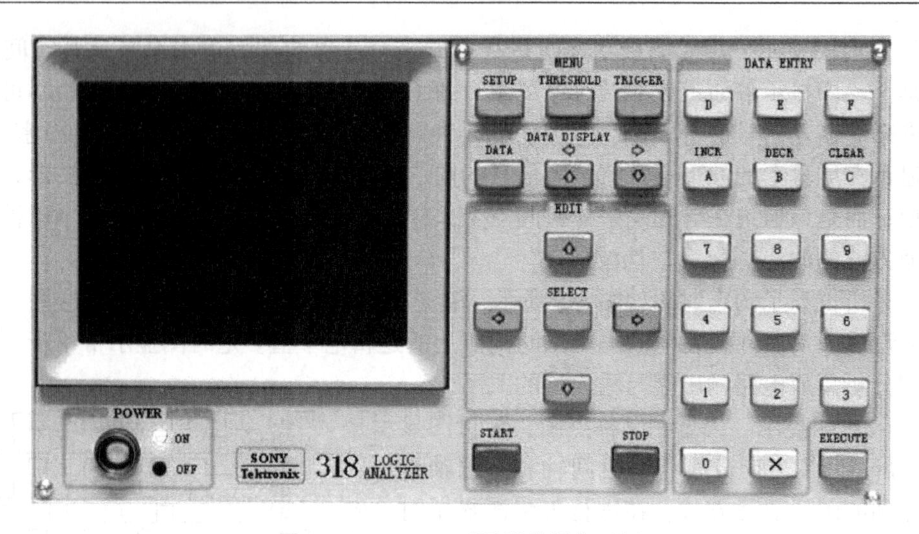

图 8-11 TEK318 型逻辑分析仪面板

1）CRT 窗口：用于显示各通道输入数据的逻辑电平，并标出各电平值。在窗口中有三个光标，用于确定两指定位置之间的时间间隔、波形频率及指定触发位置。

2）MENU：菜单区，该区有 3 个按钮。SETUP 按钮用于采样频率、存储容量及数据捕获方式等参数；TRIGGER 按钮用于设置触发方式；THRESHOLD 按钮用于设置门限电平值。

3）DATA DISPLAY：数据显示控制区，该区有 3 个按钮。DATA 按钮用于设置数据显示方式；移动按钮用于向上、下、左、右移动定时图。

4）EDIT：数据编辑区，该区有 5 个按钮。移动按钮用于向上、下、左、右移动窗口中的焦点；SELECT 按钮用于选择所要修改的内容。

5）DATA ENTRY：数据输入区，该区有 17 个按钮（0～9、A～F、X），用于输入数据；另外，A、B、C 三个按钮还分别具有增加数值、减小数值及清除功能。

6）EXECUTE：执行按钮，用于设置执行方式。

7）START：启动按钮，按下启动按钮，设备处于开启状态，并在满足触发条件时进行数据采集。

8）STOP：停止按钮，按下停止按钮，设备停止数据采集或处于停止状态。

9）POWER：电源开关，用于接通/断开系统的供电。

2. 逻辑分析仪的应用

（1）测试数字集成电路　逻辑分析仪可用于数字集成电路的测试，检测数字集成电路的输出或内部电路的状态。将数字集成电路芯片接入逻辑分析仪中，给数字集成电路接上激励源，通过分析各部分信号的状态、信号间的时序关系等判断数字集成电路的工作情况，选择适当的显示方式，将得到具有一定规律的图像。如果显示不正常，可以通过显示过程中不正确的图形，找出逻辑错误的位置。

图 8-12 为译码器 74LS138N 测试连接图，分频电路由 3 个 D 触发器组成，在时钟信号的作用下输出 000B～111B 的状态信号，并送到 74LS138N 的输入端（A、B、C）。译码器对输入信号译码后从输出端（$\overline{Y0}$～$\overline{Y7}$）输出并送入逻辑分析仪的通道 0～7。在合理地设置逻辑分析仪的显示方式、分析时钟频率及触发方式后，即可以在逻辑分析仪上观测 74LS138N 输

出的数据。若将逻辑分析仪设置为定时图显示方式，则译码输出数据的定时图如图 8-13 所示。

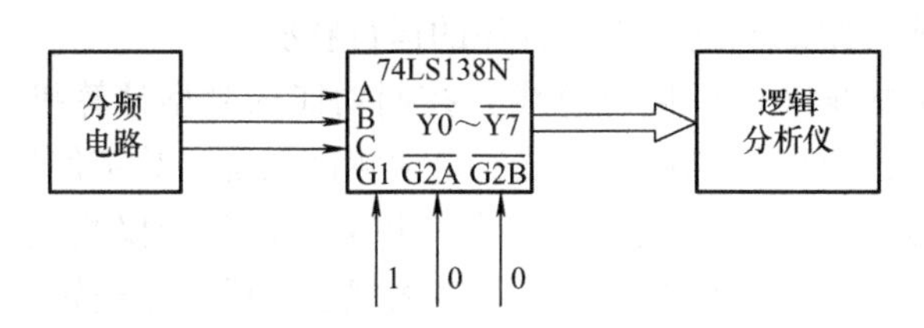

图 8-12　译码器 74LS138N 测试连接图

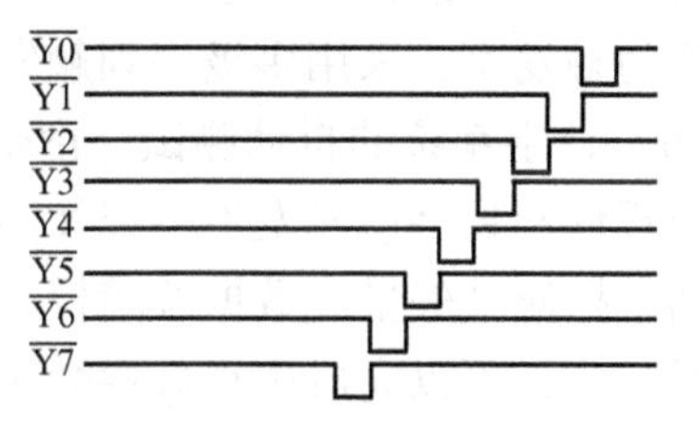

图 8-13　译码器输出数据的定时图

（2）微机系统软、硬件调试　逻辑分析仪最普遍的应用之一是监视微机中程序的运行，监视微机的地址、数据、状态和控制线，对微机正在执行什么操作保持跟踪。有时可用逻辑分析仪排除微机软件中的问题，有时还可用它检测硬件中的问题，或者用来排查软、硬件共同作用引起的故障。

（3）测试微处理器系统　利用逻辑分析仪测试微处理器系统的原理如图 8-14 所示，将地址总线（AB）和数据总线（DB）上的多路信号分别接入逻辑分析仪，同时将读写信号（$R/\overline{W}$）作为触发输入信号。这样就可以将地址总线和数据总线上的信号显示在显示屏上，如图 8-15 所示。当然，可以根据需要选择不同的显示方式对系统运行状态进行分析。

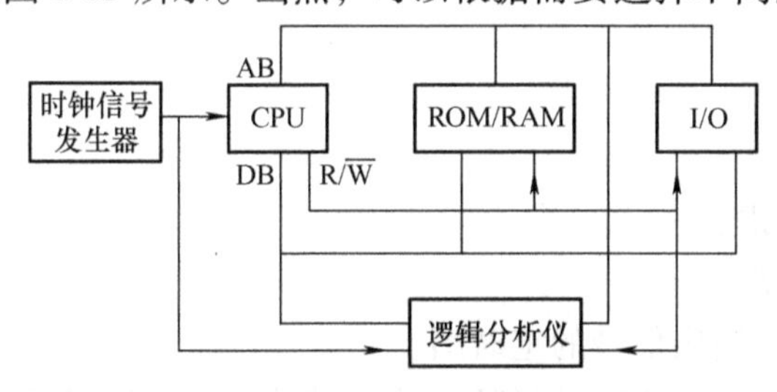

图 8-14　微处理器系统测试原理

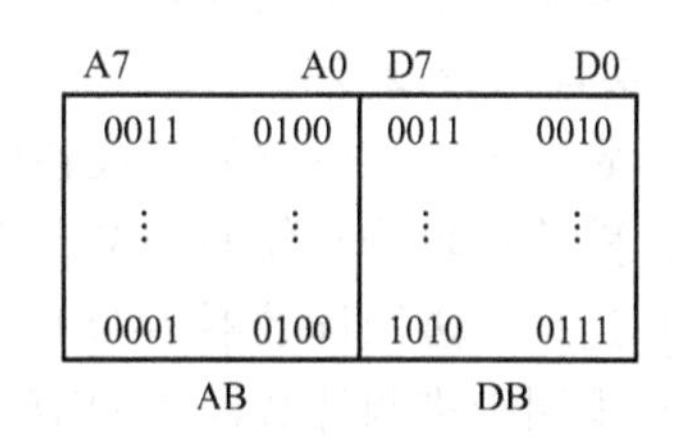

图 8-15　微处理器系统测试数据

（4）测试时序关系及干扰信号　利用逻辑定时分析仪，可以检测数字系统中各种信号间的时序关系、信号的延迟时间以及各种干扰脉冲等。例如，测定计算机通道电路之间的延迟时间时，可将通道电路的输入信号接至逻辑分析仪的一组输入端，而将通道电路的输出信号接至逻辑分析仪的另一组输入端，然后调整逻辑分析仪的取样时钟，便可在屏幕上显示出输出与输入波形间的延迟时间。

（5）测试数字系统软件　测试数字系统软件主要是在跟踪数据流时有选择地捕获有效数据，设置恰当的触发字和触发方式，建立合适的数据显示窗口。

图 8-16 为简单的分支程序和触发条件设置图，由图可以看出，程序流程有 X、Y 两条路径可以到达 045E，通路 X 由 023D 直接到达 045E，通路 Y 由 023D 经 037B 到达 045E。若要分析通道 X 的数据流，则只要将导引条件设置为 023D 即可；若要分析通道 Y 的数据流，则需采用两级

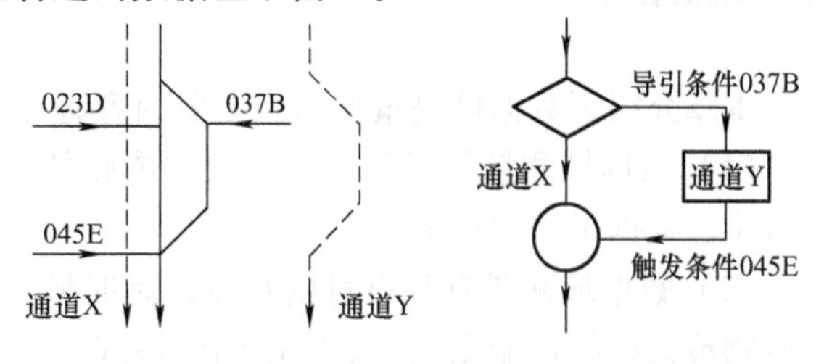

图 8-16　简单的分支程序和触发条件设置图

触发方式，将导引条件设置为037B，二级触发条件设置为045E。

对于更为复杂程序（包含许多子程序和分支程序）的测试，可以将子程序入口或分支条件作为触发字，采用多级序列触发的方式，跟踪不同条件下程序的运行状况。

（6）数字系统的自动测试　由带GPIB总线（通用接口总线）控制功能的微型计算机、逻辑分析仪和数字信号发生器以及相应的软件可以组成数字系统的自动测试系统。数字信号发生器根据测试矢量或数据故障模型产生测试数据加到被测电路中，并由逻辑分析仪测量、分析其响应，可以完成中小规模数字集成电路芯片的功能测试、某些大规模集成电路逻辑功能的测试、程序自动跟踪、在线仿真以及数字系统的自动分析等功能。

实操训练11　用逻辑分析仪测试数字电路参数

1. 实训目的

1）熟悉逻辑分析仪的基本使用方法。

2）学会使用逻辑分析仪观测数字电路的定时图。

2. 实训设备与仪器

1）TEK318逻辑分析仪一台。

2）74LS162N十进制计数器数字电路一块。

3）数字电子技术实验装置一台。

3. 实训内容及步骤

1）熟悉逻辑分析仪的面板各按钮的功能。

2）熟练逻辑分析仪的触发方式和显示方式。

3）连接十进制计数器74LS162N测试电路。

4）观测十进制计数器74LS162N测试电路输出信号的定时图。

信号源输出幅度为5V、频率为1kHz的方波，将74LS162N的输出信号送入逻辑分析仪的通道0~3，将逻辑分析仪的触发方式设置为组合触发，将逻辑分析仪的显示方式设置为定时图显示方式，调整分析时钟频率，观测74LS162N输出信号的定时图。

4. 实训报告要求

1）画出实训中测试数字电路各仪器器材的连接框图。

2）画出74LS162N输出信号的定时图。

3）说明该数字电路的功能。

归纳总结8

本章介绍了数据域测量技术，主要内容有：

（1）数据域测量技术是对现代数字电路的数字信息或数据进行的测量技术。数据的类型有位、数据字和数据流。

（2）数据域测量有其自身的特点，是时域和频域所不具备的。数据域测试任务分为数字电路或系统的性能测试和数字电路或系统的故障诊断。

（3）数据域测量设备除了数字信号源外，还有逻辑笔、逻辑夹和逻辑分析仪。逻辑笔用于检测数字电路或系统的逻辑状态；数字信号源输出的数据序列用于给待测数字电路或系统提供输入激励信号。数字信号源由主机和若干个数据序列产生模块组成，其主要技术指标有通道数、最大数据速率和存储深度。

（4）逻辑分析仪的主要特点主要有输入通道多、多种触发方式、多种显示方式、存储能力强和可靠的毛刺检测能力。

（5）逻辑分析仪可分为逻辑定时分析仪和逻辑状态分析仪。逻辑定时分析仪主要用于数字信号逻辑时间关系的分析，多用于硬件测试；逻辑状态分析仪主要用于系统软件的测试。

（6）逻辑分析仪由数据捕获部分和数据显示部分组成，有多个评价逻辑状态分析仪性能的主要技术指标。

（7）逻辑分析仪有组合、延迟、序列、限定、计数、毛刺、手动等触发方式。逻辑定时分析仪常采用定时图形式来显示，逻辑状态分析仪常采用各种状态表和图形形式来显示。

（8）典型仪器 TEK318 型逻辑分析仪的面板认识和逻辑分析仪的应用。

练习巩固 8

8.1　什么是数据域测量？数据域测量有什么特点？

8.2　简易电平测试设备有哪些？它们有何用途？

8.3　逻辑分析仪的功能与示波器有什么不同？

8.4　逻辑状态分析仪与逻辑定时分析仪的主要差别是什么？

8.5　说明逻辑分析仪的电路组成。

第9章　自动测量技术

主要内容：

1）自动测量系统的基本组成、发展及组建。

2）虚拟仪器的组成、特点、硬件结构及软件构成。

3）虚拟仪器软件开发工具 LabVIEW。

4）虚拟仪器的数据采集系统。

学习目标：

掌握自动测量系统的基本组成及发展过程，掌握虚拟仪器的组成、特点、硬件结构、软件开发工具种类，熟悉 LabVIEW 的工作窗口、菜单及控件模板，掌握创设虚拟仪器的方法，了解自动测量的数据采集系统。

9.1　自动测量系统概述

电子测量技术的发展总是与自然科学特别是电子技术的最新发展紧密相连的。随着科技的进步和应用领域的延伸，电子测量内容日趋复杂，测量工作量日益加大，对测量设备的性能、功能、速度、准确度及可靠性等提出了更高的要求，采用传统的电子测量技术已不能完全满足测试要求，因此新的测试技术应运而生，同时急需测量设备向自动化、系统化、智能化等方向发展，尤其是在测量工作量大、任务复杂、无法进入现场时，更加迫切要求整个测量过程的自动化。正是在这种情况下，能自动进行各种信号测量、数据传输、数据处理，并以适当方式显示或输出测量结果的系统出现了，称为自动测量系统（Automated Test System，ATS）。在自动测量系统中，整个测量过程都是在计算机的控制下自动完成的。它以计算机为核心，将检测技术、自动控制技术、通信技术、网络技术及电子信息技术等有机地结合在一起，为电子测量技术注入了巨大的活力。

自动测试系统的出现是电子测量技术、自动控制及计算机技术密切结合的成果，是电子测量仪器数字化与数字信息系统相结合的产物，它是电子测量技术的又一次飞跃，真正实现了高速度、高准确度、多参数和多功能测试。

虚拟仪器的出现则是电子测量仪器领域的一场革命，它提出了一种与传统电子测量仪器完全不同的概念，即“软件即是仪器”，改变了传统仪器的概念、模式和结构，用户完全可自定义仪器。虚拟仪器以其特有的优势显示了强大的生命力，现代电子测量技术也一定会向数字化、智能化、宽带化、网络化、高速综合化发展。

9.1.1　自动测量系统的基本组成

一般来说，自动测量系统主要由控制器、程控设备、总线与接口、测量软件及被测对象五个部分组成，如图 9-1 所示。

（1）控制器　控制器主要是指计算机，包括单片机、小型机及 PC 等。它是整个系统的控制和指挥中心。

（2）程控设备　程控设备主要包括程控仪器、程控伺服系统、程控元件、显示设备、打印设备、存储设备及激励源等，用于完成具体的测试、控制、输出或记录等任务。

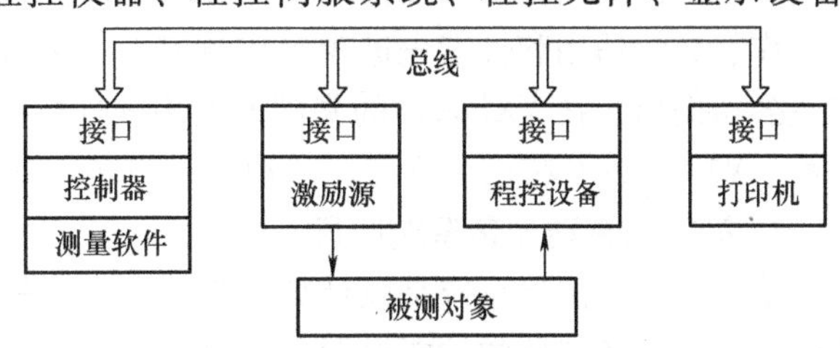

图9-1　自动测量系统基本组成框图

（3）总线与接口　总线与接口是连接程控设备与控制器的通道，包括电缆、机械接插件及插槽等，用于完成各种信息的传输和交换。

（4）测量软件　测量软件是为完成具体的测量任务而编制的各种应用程序，如驱动程序、测量程序及输入/输出接口程序等。

（5）被测对象　被测对象是指被测量的实体。它通过电缆、接插件、开关等与程控设备、激励源相连接。针对测量对象实施的测量内容可以是电学量，也可以是非电学量，如压力、温度、长度、光强、电压及电流等。

9.1.2　自动测量系统的发展过程

自动测试技术创始于20世纪50年代，从20世纪50年代至21世纪的今天，自动测量技术的发展大致经历了三个阶段。

1. 第一代自动测量系统阶段

早期的自动测量系统是根据测量任务的需要，自行设计专用的接口控制电路，以解决仪器和仪器、仪器和计算机之间的接口问题，称为第一代自动测量系统。

第一代自动测量系统多为专用系统，通常是针对特定任务而设计的，主要用于大量重复性测量、复杂测量、快速测量、对工作人员有害或操作人员难以接近现场的测量等情况。

常见的第一代自动测量系统主要有自动数据采集系统、自动产品检验系统、自动分析及自动监测系统等。这些系统能完成大量的复杂测量任务，承担繁重的数据分析与处理工作，并快速、准确地给出测量结果，至今仍在使用。第一代自动测量系统虽然显示出了极大的先进性和优越性，但也存在着系统设计者需要自行解决计算机与仪器、仪器与仪器之间的接口问题。当系统较为复杂时，系统的组建不仅复杂费事、设计工作量大、价格昂贵，而且适应性差，缺乏通用性。

2. 第二代自动测量系统阶段

进入20世纪70年代，随着标准化的通用接口总线的出现，产生了采用通用接口总线的第二代自动测量系统。第二代自动测量系统是采用标准化的接口总线，系统采用积木式结构，由现成的具有标准总线接口的通用仪器组成。

第二代自动测量系统的主要特征是采用通用接口总线（General Purpose Interface Bus，GPIB）。GPIB总线可将许多不同厂家生产的仪器设备用统一的标准总线连接起来，不必再花费时间设计专用接口。迄今为止，许多仪器公司已生产了大量的带有GPIB接口的测试仪器，这些仪器既可以单独使用，也可以通过GPIB总线组合成自动测试系统。近年来，随着计算机系统的大幅降价和多种大规模GPIB接口集成电路的出现，第二代自动测量系统得以迅速普及。

1987 年一种新的通用接口总线 VXI 推出，总线标准在仪器领域进行扩展，可以把不同国度、不同供货商提供的插件式仪器和其他插件式仪器组成测试系统，并以其小型便携、高速工作、灵活适用和性能先进等突出优点，显示了充沛的生命力。1993 年，美国 5 家仪器制造公司提出应在 VXI 软件的基础上实现软件标准化，建立了 VXI “即插即用” 系统联盟。目前，VXI 测试系统已广泛应用于通信、电子、汽车、航空、医疗等设备的测试。

3. 第三代自动测量系统阶段

第三代自动测量系统是以计算机为核心，用软件代替硬件产生激励信号和完成各种测试功能，系统中各仪器的功能设置和测量操作都由计算机完成。它包括个人仪器系统、VXI 总线仪器系统、PXI 总线仪器系统等，可统称为虚拟仪器系统。

1986 年美国国家仪器公司（NI）提出了一个新型的仪器概念——虚拟仪器（Virtual Instrument，VI）。虚拟仪器是计算机技术介入测量仪器领域所形成的一种新型的、富有生命力的仪器种类。在虚拟仪器中，计算机处于核心地位，计算机软件技术和测试系统更紧密地结合成了一个有机的整体，仪器的结构概念和设计观点等都发生了突破性变化。

虚拟仪器在构成上是利用现有的计算机，配上相应的硬件和专用软件，形成既有普通测量仪器的基本功能，又有一般仪器所没有的特殊功能的高性价比的新型仪器。在使用上，虚拟仪器利用计算机强大的图形环境，建立界面友好的虚拟仪器面板，操作人员通过友好的图形界面及图形化编程语言控制仪器运行，完成对测量的采集、分析、判断、显示、存储及数据生成。

虚拟仪器的硬件是为了解决信号的输入、输出，软件才是整个系统的关键，当基本硬件确定以后，就可以通过不同的软件实现不同的功能。虚拟仪器应用软件集成了仪器的所有采集、控制、数据分析、结果输出和用户界面等功能，使传统仪器的某些硬件乃至整个仪器都被计算机软件替代，从某种意义上可以说软件就是仪器。第三代自动测量系统使电子测量技术和电子测量仪器发生了质的变化。

9.1.3 自动测量系统的组建

自动测量系统虽然可以提高测量速度和准确度、节约人力，但并非所有测量场合都需要组建自动测量系统。通常，在面临需要进行多重测量、对多个激励进行响应的测量、高准确度测量、人工或常规测量无法完成的测量、数据实时处理等情况时，可以考虑组建自动测量系统。

1. 自动测量系统的组建原则

1）多重测试场合。

2）需要对数据作实时处理或对数据进行判断的测试。

3）对激励需要一一响应的测试场合。

4）要求高准确度的测试。

5）人工难以完成的测试。

6）采用一般的测试方法无法完成的测试，只要经济允许都应考虑组建自动测量系统。

2. 自动测量系统的组建过程

自动测量系统的组建过程如下：

（1）测量任务分析　在自动测量系统组建前必须对测量任务进行充分分析，包括对测量任务的测量环境、测量参数、测量要求及数据处理等进行分析。

(2) 总体测量方案设计　只有对测量条件进行全面分析后，才可能对要组建的测量系统提出一个完整的总体技术要求，拟定总体测量方案。

(3) 系统硬件选择、设置与连接　依据总体设计方案确定所需要的仪器、设备和对其性能要求，选定所需要的控制器、程控设备、总线与接口等硬件，选用微型计算机作为系统中的控制器，指挥整个系统工作。对系统中的一些部件（如激励源、程控设备等）进行地址设置，并利用选定的总线与接口进行系统硬件连接，连接 GPIB 电缆。

(4) 测量软件编制　根据测量技术的要求，画出测量流程图，编制测量软件（即测量程序）。当然，也可以选择现有的、可以利用的测量软件。

(5) 系统调试　按使用要求接通系统各仪器供电电源，将被测器件接入自动测量系统，同时连接好被测模拟信号的输入电路。输入并启动测量软件，系统测量工作自动开始，进行系统调试。在系统调试成功后，自动测量系统即可应用到实际测量工作中。

如图 9-2 所示的自动测量系统中，选用带 GPIB 接口的通用计算机、频率计、数字多用表（DMM）、频率合成器。计算机是系统的控制器，它根据预先编制好的测试程序，首先设定频率合成器的各种功能，并启动工作，让它输出要求的幅度和频率信号，加到被测器件，然后命令数字多用表和频率计对被测器件输出信号的幅度和频率进行测量，最后将测量数据送到计算机系统的显示器进行显示，或送到打印机进行打印。

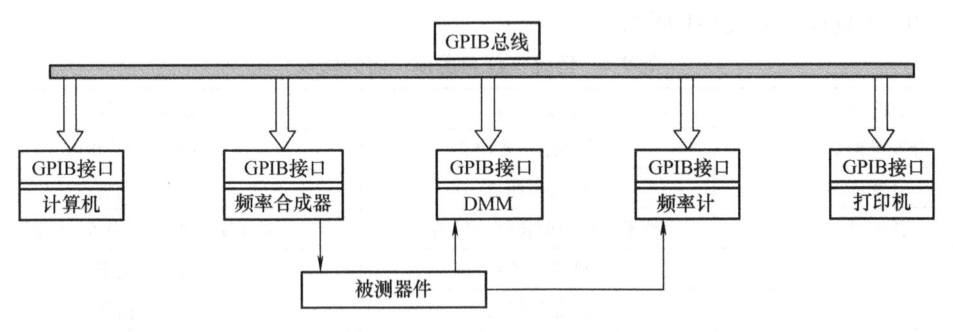

图 9-2　自动测量系统组建框图

9.2 虚拟仪器

9.2.1 虚拟仪器概述

1. 虚拟仪器的概念

虚拟仪器（Virtual Instrument，VI）指以计算机为核心的硬件平台，配以相应测试功能的硬件作为信号输入/输出的接口，利用仪器软件开发平台在计算机的屏幕上虚拟出仪器的面板和相应的功能，通过鼠标或键盘操作的仪器，其功能与真实仪器完全相同。借助通用数据采集卡，用户可以通过软件构造任意功能的仪器。软件成为构建仪器的核心，因此，美国国家仪器公司提出了“软件就是仪器”的概念。

虚拟仪器主要由硬件和软件两部分构成，硬件部分的作用为数据的采集和调整，软件部分是虚拟仪器的核心，其作用为：进行各种各样的信号分析和处理，以实现不同的测量功能；在计算机屏幕上生成仪器的控制面板，以各种形式输出测量结果。因此，可以利用相同的硬件、不同的软件设计出多种功能不同的虚拟仪器。

2. 虚拟仪器的特点

与传统仪器相比，虚拟仪器具备如下特点：

1）克服了传统仪器资源不能共享的缺点。可将传统仪器的显示、存储、打印、控制和管理等公共部分的功能交给计算机来实现。因此，在设计任何虚拟仪器时都可以利用计算机共享这些公共资源。

2）强调软件是核心。在虚拟仪器中，除必备的硬件外，大多采用软件代替硬件的技术，完成复杂的控制、分析、处理等任务。因此虚拟仪器的核心是软件，对软件具有更大的依赖性。

3）模块化设计，开放性、复用性强。这种特点使得用户可以方便、经济地构建自动测量系统。用户可根据测量需要选择不同功能的模块化仪器进行灵活组合，提高资源的利用率。

4）可自定义仪器的功能。传统仪器的功能在出厂时已由厂家确定，用户一般不能进行修改。而虚拟仪器则不同，可在使用通用数据采集设备的情况下，通过编写不同的测量程序构建不同功能的仪器。

与传统仪器进行对比，可以看出虚拟仪器在研发周期、价格、功能定义及开放性等方面具有较大的优越性，如表 9-1 所示。

表 9-1 传统仪器与虚拟仪器的比较

比较项目	传统仪器	虚拟仪器
开发维护费用	开发和维护费用高	开发和维护费用低
开发周期	开发周期长	开发周期短
技术更新	技术更新周期长(5～10 年)	技术更新周期短(0.5～1 年)
仪器核心	硬件是关键	软件是关键
仪器价格	仪器价格高	仪器价格低
功能定义	厂家定义,功能单一,操作不便	用户自定义,自动、智能化、远距离传输
功能升级	大多数不能升级	容易升级
开放性	封闭固定	开放灵活,与计算机同步,可重复用和重配置
工作速度	可达到很高	受到采样速率的限制
连接设备数量	只可连接有限的设备	可用网络联络周边各仪器

3. 虚拟仪器的系统结构

虚拟仪器可按图 9-3 所示分为数据采集与控制、数据分析处理、结果表达三大功能模块。虚拟仪器由硬件平台和应用软件构成，虚拟仪器是用各种图标或控件来虚拟传统仪器面板上的各种器件。

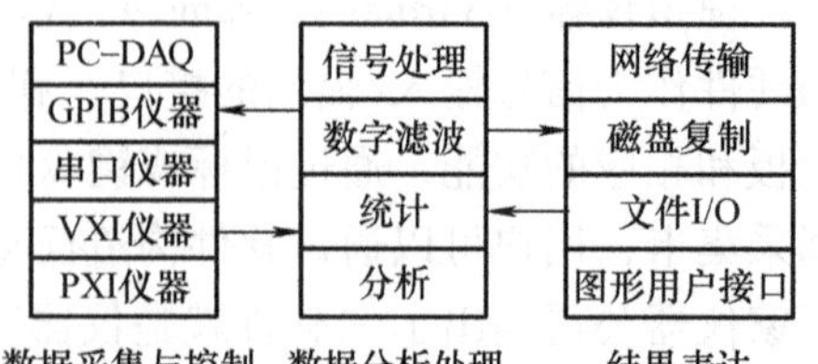

图 9-3 虚拟仪器的功能模块

9.2.2 虚拟仪器硬件

虚拟仪器的硬件系统一般由传感器、测控功能模块和计算机硬件平台组成，如图 9-4 所示。计算机是硬件平台的核心，一般是工作站，也可用普通的 PC。计算机硬件平台管理着虚拟仪器的软硬件资源，是虚拟仪器的硬件基础。I/O 接口设备负责被测信号的采集、调整、放大、模-数转换。

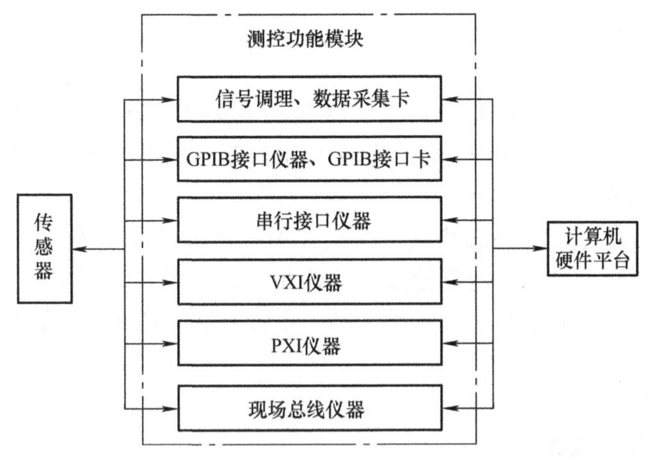

图 9-4　虚拟仪器的硬件系统构成

若按照测控功能模块所采用的总线类型的不同，可将虚拟仪器分为 6 种类型。

1. PC-DAQ 型虚拟仪器

这种类型的虚拟仪器将具有数据采集和信号调理功能的硬件板卡（DAQ 卡或模块）插入到 PC 的 ISA 或 PCI 插槽中，再加上各种功能的软件，能实现具有电压表、示波器、频率计、频谱分析仪等多种功能的仪器。这种构成形式是最基本的虚拟仪器形式，性价比较高。

2. GPIB 总线型虚拟仪器

这种类型的虚拟仪器是以 GPIB 总线仪器和计算机为硬件平台组成的虚拟仪器测量系统。一个典型的 GPIB 总线型虚拟仪器由一台计算机、一块或多块 GPIB 接口卡、若干台 GPIB 仪器及 GPIB 电缆组成。一般情况下，一块 GPIB 接口卡有 15 个接口，1 个接口连接计算机，其他的接口连接仪器，电缆长度可达 20m。

3. PXI 总线型虚拟仪器

这种类型的虚拟仪器是以 PXI 并行系统总线仪器和计算机为硬件平台组成的虚拟仪器测量系统。这种仪器采用的总线标准 PXI 是由美国 NI 公司于 1997 年推出的。

PXI 总线是 PCI 总线在仪器领域的扩展，是一种新的开放性、模块化仪器总线规范。PXI 将 PCI 总线技术扩展为适合于试验、测量与数据采集场合应用的机械、电气和软件规范，把台式 PC 的性价比优势与 PCI 总线面向仪器领域的必要扩展完美结合起来，形成一种新的虚拟仪器形式。由于 PXI 系统可以提供比台式 PC 系统更多的扩展槽，故有更强的输入/输出能力。另外，PXI 还增加 8 条 TTL 触发总线、13 条局部总线、高精度星型触发线、高速系统时钟，能更好地满足用户的需求。由于 PXI 总线是在 PCI 总线的基础上扩展的，熟悉台式 PC 的仪器开发商可以很容易地将现有的资源应用到 PXI 总线型虚拟仪器中。

4. VXI 总线型虚拟仪器

这种类型的虚拟仪器是以 VXI 标准总线仪器和计算机为硬件平台组成的虚拟仪器测量系统。适用于组建大型的、高质量的自动测量系统。

VXI是一种开放性仪器的总线标准，采用这种总线标准的仪器系统结构紧凑、数据吞吐量大、配置灵活。VXI系统最多可包含256个装置，主要由主机箱、零槽控制器、多功能仪器模块、仪器模块驱动软件、系统应用软件等组成。系统中的各仪器模块可随意组合、更换而形成新的虚拟仪器系统。

5. 串行接口总线型虚拟仪器

这种类型的虚拟仪器是以串行接口总线（包括RS232、USB和IEEE1394）仪器和计算机为硬件平台组成的虚拟仪器测量系统。这种虚拟仪器适用于对测量速度要求不高的场合。

6. 现场总线型虚拟仪器

这种类型的虚拟仪器是现场总线（如FF、CAN和LonWorks等）仪器和计算机为硬件平台组成的虚拟仪器测量系统。与其他虚拟仪器相比，现场总线型虚拟仪器具有节省硬件、研发与运行费用低、用户的系统集成主动性高、系统测量准确度与可靠性高等优点。

9.2.3 虚拟仪器软件

1. 虚拟仪器软件的构成

要保证虚拟仪器能按照用户的要求工作，必须有相应的虚拟仪器软件作为支撑。仪器软件与通用计算机软件构成虚拟仪器的软件，用于直接控制各种硬件接口，并通过软件完成测试任务。虚拟仪器的软件一般由应用程序、仪器驱动程序和虚拟仪器软件结构动态链接库（VISA.DLL）组成，如图9-5所示。

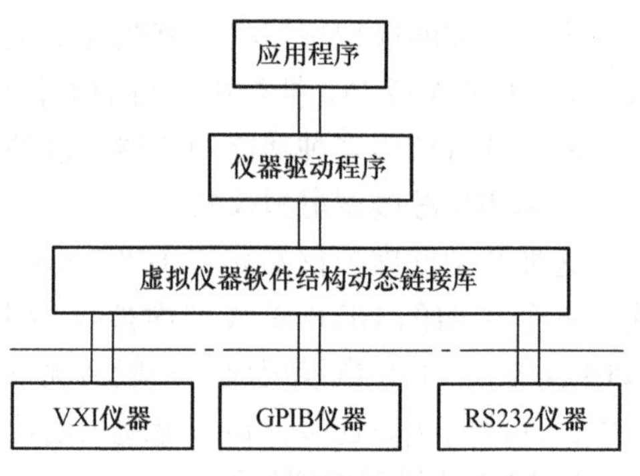

图9-5 虚拟仪器软件的构成

（1）应用程序 应用程序是建立在仪器驱动程序的基础上，直接面向用户，通过提供友好直观的操作界面、丰富的数据分析和处理功能来完成自动测量任务的应用软件。应用程序由实现虚拟仪器前面板功能的软件和定义测试功能流程图的软件两部分构成。应用程序的上层是一系列按照功能分组的软面板，每个面板都由若干按钮、旋钮、表头等控件组成，每个控件对应不同的功能。应用程序的下层是一组I/O函数和测试接口。在实时模式下，测量人员对软面板控件的操作将直接反映到真实设备上。虚拟仪器软面板和面板上的控件是用户直接与仪器驱动程序交流的操作接口。软面板由用户自己定义，可根据自己的需要组成灵活多样的虚拟仪器控制面板。

（2）仪器驱动程序 仪器驱动程序是完成特定仪器控制与数据传输的程序集，也是应用程序实现仪器控制的桥梁。它具体负责控制某个专门仪器及完成应用程序与该专门仪器间的通信，为用户使用仪器提供简单的函数接口。用户可以不必对GPIB仪器、VXI仪器、数据采集卡等有专门的了解，即可通过仪器驱动程序来使用它们。仪器驱动程序一般由仪器厂商以驱动程序库的形式提供给用户。在仪器的开发方面已经形成一系列的标准，这使得各厂商都能遵循统一的标准开发仪器驱动程序。当测量要求改变、需要更换仪器硬件时，只要更新相应的驱动程序，并保持它对上层的接口不变，新仪器硬件就能在原系统中正常运行。

虚拟仪器驱动程序的核心是驱动程序函数/VI集，函数/VI集是指组成驱动程序的模块化子程序驱动程序。一些虚拟仪器开发软件不但提供世界各地主要厂家生产的多种仪器驱动程序，节省了用户设计程序的时间和精力，而且为用户提供了重要的模块化代码，用户可以很方便地开发设计仪器驱动程序。

（3）VISA. DLL　VISA. DLL 是通用 I/O 接口软件，用于仪器编程的标准应用程序接口（API），它通过调用底层的驱动程序来控制仪器。VISA 标准的制定，为高级仪器驱动程序和低级 I/O 驱动程序之间提供了一个中间层，使得高级仪器驱动程序与仪器硬件接口无关，即这种软件结构是面向器件功能而不是面向接口总线的，这就大大提高了各种接口仪器（如 VXI 仪器、GPIB 仪器、RS232 仪器等）的互换性。这样不但大大缩短了应用程序的开发周期，而且彻底改变了测试软件开发的方式和手段。这个接口软件目前已被主要仪器厂家所接受，可以使为当前仪器所写的代码移植到不同的操作系统上。

2. 虚拟仪器常用的测量软件开发工具

测量软件开发工具有许多种，但应用较广泛的主要有以下几种：

（1）LabVIEW　LabVIEW（Laboratory Virtual Instrument Engineering Workbench，实验室虚拟工程平台）是美国 NI 公司的产品，采用可视化图形语言进行编程，这种语言不但具有传统开发平台的功能，而且简单直观，易于掌握。利用该工具开发测量系统软件所需时间仅为传统方法的 20%，其程序的运行速度却与传统方式开发的程序相当。可用于 Windows 2000/NT/9X、MacOS、HP-UX、Sun 及 Linux 操作系统。

（2）HP VEE　HP VEE 是美国 HP 公司开发的一套系统仿真与设备控制的图形化编程工具，用于快速创建灵活的、可升级的测试和控制应用程序，编程速度较快。

（3）Labwindows/CVI　Labwindows/CVI 是美国 NI 公司的产品，具有标准 C 语言集成开发平台功能，可提供强有力的集成工具。利用其丰富的库函数和交互式编程方式可以快速地编写测量程序。

（4）ES-VATE　ES-VATE 是成都电子科技大学研制的产品，是计算机辅助测试工作站的集成软件平台。它以 MS Windows 作为运行环境，利用 GUI（图形用户接口）提供直观的、交互式的人机界面，编程者能通过对一系列图形（如按钮、菜单、对话框等）的操作，自动完成测量系统的设计和测量软件的编程工作。

3. 虚拟仪器图形编程软件 LabVIEW

（1）LabVIEW 环境　LabVIEW 采用工程人员所熟悉的术语、图标等图形化符号编程，建立一系列的 VI（Virtual Instrument），来完成用户指定的测试任务。VI（虚拟仪器）是 LabVIEW 的基本程序单元。

LabVIEW 是科研和工程领域主要的图形开发环境，广泛应用于数据采集、测量分析、数据显示、仪器控制及仿真等嵌入式应用系统的开发。LabVIEW 不同于文本编程语言（如 Basic、C、Fortran、VB 等），它采用图形化编程语言（简称 G 编程语言）。用 LabVIEW 编写程序实际上是用图形符号描述程序功能和行为的过程。

LabVIEW 提供了许多库函数和虚拟仪器来帮助编程。虚拟仪器的配置可以通过对话框来完成，允许用户以最少的连线完成对公共测量任务的编程；提供特殊的应用库函数，用于实现数据采集、数据分析、文件输入/输出及 GPIB 或串口仪器控制；提供一组图表/图形 VI，用于以图表/图形的形式显示数据；提供常规的程序调试工具，用于设置断点、单步执行程序及动画模拟执行，以便观察数据流等。

（2）LabVIEW 工作窗口

1）主窗口。在安装了 LabVIEW 7.1 软件后，双击 LabVIEW 图标即可启动 LabVIEW，继而出现启动界面，如图 9-6 所示。

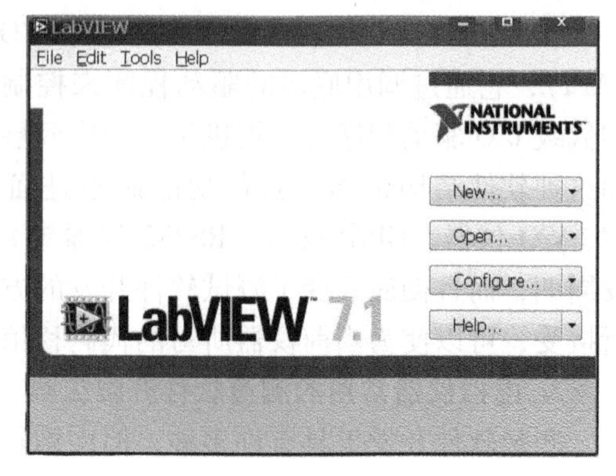

图 9-6　LabVIEW 启动界面

在界面中，含有 File、Edit、Tools 和 Help 菜单项，也提供了用于新建虚拟仪器、打开虚拟仪器 VI、配置数据采集设备及寻求帮助的一些按钮。单击 New 按钮可创建新 VI，单击右侧的箭头选择空 VI 或打开 New 对话框；单击 Open 按钮打开现有的 VI，单击右侧的箭头选择近期使用过的 VI；单击 Configure 按钮配置数据采集设备，单击右侧的箭头配置 LabVIEW。

2）前面板（Front Panel）窗口和程序框图（Block Diagram）窗口：是 LabVIEW 的两个基本工作窗口。单击主窗口的 File→New VI 命令，或者单击右半部分的 New→Blank VI 命令都可以打开如图 9-7 所示的界面。单击 Open 按钮也可打开一个现有的虚拟仪器文件。图 9-7 中前图是虚拟仪器的前面板，是用户使用的人机界面，后面的是程序框图界面（即后面板）。

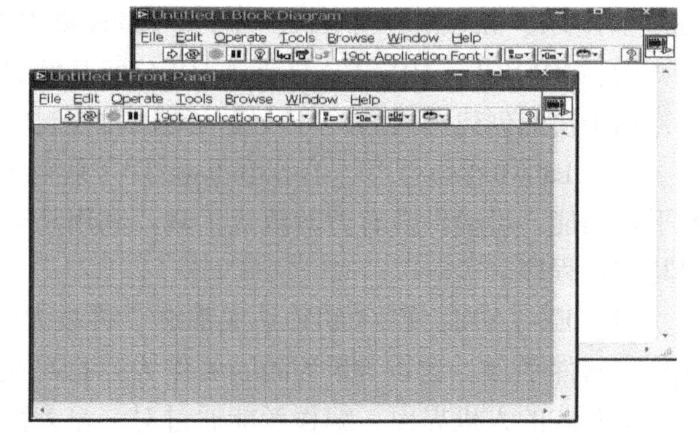

图 9-7　LabVIEW 前面板和程序框图窗口

前面板窗口是 VI 程序代码的接口，是图形用户界面，也就是 VI 的虚拟仪器面板，这一界面上有用户输入和显示输出两类对象，具体表现有开关、旋钮、图形以及其他控制（control）和显示对象（indicator）。

在前面板窗口后还有一个与之相对应的程序框图窗口，在程序框图窗口中对 VI 编程，其中包含以图形方式表示的程序代码，用于控制和操纵定义在前面板窗口上的输入和输出功能。

前面板和程序框图由图形对象构成，图形对象是图形化编程语言的元素。前面板包含各种类型的控件和指示器。程序框图中包含一些在前面板上没有、但编程必须有的内容，如端子、常量、函数、子 VI、结构及对象间的连线等。其中，端子相当于前面板上的控件和指示器，结构是程序的控制元素，如 Case、While 和 For 循环等。

在前面板窗口中，有一个用于控制 VI 的命令按钮和状态指示器工具条（位于主菜单条下面）。从左到右依次为运行、连续运行、异常终止执行、暂停/继续、文本设置、对象对齐、对象分布、对象大小调整、对象排序按钮。

在程序框图窗口的主菜单条下面，也同样有一个类似前面板窗口的工具条。该工具条上除了有与前面板窗口工具条一样的按钮外，还增加了加亮执行、单步进入、单步跳过和单步跳出三个调试按钮。

（3）LabVIEW 主菜单　LabVIEW 主菜单位于前面板窗口和程序框图窗口的上部，包括

File、Edit、Operate、Tools、Browse、Window 和 Help 菜单。

1）File 菜单有创建新 VI、打开已有 VI、保存 VI、打印设置等功能。

2）Edit 菜单除了撤销、恢复、剪切、复制、粘贴、清除、查找功能外，还具有修改前面板控件对象、设置前面板对象顺序、将选中的程序框图对象转换为子 VI、为当前 VI 创建用户运行菜单等功能。

3）Operate 菜单有启动 VI、停止执行 VI、打印 VI 前面板、改变 VI 默认值、运行模式/编辑模式切换及连接远程运行前面板等功能。

4）Tools 菜单有配置仪器和数据采集硬件、访问仪器驱动程序网、编辑当前 VI 的修订记录及编辑当前 VI 库的内容等功能。

5）Browse 菜单用于访问 VI 的各层次，包括访问 VI 层次窗口、访问调用当前子 VI 的 VI 列表、访问当前 VI 的子 VI 列表及访问当前 VI 的未打开子 VI 列表等功能。

6）Window 菜单有前面板窗口/框图窗口切换、显示控件选项板、显示工具选项板、左右显示前面板和框图窗口及上下显示前面板和框图窗口等功能。

7）Help 菜单用于访问 LabVIEW 在线帮助、观察面板和图形对象的相关信息及激活在线参考实用程序等。

（4）LabVIEW 模板　LabVIEW 模板具有多个图形化的操作模板，用于创建和操作 VI 的各种工具和对象。这些操作模板可以随意在屏幕上移动，并可以放置在屏幕的任意位置。LabVIEW 的操作模板共有三类：工具（Tools）模板、控制（Controls）模板和功能（Functions）模板，如图 9-8 所示。

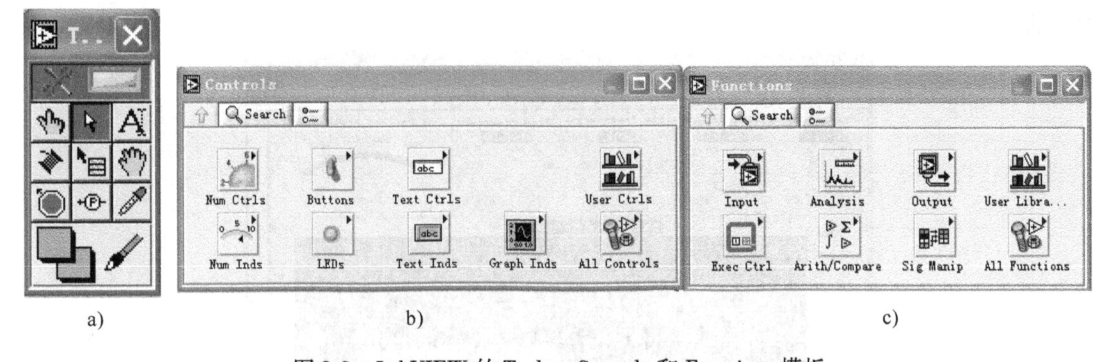

图 9-8　LabVIEW 的 Tools、Controls 和 Functions 模板

1）Tools 模板如图 9-8a 所示，该模板提供了各种用于创建、修改和调试 VI 程序的工具。如果该模板没有出现，则可以在前面板或程序框图窗口的 Window 菜单下选择 Show Tools Palette 命令，即可显示 Tools 模板。在 Tools 模板内，从上到下、从左到右，各图标依次为自动选择工具、操作工具、定位工具、标签工具、连线工具、对象快捷菜单工具、滚动工具、断点工具、探针工具、彩色复制工具和着色工具。这些工具类似于标准的画图工具，可用于完成特殊的编辑功能。当从模板内选择了任一种工具后，光标就会变成该工具相应的形状。当从 Window 菜单下选择了 Show Help Window 功能后，把工具模板内选定的任一种工具光标放在程序框图的子程序（Sub VI）或图标上，就会显示相应的帮助信息。

2）Controls 模板如图 9-8b 所示，该模板用来给前面板设置各种所需的输出显示对象和输入控制对象，是所有控制及显示元件（controls and indicators）的集合，包括输入/输出数字量元件、输入/输出字符串元件、逻辑开关、图表显示元件等。如果控制模板不显示，可以在前面板窗口的 Window 菜单下选择 Show Controls Palette 功能，即可显示 Controls 模板，也可以在前面板的空白处单击鼠标右键，以弹出控制模板。该模板内含有若干个子模板，每个图标代表一类子模板，各子模板上含有创建前面板时使用的对象。在 Controls 模板内，从上到下、从左到右，各子选项板图标依次为 Num Ctrls、Buttons、Text Ctrls、User Ctrls、Num Inds、LEDs、Text Inds、Graph Indstrols 和 All Controls。注意，只有打开前面板窗口时才能调用 Controls 模板。

3）Functions 模板如图 9-8c 所示，是创建程序框图的工具，该模板内含有若干个子模板，该模板上的每一个顶层图标都表示一个子模板，用来建立块图的工具栏，包括基本的数学运算工具及很多高级的函数工具，使编程较为便利。另外，它还提供逻辑关系模块（如 case 结构、while 循环结构、for 循环结构等），与基于文字类型的编程语言功能完全一致。选择程序框图窗口的 Window 菜单下的 Show Functions Palette，即可显示 Functions 模板。在 Functions 模板内，从上到下、从左到右，各子模板图标依次为 Input、Analysis、Output、User Libraries、Exec Ctrl、Arith/Compare、Sig Manip 和 All Functions。

（5）LabVIEW 虚拟仪器前面板（Front Panel）　虚拟仪器 VI 前面板是控件和指示器的组合。控件仿真常规仪器上的输入设备（如开关、按钮、旋钮等），并具有将输入从前面板传送到基本程序框图的作用。另一方面，指示器仿真常规仪器上的输出设备，并具有显示前面板背后的程序框图数据的作用。指示器类型包括数字型、布尔型、字符串型、图形及图表。因此，控件用于输入信息，指示器用于输出信息。图 9-9 为一个 Frequency Respose. vi 前面板。

图 9-9　Frequency Respose. vi 前面板

从 Controls 模板中选择控件和指示器，并将其放置到前面板上。在选择控件或指示器后，光标将变成手形图标，移动手形图标到指定位置，再次单击鼠标即可放置对象。将对象放置到前面板上后，可以很容易地调整其大小、形状和位置。选择 All Controls 模板中的 Numeric 子模板或 Controls 模板中的 Numeric Controls 和 Numeric Indicator 子模板，可以找到数字型控件和指示器。在数字型控件放到前面板上后，可用操作工具或自动选择工具改变当前显示的数值。选择 All Controls 模板中的 Boolean 子模板或 Controls 模板中的 Buttons 子模板和 LEDs 子模板，可以找到布尔型控件和指示器。图 9-10 表示从图形（Graph）子模板中选取波形图表（Waveform Chart）指示器部件。布尔控件和指示器可仿真按钮、开关和LED，用于输入和显示布尔值。

（6）LabVIEW虚拟仪器程序框图（Block Diagram）　程序框图是由连接在一起的、具有特定功能的图形对象构成的程序源代码。程序框图是可执行代码，与文本编程语言的文本相对应。图9-11所示表示从数据运算（Numeric）子模块中选取了加（Add）运算。

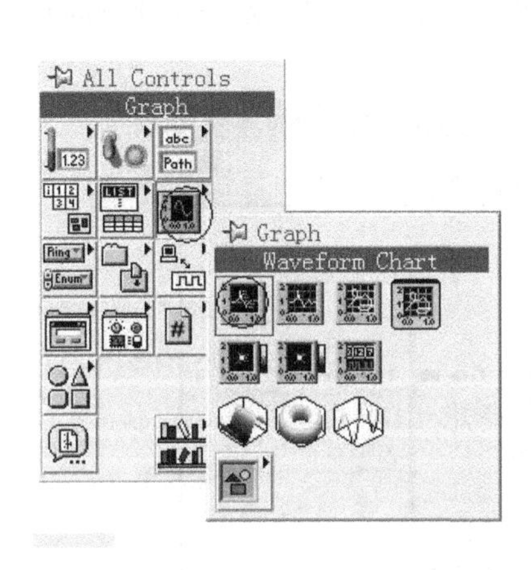

图9-10　前面板Control模板的使用

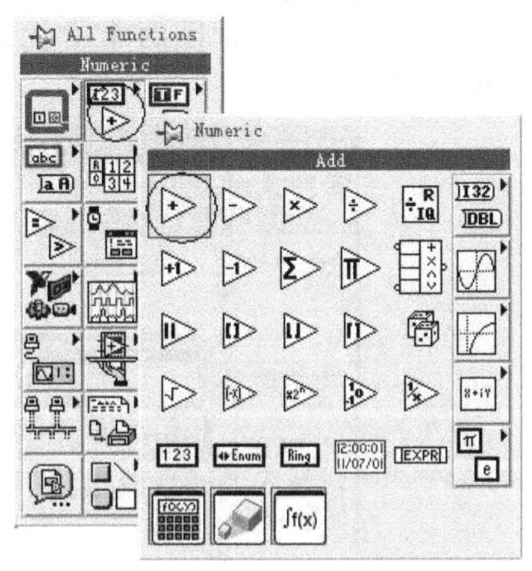

图9-11　程序框图Functions模板的使用

程序框图的组件有三种类型：节点（Nodes）、端子（Terminals）和连线（Wires）。节点为程序执行元素，端子是在程序框图和前面板之间、程序框图节点之间传输数据的端口，连线是端子之间的数据传输通道。

1）节点的作用类似于文本编程语言中的语句、函数或子程序。节点类型主要有函数、结构及子VI等几类。函数是程序框图的基本元素，是执行基本操作的内部节点，如基本数学运算、文件I/O和字符格式化等函数。结构用于控制程序流，如For循环和While循环。子VI是为其他VI程序框图调用而设计的VI。

子VI可以显示为图标或可扩展节点。在默认情况下，子VI显示为不可扩展的图标。若将子VI的属性选项（View as Icon）去掉，则显示为可扩展节点。

2）端子的作用类似于文本编程语言的常量和参数。它是可以通过连线输出或接收数据的点。端子有源端子和目的端子之分，如控件是源端子，指示器是目的端子，数据只能从源端子传输到目的端子。

端子有常数端子、控件端子、指示器端子、节点端子及各种结构中的专用端子几种类型。其中，控件端子和指示器端子分别属于前面板的控件和指示器。当创建或删除控件和指示器时，其端子也将自动地创建或删除。在程序框图中，通过设置前面板控件和指示器可以使其端子显示为图标端子或数据类型端子。控件端子为粗边框，指示器端子为细边框。

3）连线是端子间的数据传输通道，其作用类似常规语言中的变量。连线的样式随所传输的数据类型不同而不同。

在连线时，先从Tools模板中选择连线工具，用连线工具的光标在起始端子上单击，移动连线工具到目的端子并单击，即可画出连线。应注意：将连线工具移动到端子时，若引起端子闪烁，则表示单击鼠标后将接通连线。

4）快速 VI（Express VI）是用于快速构建公共测量任务程序所需要的 VI。它采用对话框完成所构建 VI 的配置，是连线最少的节点。子 VI 是直接放置于程序框图中的 VI，即可直接作为程序框图元素的 VI。子 VI 和快速 VI 虽然都可以作为程序框图的元素，但二者在应用时仍存在较大的不同点。双击子 VI 会出现前面板和程序框图，通过改变子 VI 程序框图中的代码可以重新设置子 VI。而双击快速 VI 会出现 VI 设置对话框，通过交互式操作来快速设置 VI。在编写程序框图时常常优先考虑使用快速 VI。图 9-12 为一个 Frequency Respose. vi 程序框图。

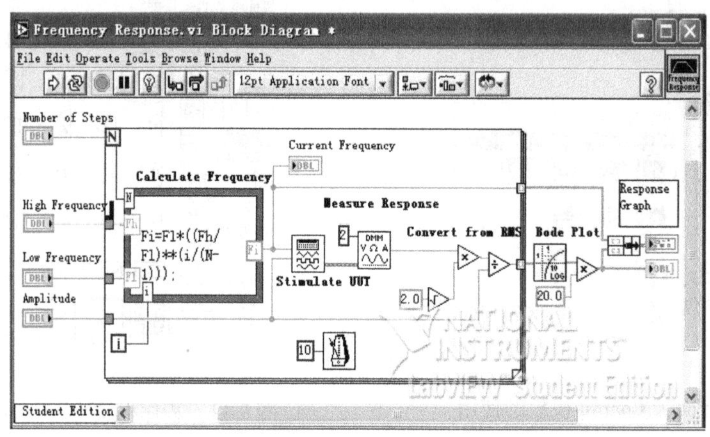

图 9-12 Frequency Respose. vi 程序框图

另外，程序框图中的快速 VI 和子 VI 可以通过图标的背景色来区分。在默认情况下，在程序框图中的快速 VI 图标为蓝色背景，而子 VI 图标为白色背景。程序框图中的其他公共元素是函数，其背景为浅黄色。

4. 虚拟仪器的创设

创设一个简单的虚拟仪器（VI），使其具有加、减、乘、除运算及比较功能，步骤如下：

（1）新建 VI 文件　启动 LabVIEW，在主窗口中单击 New 按钮，选择 Blank VI 选项，然后按下 OK 按钮，即可新建 VI 文件。在当前窗口的 File 菜单下选择 Save As 选项，在出现的对话框中输入文件名 math，按下保存按钮，建立 math. VI 文件。

（2）前面板的设计

①放置数字控件和指示器。用两个前面板控件输入数字，用四个指示器显示输入数字的加、减、乘、除运算的结果，用一个布尔型指示器 LED 指示比较结果。从 Controls 模板的 Num Ctrls 子模板中选择 Num Ctrl，放置两个数字控件；从 Controls 模板的 Num Inds 子模板中选择 Num Ind，放置四个数字指示器；从 Controls 模板的 LEDs 子模板中选择 Square LED，放置 LED 指示器。然后，将各控件和指示器拖曳到合适的位置。

②数字控件和指示器的属性设置。双击各数字控件或指示器的标签，将各数字控件、指示器的标签分别设为 X、Y、X + Y、X - Y、X × Y、X ÷ Y、Equation，如图 9-13 所示。

（3）程序框图设计

①放置加、减、乘、除和相等比较函数。在 Window 菜单下选择 Show Block Diagram 选

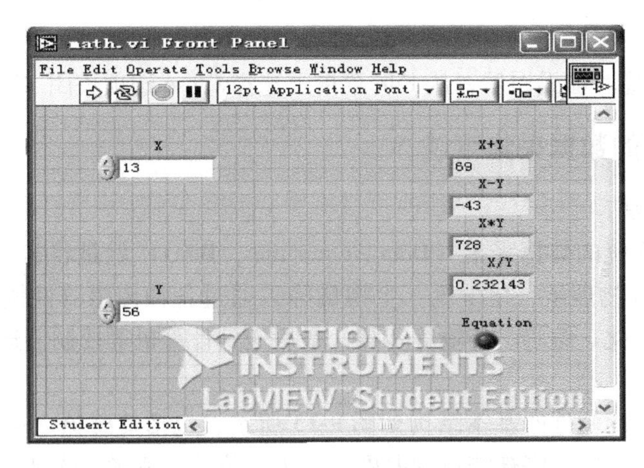

图 9-13　修改后的数字控件和指示器

项，将前面板窗口切换到程序框图窗口。从 Functions 模板的 Arith&Compare 子模板下的 Numeric 中选择 Add、Subtract、Multiply、Divide 函数，并将四个函数图标放置在合适的位置；从 Functions 模板的 Arith&Compare 子模板下的 Compare 中选择 Equal? 函数，并将该函数图标放置在合适的位置。用鼠标右键单击上述函数，弹出快捷菜单，选择 Visible Item 下面的 Label 选项，即可显示各个函数的标签，所放置的五个函数如图 9-14 所示。

②连接控件、函数和指示器。在光标移动到控件、函数或指示器的端子上时，将出现连线工具。若有个别控件、函数或指示器未显示端子，可以在其图标上单击鼠标右键弹出快捷菜单，选择 Visible Item 下面的 Terminal 选项，即可显示控件、函数或指示器的端子。单击鼠标确定连线的起始点，将鼠标移动到目的端子，再单击鼠标，即可画出一条连接线，把所有连接线画好，最终的各条连接线如图 9-14 所示。

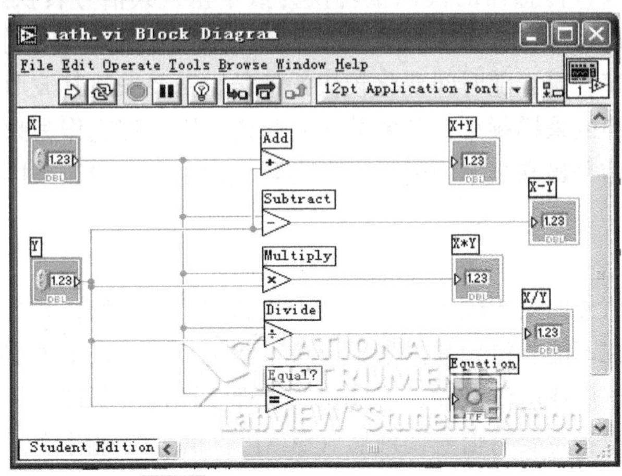

图 9-14　控件、指示器、函数及连线

（4）保存 VI　在前面板窗口或程序框图窗口的 File 菜单下选择 Save 选项，即可保存所设计的 VI。

（5）运行程序验证　输入数据进行验证，输入 X、Y 数据，然后单击 Run 按钮，验证计算结果。

（6）关闭 VI　经验证无误后，从 File 菜单下选择 Close 选项关闭 VI。

9.2.4　虚拟仪器的数据采集系统

1. 数据采集过程

虚拟仪器测量系统的数据采集（Data Acquisition，DAQ）就是将被测对象（外部世界、现场）的各种参量（物理量、化学量、生物量等）通过各种传感器件做适当转换后，再经信号调理、采样、量化、编码、传输等步骤，最后送到计算机等控制器进行数据处理或存储记录的过程。

虚拟仪器测量系统硬件的基本结构如图 9-15 所示，包括传感器、信号调理器、数据采集设备、微机系统。传感器将被测量的温度、压力、位移、流量、光强等多种物理量转换为电信号（电压或电流）；信号调理器对电信号进行放大、滤波、隔离等处理；数据采集设备将模拟信号转换为数字信号；微机系统对数字信号进行预定的数据处理。

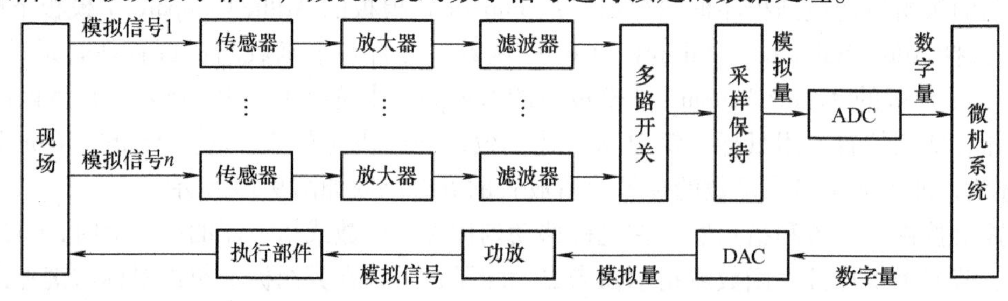

图 9-15　虚拟仪器测量系统硬件的基本结构

数据采集设备将来自传感器的模拟量转换为数字量，其信号转换过程可分为采样、保持、量化和编码四个过程。在进行数据采集时，若模拟信号是随时间缓慢变化的信号，则一般只需较慢的采样频率；对于随时间变化较快的信号，若要关注其波形，则可把它作为时域信号来处理，需要较高的采样频率；若要关注其频谱，则可把它作为频域信号来处理，并且采样频率必须大于该信号最高频率的两倍。在实际应用中，一般让采样频率为输入信号最高频率的 4～10 倍。

2. 信号调理

从传感器送来的信号的电压较小，易受到干扰和噪声的影响，甚至有些信号还可能存在较高的峰值电压，往往不能直接用数据采集设备来测量。因此在采集这些信号前需要先进行放大、滤波、隔离、电压或电流激励、线性化等处理，即信号调理。

常用的信号调理设备主要有信号调理器（SCXI）、信号调理附件、便携式信号调理模块（SCC）、前端模拟信号调理模块（5B 系列）、PXI 接口的数据采集设备（SC 系列）及分布式信号采集系统。

1）信号调理器由信号调理模块、信号连接端口及信号调理机箱组成，它是一种可扩展的信号调理系统，用于插入式数据采集卡的前端信号调理。

2）信号调理附件是单功能的模拟和数字信号调理装置，用于数据采集卡的前端信号调理，主要有热电阻调理卡、应变调理卡、多通道同步放大调理卡及多路复用板等类型。

3）便携式信号调理模块是一种紧凑型的信号调理系统，由一系列单通道或多通道模块组成，通过SC-2345屏蔽盒与数据采集卡相连，主要用于E系列数据采集卡。

4）前端模拟信号调理模块由一个信号调理模块和一块背板组成，背板上有与数据采集卡连接的电缆插口。

5）PXI接口的数据采集设备（SC系列）集信号调理、数据采集功能于一体，其本身具有信号调理功能。

6）分布式信号采集系统具有信号调理、数据采集和网络通信的功能，主要有FieldPoint、Compact FieldPoint及6B系列三类。

在信号调理设备安装完成后，还需要在MAX中进行设置。信号调理设备是非即插即用设备，需要在Traditional DAQ和DAQmx中分别进行设置。

3. 数据采集设备

（1）数据采集设备的类型　常用的虚拟仪器数据采集设备主要有以下类型：插卡式数据采集设备、分布式数据采集设备、VXI与PXI设备、GPIB或串口设备及基于计算机的仪器。

1）插卡式数据采集设备一般是插入计算机的PCI扩展槽或PCMCIA插槽的数据采集卡。这种数据采集设备通常需要在计算机的外面配备信号调理器，可以满足一般测量的要求。

2）分布式数据采集设备可以安装在测量对象附近，通过计算机网络或串口与计算机通信。在这类设备中，应用最为广泛的是NI公司生产的FieldPoint和CompactFieldPoint模块。

3）VXI与PXI设备主要适用于某些特殊测量或测量要求高的场合。VXI设备的结构形式是将信号采集、信号调理等各种模块装入标准机箱，机箱通过插入计算机的板卡与计算机通信，或者将计算机嵌入机箱零插槽。PXI设备的结构与VXI设备基本相同，不同之处在于采用PXI总线，性价比较高。

4）GPIB或串口设备实际上是传统的测量仪器，用它作为数据采集设备可以构建GPIB或串口形式的虚拟仪器。GPIB形式的虚拟仪器是将GPIB通信卡插入计算机，再通过GPIB电缆实现计算机对传统仪器的控制和访问。串口形式的虚拟仪器是将串口设备通过RS232、USB或IEEE1394线缆连接到计算机上。通常，与计算机相连接的GPIB或串口设备并不依赖于计算机来完成测量任务，只是利用计算机的存储、显示及打印等功能。

5）基于计算机的仪器也叫模块化仪器，它实际上是一块集成了仪器全部功能的、可插入计算机的板卡。由于该仪器的软件在计算机上运行，所以能更容易地实现对仪器的控制。

（2）数据采集设备的技术指标　数据采集设备的主要技术指标包括采样率、分辨率、通道数、同步采样、模拟输出及数字输入输出等。

1）采样率是指数据采集设备进行模-数转换（即A-D转换）的速率。目前，NI公司的数据采集卡的采样率可从上百千赫兹达到几个吉赫兹。在设计自动测量系统时，应根据待测信号的类型和数量选择合适的采样率。数据采集卡分多通道共用A-D转换器和各通道独立配置A-D转换器。如NI公司的PCI-6013E采集卡，16个通道共用一个A-D转换器，采样率为200kHz，若实际测量时使用了8个通道，则每个通道的最高采样率为25kHz。再如NI公司的PCI-6115采集卡，各通道独立配置A-D转换器，采样率为10MHz，则每个通道的最高采样率都为10MHz。

2）分辨率是数据采集设备的精度指标，用A-D转换器的位数来表示。数据采集设备的位数越多，精度越高，即可以检测到的信号变化量越小。目前，在测量工程上常用的数据采集卡的分辨率为12位、16位及24位等。通过合理设置采集卡的量程范围和信号极限值，往往可以提高现有设备的分辨率。

3）通道数是指数据采集设备可以同时测量的信号的路数。目前，NI公司的数据采集卡一般为16通道和64通道。若被测信号的数量超出单个数据采集卡的通道数，可以考虑使用多个采集卡或使用多路复用器。

4）同步采样是指对进入数据采集设备各通道的信号同时进行采样。在需要分析多路信号的相位关系时，要求数据采集设备应具有同步采样功能。

5）模拟输出是指数据采集设备输出模拟信号。在需要产生模拟信号时，要求数据采集设备应具有输出模拟信号的功能。

6）数字输入输出是指在采集数字信号和控制测量系统时，要求数据采集设备能够输入和输出数字信号。

4. LabVIEW数据采集系统的组成

该数据采集系统一般由数据采集设备、设备驱动程序和数据采集函数三个基本部分组成。其中，设备驱动程序是应用软件对数据采集设备的编程接口，包含特定数据采集设备能够接收的操作命令，完成与数据采集设备之间的数据传输。设备驱动程序可以使编程工作简化、使开发效率提高。在安装LabVIEW 7 Express开发环境时，会自动安装NI-DAQ7.0软件。NI-DAQ7.0软件包括Traditional NI-DAQ和NI-DAQmx两个设备驱动程序。由于这两个驱动程序具有各自独立的应用程序编程接口API和不同的软硬件设置方法，因此相应地形成了两个不同的数据采集系统。

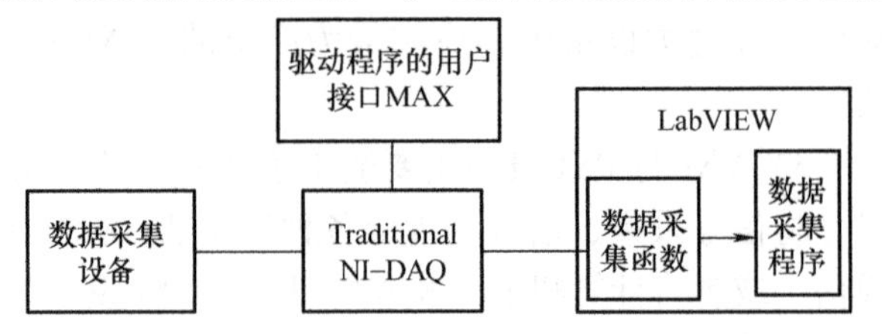

图9-16　Traditional NI-DAQ数据采集系统

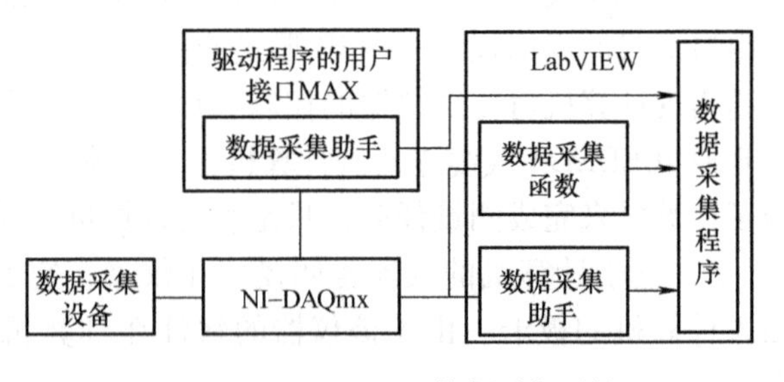

图9-17　NI-DAQmx数据采集系统

Traditional NI-DAQ数据采集系统的组成如图9-16所示，在设备驱动程序的用户接口MAX（Measurement&Automation Explorer）中，用户可以对数据采集设备进行设置、测试及调用LabVIEW中的数据采集函数编写数据采集程序，数据采集函数按照MAX中的设置进行数据采集。

NI-DAQmx数据采集系统的组成如图9-17所示，用户同样可以在MAX中对数据采集设备进行设置、测试及调用DAQmx数据采集函数编写数据采集程序。同时，用户还可以在LabVIEW或MAX中启动数据采集助手（DAQ Assistant），并利用数据采集助手快速地进行数据采集设备设置及自动生成数据采集程序代码。

图9-18为实际应用的NI PCI-6251数据采集卡及接口附件外形图。

图9-18　NI PCI-6251数据采集卡及接口附件外形图

归纳总结9

本章介绍了自动测量技术，主要内容有：

(1) 自动测量系统主要由控制器、程控设备、总线与接口、测量软件及测量对象组成，其发展过程大致经历了三个阶段。

(2) 虚拟仪器的概念，其功能与真实仪器完全相同。虚拟仪器由硬件与软件两部分构成，硬件部分的作用为数据的采集和调整，软件部分是虚拟仪器的核心。与传统仪器相比，虚拟仪器在研发周期、价格、功能定义及开放性等方面具有较大的优越性。

(3) 虚拟仪器的硬件系统一般由传感器、测控功能模块和计算机硬件平台组成，虚拟仪器的软件一般由应用程序、仪器驱动程序和虚拟仪器软件结构动态链接库组成。

(4) 虚拟仪器常用的测量软件开发工具有LabVIEW，采用可视化图形语言进行编程。LabVIEW提供了许多库函数和虚拟仪器来帮助编程。

(5) 创设一个简单的虚拟仪器的步骤；LabVIEW数据采集系统一般由数据采集设备、设备驱动程序和数据采集函数三个基本部分组成。

练习巩固9

9.1　自动测量系统由哪几部分组成？各组成部分的作用是什么？

9.2　何谓虚拟仪器？虚拟仪器是仿真仪器吗？有何特点？

9.3　虚拟仪器测量系统的硬件一般包括哪几个部分？每个部分的作用是什么？

9.4　虚拟仪器的设计主要包括哪些内容的设计？一般有几个步骤？

9.5　虚拟仪器测量系统硬件的典型结构是什么？在结构中的每个组成部分的作用是什么？

参 考 文 献

[1] 宋悦孝. 电子测量与仪器 [M]. 北京：电子工业出版社，2008.

[2] 徐洁. 电子测量与仪器 [M]. 2版. 北京：机械工业出版社，2009.

[3] 李延廷. 电子测量技术 [M]. 北京：机械工业出版社，2009.

[4] 范泽良，等. 电子测量与仪器 [M]. 北京：清华大学出版社，2010.

[5] 孟凤果. 电子测量技术 [M]. 北京：机械工业出版社，2007.

[6] 肖晓萍. 电子测量实训教程 [M]. 2版. 北京：机械工业出版社，2006.

[7] 王成安，等. 电子测量技术与实训简明教程 [M]. 北京：科学出版社，2007.

[8] 赵文宣. 电子测量与仪器应用 [M]. 北京：电子工业出版社，2012.

[9] 沙占友. 数字万用表功能扩展与应用 [M]. 北京：人民邮电出版社，2005.

[10] 刘旭，等. 电子测量技术与实训 [M]. 北京：清华大学出版社，2010.

[11] 王川. 电子测量技术与仪器 [M]. 北京：北京理工大学出版社，2013.

[12] 田华，等. 电子测量技术 [M]. 西安：西安电子科技大学出版社，2005.